U0184837

感谢国家社科重大课题“跨境水资源确权与分配方法及保障体系研究”（17ZDA064）、中国科学院战略性先导科技专项（A类）子课题“亚洲水塔变化与流域国家命运共同体建设研究”（XDA20100311)、浙江省 2020 领军人才培育项目（21YJRC06ZD）的联合科研资助。

全球跨境水事件与解决方案研究

张翼飞　山冰沁　隋钰泽／等著

GLOBAL TRANS-BOUNDARY WATER CONFLICTS AND RESOLUTIONS

格致出版社　上海人民出版社

推荐序

水的重要性无需强调。人类逐水而居，文明依水而兴。一方面，为了水资源的高效利用和合理配置，历史上诞生了许多堪称辉煌伟大的工程奇迹。但另一方面，为了争夺水资源，又出现过众多国家间、民族间、地区间或家族间的斗争。围绕水资源的分配和利用，人类社会有着无数经验和教训。在水资源利用的历史中，我们总能够发现技术和社会的进步，也总是存在形形色色的矛盾冲突。其中，跨境的水资源冲突尤其引人注目。

虽然跨境水资源冲突古来有之，但不应否认的是，此类矛盾在现代社会有增加的趋势。其原因是人口增长了，生产力发展了，导致了水资源需求的持续上升。除了单纯的需求增加外，我们还应该注意到河湖水系的不同用途引起的矛盾。典型的，如蓄水发电与河流其他功能间几乎都有矛盾，又如纳污与水质保持间的矛盾等。上游蓄水、下游抗旱，上游排污、下游建设水源，都会演变为区域之间的水资源冲突。新问题在发展中不断产生，而又在发展中不断得到缓解。无论如何，矛盾不会消失，而是在岁月的长河中不断展现。

就这一意义上，张翼飞教授团队的工作不仅是在概括过去，也是在揭示未来。资源是稀缺性的另一种称呼而已。有稀缺就有竞争，包括要求持续提高资源利用效率的技术进步，对资源领域的必要投入，资源节约的市场机制等。加强区域间的水资源保护和高效利用合作，则是走出困境的通道。

戴星翼

2020 年 10 月 18 日

前言

人类可直接或间接利用的水，是自然资源的一个重要组成部分。作为维持社会经济运行的生产要素，水资源具有鲜明的经济属性；由于各流域位于各国及行政区域内，水资源又具有其政治属性；同时，由于与宗教、民族、历史等特征相关联，又有其特定的历史、文化等社会属性。这多重功能与多重属性是导致水资源稀缺及引发冲突的主要原因。其中，由集水面积决定的流域地理区域与国家行政区划的不一致，使得水资源的利用呈现更加错综复杂的态势。全球气候变暖又进一步加剧水资源的不均衡，围绕水资源的矛盾冲突日益成为区域及国家间冲突的主要诱因。战争和水资源之间有时候互为因果，如水资源争夺导致的冲突，而战争本身就是政治边界和行政边界的争夺，战争中利用水资源作为武器，导致水资源污染、居民区淹没等，再进一步引发领土争端等。这几者之间都与政治边界相关，而且互为因果。因而这类冲突均被纳入本书跨境水事件的研究范畴当中。如何对跨境水资源进行合理分配、利用及管理，成为事关国际安全、地区稳定、人类发展的重要科学问题。

从技术与工程视角实施的水利措施和分水方案，到充分发挥国际关系与政治因素的作用与影响力，水文及水资源学、生态科学、经济学、国际关系与政治学等多学科的交叉与融合为跨境水冲突提供了更多的工具与政策的选择。而实践往往领先于理论，对全球跨境水资源冲突与解决案例的深入解构是寻找切实有效解决方案的必要路径。

全书共分为8章，包括多学科的文献综述、全球水事件的时空分布和南亚、中东、北非、东南亚、中亚和欧洲等各区域水冲突的发生根源、解决机制和存在问题的梳理、分析与展望，具体为：

第1章从自然科学、经济学与国际关系等多学科开展文献综述。主要介绍了跨境水冲突爆发的原因与主要类型，梳理了冲突的背景、产生原因、潜在的解决方案以及存在的问题。已有研究从政治、经济与生态环境多视角进行理论分析与案例研究，尤其在冲突产生的原因与解决方案的比较上，都有较为丰富的积累。但是仍存在一些问题，如切入点过于单一，往往只考虑人类视角，而忽视生态视角，以及个案研究较多，而全球性系统研究较为缺乏等等，这些现存问题为未来的研究提供了思路。

第2章主要对跨境水资源冲突的特征进行梳理，通过对全球水冲突（水事件）的时空分布的分析，初步梳理跨境水冲突的成因、水资源在冲突中的角色与作用，并梳理了各国在水事件中的处理措施以及国家间的协调机制。尤其对水资源既是战争的诱因，又被作为战争的武器这一特殊性进行详细梳理与分析。

第3章主要围绕恒河—布拉马普特拉河—梅克纳河流域与印度河流域开展对南亚水冲突、水事件的发生、成因以及缓解和治理机制演进的研究。在对该流域自然、社会、经济进行综合分析后指出，该流域水资源丰富，但降水分布不均，洪泛问题突出，同时社会经济发展水平较低，治理能力不足，加上历史问题等原因导致相关国家之间缺乏信任度，水资源利用的矛盾较为突出，尚未形成全流域的冲突调解与解决机制。印度在与周边国家的水冲突中起着主导作用。进而，通过对印度与孟加拉国围绕法拉卡堰的水争端，印度与尼泊尔围绕科西河、根德格河、马哈卡里河水利工程的水冲突等典型案例进行分析，梳理水冲突表现形式与解决方案。印度与巴基斯坦在历史上长期存在纠纷，英国殖民时期留下的水利灌溉系统成为印巴分治后的争夺热点，印巴之间围绕印度河水资源的争夺引发冲突甚至战争。双方最终在世界银行的协调下签订了《印度河水条约》，成为国际上解决跨境河流水冲突的少数较为成功的案例之一。

第4章研究了中东和北非地区约旦河流域与尼罗河流域的水冲突、水事件的发生、根源以及解决机制的演进。重点对埃及、苏丹、埃塞俄比亚三国之间的水资源争端与历史遗留问题进行分析，结果揭示，这两个流域均面临气候干旱、水资源短缺、社会经济发展水平低下的挑战。约旦河流域特殊的地理位置造成宗教和民族冲突、政局动荡以及战争频发。下游缺水国家约旦与以色列之间的水冲突以及以色列全国输水系统导致的矛盾尤为突出，而尼罗河流域跨境水冲突的焦点是阿斯旺大坝和复兴大坝的修建。最后提出，需要依赖全流域建立一个平等对话、互信合作的框架机制。

第5章研究了东南亚地区的水资源利用及开发情况、水冲突事件、导致冲突的原因、现有区域合作机制的沿革以及针对水资源冲突问题提出的解决方案及其效力，同时分析了域内外各国参与澜湄流域水治理的利益诉求以及对化解(或加剧)区域内水冲突的影响，并重点分析了澜湄流域湄公河水电开发冲突、新马供水问题等典型案例。最后，立足湄公河委员会协调机制的绩效分析，提出通过中国主导的澜湄合作机制搭建沟通的平台，深化经济、文化和基础建设等领域的合作，从"冲突"走向水资源的"共治与共赢"等对策建议。

第6章梳理了中亚地区的水冲突以及协调、治理机制的演进与发展。该地区水资源匮乏，而农业又是主要的支柱产业，导致水资源利用矛盾十分突出。关于水资源管理的遗留问题造成跨境淡水资源分配机制不完善。通过对阿姆河和锡尔河两条中亚主要跨境河流进行案例分析，提出必须在稳定国内局势的同时，建立国家间的互信，借助跨国合作组织共同解决跨境淡水资源管理的问题。

第7章梳理了欧洲的水冲突、水事件以及化解、治理机制的演进与发展。从古代到中世纪，欧洲的河流一直是军事博弈的工具之一，随着工业革命的发展，欧洲的国际河流迈入流域国家联合治理的时代。本章以莱茵河和多瑙河为研究对象，剖析这两条国际流域内的水冲突、水事件以及国际治理的机制。结果揭示，在当今欧洲相对和平的环境之下，欧洲的水冲突主要围绕着污染和生态保护而发生，各国在面对污染等环境问题时存在工作目标的一致性，易于在行动上达成一致。因此，欧洲国家主要通过协同治理、法律仲裁、民事赔偿等和平的方式来化解和解决水冲突。

第8章基于以上理论梳理、已有研究述评、全球水冲突案例分布和全球案例解析，认为随着全球水资源稀缺度增加，国际河流的水资源摩擦和冲突时有发生，并且随着全球气候变化的加剧，水资源时空分布变化，水冲突问题越发呈现复杂和不确定态势。各地区水冲突的产生有其自然生态、社会经济、历史文化以及国际政治的根源，并且冲突也将导致生态破坏、经济损失、引发战争以及地区分裂等多种结果。对于水冲突的解决方案，已经从传统的技术、经济手段向国际关系、国际谈判的视角转变。最后提出，立足各地区自然、经济、历史特征和发展诉求，通过增进区域利益共享、开展综合流域规划、加强国际条约的执行力等措施探寻适合各地区的协调机制和解决方案是今后的发展方向。

目 录

第 1 章　水资源冲突研究综述

1.1　前言

人口增长、城市化进程加快，对农业、工业与城市用水的需求大幅提升。同时水资源的过度开发与浪费、用水效率低下、供水基础设施老化等问题造成水资源供应无法满足需求，而全球气候变暖又进一步加剧水资源的不均衡，围绕水资源的矛盾冲突日益成为区域及国家间冲突的主要源头。

“水冲突”源于公共或私人用水者的利益冲突，指国家、地区或社会群体之间在获取水资源等与水相关的利益方面的冲突。在人类社会中，由于淡水资源是饮用、灌溉、能源生产的必要资源，同时又具有稀缺性与分布不均的特点，水冲突主要聚焦于淡水资源。国际社会围绕淡水资源的冲突主要集中于国际跨境河流与共享水资源，集中体现在占陆地径流量 60%的跨国河流流域，尤其是在干旱、半干旱地区，极易酿成沿岸国家之间的战争（李昕蕾，2016）。水资源存在诸多边界，如政治、社会、司法管辖、物理、生态、生物化学等在特定背景下运作时的界限；由于水资源的生态边界与其他边界不一致，因此同一流域内的不同政治主体之间常常发生冲突（Choudhury and Islam，2015；Da Silva and Hussein，2019）。这些水冲突主要体现为水量与水质之间的冲突，其表现形式时常为上中下游之间水量分配矛盾，或是水污染带来的水质矛盾，从而引发政治、经济、环境及民族等纠纷，甚至造成地区紧张局势或战争。水冲突对抗的层次从弱至强分别为言语象征性冲突、一般性（准对抗性)冲突、对抗性冲突、国际水危机、国际水战争等不同层级(李昕蕾,2016)。如何对跨境水资源进行合理的分配、利用、管理,成为事关国际安全、地区稳定、人类发展的重要一环。

过去,各国政府与国际组织倾向于从技术、工具的角度促成水资源相关的发展援助计划,刻意回避或淡化发展计划中的政治问题。然而,由于水资源管理的范围远远超过流域、含水层、景观、生态系统等具体物理状况,也超越了根据不同水域而采用的技术规范,这些发展计划对于全球化背景下水冲突解决的作用十分有限(Mollinga, 2008)。水冲突问题的解决,离不开冲突问题涉及的国际关系与历史遗留问题(Mollinga, 2008)。值得庆幸的是,水冲突、水安全的研究正日益受到学术界的关注,基于水安全的政治关系与结构已经被看作当今世界国际关系、地缘政治、国家发展议程的重要组成部分(Molden, 2007)。

如今,在"联合国可持续发展目标 2030"(SDGs)中,与当下水资源问题有关的目标主要为以下两条——目标 6 和目标 13 。①这些目标只能在全球性、区域性合作框架下才能得以解决,再加上跨境水资源问题本身的危机国际化特征,水冲突解决方案不仅仅基于水资源自然属性的"技术""工程"视角以及水资源经济属性的"分配"视角,而且应当向国际水"治理"、水"政治"的方向进一步延伸,深度分析政治、历史、国际关系因素在其中扮演的重要角色,进而在全球治理框架下,依托区域协同采取更有效的解决方案。

1.2 水资源冲突产生的原因

水冲突的本质是由水资源的稀缺性。水资源匮乏是造成全球性危机,甚至战争的重要原因。同时,由于跨境流域的地理规模与行政边界不重叠,围绕跨境河流的水冲突又是一个由国际关系、地缘政治、各国发展议程之间的综合因素引发的问题,并伴随着各方在意识形态、民族主义方面的不同解读,在历史进程中不断

---

① 2015 年,联合国通过《2030 年可持续发展议程》,提出 2030 年之前实现 17 个可持续发展目标(SDGs),主要包括消除贫困、改善健康与教育、减少不平等、刺激经济增长、气候变化应对、保护海洋与森林资源等。目标 6(Goal 6)为确保所有人能获得水资源与卫生设施的可用性与可持续管理(Ensure availability and sustainable management of water and sanitation for all);目标 13(Goal 13)为采取紧急行动应对气候变化及其影响(Take urgent action to combat climate change and its impacts)。详见联合国可持续发展目标官方网站:https://sustainabledevelopment.un.org/sdgs。

被放大。

1.2.1　环境稀缺性

“环境稀缺性”(Environmental Scarcities)是指由气候变化、人口增长与社会资源分配不公平等原因造成的水、森林、化石燃料等可再生资源的稀缺，通常不仅受到物理意义上的限制，还受到群体偏好、信仰、规范等社会性因素的影响(Homer-Dixon，1994)。例如，资源的掌控者对资源进行征用与分配是出于意识形态是否相同的考量。具体而言，环境稀缺性主要分为三类：需求引起的稀缺、供给引起的稀缺和结构性稀缺。(1)需求引起的稀缺主要由于人口增长或消耗增加，每个人可获得的有限自然资源减少。常见于由人口激增而导致人均资源下降，造成的环境短缺。(2)供给引起的稀缺：由于环境退化，有限自然资源的总量减少，从而使每个人的资源可用量减少。常见于生态环境遭到破坏，如荒漠化、盐碱化、环境污染等情况，致使当地居民可获得的资源减少。(3)结构性稀缺：自然资源利用的不平等，导致资源集中在少数人手中，而大部分人都处于自然资源缺乏状态。例如，自然资源被占社会少数的群体所垄断，控制了生产，导致资源被不公平分配(Population Reference Bureau，2001)。

同时，不同原因导致的环境稀缺性会相互影响，并加剧问题的严重性。一方面，可再生资源在数量、质量上的减少与人口增长共同造成了资源稀缺，即供给与需求引起的稀缺共同导致结构性稀缺，从而加剧了环境稀缺性，这种模式被称为“资源占用”(resource capture)。在“资源占用”的情况下，自然资源变得更有价值，引发社会中的权力集团对该自然资源进行垄断，进一步加剧稀缺程度。另一方面，不公平的资源占用与人口增长引发了可再生资源在数量与质量上的减少，即结构性稀缺与需求引起的稀缺导致了供给的稀缺，从而加剧了环境稀缺性，这种模式被归结为“生态边缘化”(ecological marginalization)。例如，当肥沃的农田被社会集团完全控制时，贫困人口不得不向生态敏感地带迁徙，如迁往热带雨林、沙漠化地区、山地等，致使当地脆弱的生态环境无法承受突然增加的人口与不可持续的土地利用方式，造成生态环境恶化与进一步的环境稀缺。

在水资源问题上，在当今气候变化与人口增长的大背景下，“水资源稀缺”通常表现在以下两个方面：(1)水资源能否被低价获取。通常表现在农业、旅游业、市政用水相关方面，利益相关方为了低价获取水资源，不惜以牺牲其他需求为代价。这种代价包括忽视维护供水系统的良好运作，或者一些当地居民的其他诉求。(2)水权。主要表现为社会弱势群体无法获得优质饮用水、基本生活用水，或者水资源不足以满足使用者的所有目的(Tsillas, 2015)。这两方面都揭示了结构性稀缺是当今水资源稀缺的重要表现形式。社会资源的不公平分配加剧了水资源的稀缺性，而这种稀缺性又反作用于各方对于“资源获得”(resource access)的争夺，甚至导致暴力冲突。例如，尼罗河沿岸国家爆发水冲突的最重要原因之一，便是各方都企图获得与控制当地水资源(Kansal and Ekadu, 2018)。

而淡水资源供应的枯竭与污染是引发群体间暴力冲突的六大环境方面的原因之一。[①]环境稀缺性不仅带来直接冲突，而且会蔓延到社会经济其他领域。因环境压力而长期内部冲突的国家可能会走向分裂，或更加专制。一方面，国家的分裂会产生大量人口流动(包含移民与难民)，而大量的人口流动又会导致群体的认同冲突；其次，由于国家控制力的削弱，分裂的国家也将无法有效地进行国际谈判和执行有关安全、贸易、环境保护等任何国际协议。另一方面，专制的威权政权则倾向于输出战争，以转移民众对内部压力的关注(Homer-Dixon, 1994)。其中，贫困地区被认为更容易受到“水冲突”的影响，主要因为贫困地区缺乏缓解自身环境危机与社会危机影响的能力。如前文所述的人口流动，看似是由环境稀缺直接引起的，但更大程度上是由这种稀缺导致的极度贫困引起的。发展中国家中的贫穷国家更容易受到环境稀缺性的影响，因为贫困本身主要意味着经济上的匮乏，环境稀缺性不仅会加剧经济匮乏，还会破坏维持国家正常运行的社会制度，反过来又引发了“匮乏”冲突——社会制度的破坏导致人口大量流动、经济衰退，甚至严重削弱贫穷国家的治理能力。因此，发展中国家可能呈现的环境稀缺性应该引起足够重视，其在社会公平正义与资源分配上存在更严重的问题，因此也在结构性稀缺上面临更严峻的挑战。然而，发达国家往往因过度关注气候变化和臭氧层消失的问题，而忽视了广大发展中国家面临的国内各类资源短缺问题，这对预防社会冲突爆发、维护国际安全是十分不利的(Wirth, 1989; Brown, 1989; Homer-Dixon, 1994)。因此，为了维护国际社会的安全稳定，发展中国家的水安全问题与水资源稀缺性是国际社会必须关注且无法回避的话题。调整与改善水资源的结构性稀缺更是考验每个国家，尤其是发展中国家的社会制

① 引发群体间暴力冲突的其他五个环境变动方面的原因：温室气体引起的气候变化、平流层臭氧消耗、优良农业用地的退化与丧失、森林退化与消失、渔业枯竭。

度与治理能力的必要课题。

1.2.2　流域的国际化与国家间权力不对称

跨境流域内主权国家众多是跨境水资源难以进行统一有效管理的主要难点。各国出于自身利益诉求，往往独立决策进行水利项目建设或水政策制定与实施，忽略对流域全局性水资源治理的考虑，导致各方矛盾与冲突。沃尔夫等（Wolf et al., 2003）在预测跨境水资源冲突爆发的指标研究中发现，有两方面的因素是导致冲突的重要指标：(1)流域的"国际化"如某单一殖民母国管理的流域突然独立出众多新兴国家，从而变成多国管理的"国际化"流域；(2)欠缺合作机制，大型水利设施涉及发电灌溉、泄洪、饮用等多种功能，其中一些功能是不同国家间互补的，而另一些功能则是互斥的，任何非互补、单方面的基础设施都可能发展成为水冲突的导火索（Da Silva and Hussein, 2019）。并且，由于流域内国家间水资源利用权力的不对称，合作机制往往趋于流产。

国家间权力不对称，追本溯源应当回归到上下游的地缘位置关系上。上游国家占据高地，有水能开发的天然优势与诉求。中下游国家在水资源管理中不可避免地受到上游国家水量分配方式的影响，尤其是在农业灌溉与工业、市政供水方面，下游国家的水权问题无时无刻不受到上游国家的制约与影响。同时，围绕共享河流，下游国家的生态系统维护又需要上游国家的配合，比如在治理水质污染与保护水生动植物等方面。多数情况下，上游国家往往在跨境水资源利用与管理方面占据优势，成为流域内的水权控制者。由于地缘位置不可改变，国家间的权力不对称往往也难以改变，并且影响着流域内各个国家的战略与政策的制定（李昕蕾，2016）。

水霸权（Hydro-Hegemony）的概念最早由杰伦・沃纳（Jeroen Warner）于1992年首次提出并引入水政治的研究分析。"水霸权"指的是一个跨境流域内对水资源的控制起绝对支配性作用的强权，这种霸权意味着流域内国家权力的不稳定、不对称和不均衡的状态。在水霸权影响下的跨境流域水冲突解决机制或协议框架，往往受到霸权一方通过军事、经济及政治途径的施压与操纵，使局面朝着对水霸权一方有利的形势发展，而往往无法实现其他利益方的权益。

埃齐奥尼（Etzioni, 1961）提出了三种能够使组织（含国家）的决策得到遵守的机制：强制性、功利性、规范性。强制性是指通过武力进行直接威胁；功利性是指通过授予经济利益，增强财产权保护或增加财产权等方式，能更有效地让目标群体顺从；规范性则是指确立合法性，让目标群体相信遵守规范机制是正确的，并担心因未遵守规范而受到惩罚的方式(Etzioni，1961)。在此基础上，卢斯蒂克将埃齐奥尼的理论用于水霸权研究中，将国际水资源问题中的水霸权补充发展为四种形式。第一种为强制性霸权，强国通过军事、政治、经济上的威胁与制裁来掌握流域内的控制权。第二种为功利性霸权，强国以军事保护、经贸利益、外交认同等形式换取其他国家对其主导的国际水制度与规范的顺从，形成较为稳定的跨境水资源管理框架；功利性霸权是以强制性霸权为后盾的，即只有在被普遍认为即使功利性机制失效，该流域仍能在强国的强制性机制控制之下，功利性霸权才能有效发挥作用。第三种为规范性霸权，流域内遵循某种强国主导的谈判规则，形成符合强国利益的水治理机制与框架，提高了强国水权的合法性；规范性霸权是以功利性霸权为后盾的，即如果规范性呼吁不符合流域内各国各自的利益，则无法维持稳定的政治秩序，规范性霸权往往是积极的功利性霸权的表现形式。第四种为意识形态性霸权，强国将符合自身利益的国际舆论、水安全规范、知识话语、政治管理模式等形式深化成某种“常识”，从文化的角度自然而然延伸出政治霸权机制，不符合这种文化的对象被视为异端或国际规则的破坏者，受到其他遵守该政治霸权机制的群体的共同挞伐(Lustick，2002)。

同时，水霸权在有些情况下对稳定流域治理也有着积极贡献的一面(Warner，1992)。一方面，一些水霸主积极致力于制定流域内的游戏规则，形成了稳定与相对公正的流域水管理机制，促使将矛盾诉诸机制框架内的谈判协商，通过签署条约协议解决水冲突问题，极大程度地避免了武装暴力与水战争的发生；另一方面，水霸主利用其霸权为流域内提供了许多额外的公共服务与基础设施，允许其他国家“搭便车”。然而，作为流域中实力弱小的国家，无论参与何种水霸权之下的协议框架与条约，往往最终沦为“水霸主”的政治工具(Da Silva and Hussein，2019)。这样的流域内水治理机制往往优先考量水霸主的主权国家利益，而忽视了广大人民群众的水权与人类发展，尤其是往往以牺牲弱小国家的人民的水权为代价。除此之外，李昕蕾(2016)提出流域国家的权力不对称问题研究还应当包含流域外霸权国家对于流域内水政治的干预作用，并指出流域外霸权国与流域内大国之间的关系如何得以协调也是亟待研究探讨的方向。

在缺乏水霸主“积极领导”的跨境流域，消极领导与不断变动的水霸权领导常常导致冷冲突或激烈的水冲突形式（Warner，1992；Zeitoun and Warner，2006）。在这种消极的权力不对称情况下，流域内的国际水政策往往流于形式，呈现无效的状态（Hussein and Grandi，2017）。此时的流域管理机制与框架的分配方案是相对不公平或不明确的。流域沿岸国家酝酿着潜在的单方面行动倾向，或直接采取单方面行动，严重削弱了跨境水域综合管理机制的"合作"效果，使流域呈现竞争状态（Hussein and Grandi，2017）。流域国家间的权力不对称，阻碍了流域水合作的稳定发展，是水合作机制失灵的重要原因，往往也是国际水问题中无法回避的核心问题。

1.2.3　水合作机制缺失或失灵

跨境水资源问题涉及政治、社会、管理、物理、生态和生物化学等不同领域，这就决定了跨境水资源的分配、供给、需求、利用及管理问题格外复杂化。因此，水冲突、水危机的复杂性可以看作源于人与自然系统之间的相互作用，归根结底在于涉及代表不同利益的参与方处在变化之中（Liu et al.，2007）。流域内水合作机制的设立，目的就是为了协调这些不同参与方的利益与需求，从而达到动态平衡的效果，最大程度地避免水冲突朝激烈的方向发展。而流域内水合作机制的构建，必须通过国际协议、法律条约的形式加以巩固。而在 200 多个国际河流流域，有超过三分之一的流域没有被纳入任何国际协定，只有约 30 个流域具有真正的流域合作机制（Draper，2007）。因此，从整体上看，世界范围的流域水合作机制呈现全球缺失状态。

然而，在水合作机制的构建中，不同利益方代表了不同需求，相异的考量侧重点，极大影响着合作机制的成功与否。首先，跨境水资源管理的行动者——政治界与知识界有着各自不同的政治需求、作用边界、专业知识、管理能力、政治权力，在处理水资源问题的相互联系与反馈过程中呈现动态竞争状态。这导致他们在水资源管理具体问题上的互动存在不确定性，被认为是造成水资源问题复杂性的主要原因。具体来说，知识界主要着眼于水问题研究、水资源管理、水政策的技术领域，基于自然、社会、技术知识的不断发展和完善，为水资源问题提供解决方案；而政治界的决策过程不仅涉及知识团体的投入，还牵涉与社区价值观相一致的计划行动的合法性、必要性、有效性，包括政府决策的参与者及相关活动、民间社会团体的非政府活动等。因此，政治界在水资源管理中的作为往往基于价值观与利益的考量，与知识界迥然不同。政治界与知识界的差异状态可以单独存在，也可以在水冲突中相互影响，从而限制了参与方在解决方案上达成合意（Choudhury and Islam, 2015）。其次，流域内水合作机制的建立不仅仅涉及国家、政治层面的利益与行动，还关系到社会各方的利益诉求与参与程度。在这种多方变化的偶然性之中，要确保“公平”“可持续”，兼顾所有利益相关方的利益与价值观，是水资源问题的复杂程度进一步加深的重要原因。

综上所述，利益相关方诉求的差异性导致难以形成统一的水资源法律与政策，也造成缺乏真正有效的解决冲突的框架协议和法律论坛，致使水合作机制框架普遍欠缺。不同利益方之间固有的冲突也会通过水资源的管理与利用表现出来。例如，单方面的水利设施建设既造成以水资源为核心的地缘政治格局冲突，也是政治冲突本身的表现形式（Hirsch, 2016）。这类冲突既牵涉政治团体与知识界、工业界的博弈，也涉及广大沿岸人民的利益。以湄公河流域的水电再开发为例，流域水冲突中既蕴含着冷战后意识形态的重新配置、流域内战略力量的部署变化、也包含随着经济的快速发展、区域一体化进程之间不同维度、不同思路的诉求与重构，上述种种因素严重阻碍着流域合作机制形成的根基。同时，这种地缘政治格局意义上的矛盾冲突，又成为点燃沿岸国家对水电开发项目热情的导火索，从而反过来作用于政治冲突。在这种螺旋形上升的动态竞争之下，流域水合作机制的政策基础与法律框架也呈现极其不稳定的态势。

现有研究认为造成水合作机制缺失与失灵的原因主要有以下三点：

（1）治理与决策能力的局限性。

流域内主权国家在水治理与决策能力上存在局限性，往往表现为复杂的水治理机制，管理层级增多，但决策能力并没有跟上，水资源管理的创造力与能力不足。许多协议框架与水资源管理机制最终流于形式，无法真正发挥流域内跨境水问题治理与决策的作用（Norman and Bakker, 2015）。水治理与决策，包含着政治上、组织上和行政上的多层次过程，目的是让社区利益得以表达，投入获得回报，决策得以制定与执行，决策者得以承担水资源开发、管理、供水服务的责任（Norman & Bakker, 2009）。因此，水治理考察的是复杂而综合的治理能力。第一，治理强调的是过程，而不仅仅是决策结果；第二，治理涉及整个过程，比“管理”涉及的职责范围更宽，涉及开发、设计、管理、协同等环节；第三，世界许多地区都倾向于增加公众参与，激励非政府组织、社区协会、私营部门以及其他利益相关者参与治理进程，以提高传统上基于国家的行为者决策的各方接受度；第四，根据以上给出的三个特征，治理需要对制定决策的过程进行综合性的衡量（Linton and Brooks, 2011）。

在现存的水合作机制中，造成这种治理与决策能力局限性的原因有很多。沃尔夫（Wolf, 1997）认为是水合作机制的执行中缺乏必要的激励与惩罚措施，没有强制的法律与执行机关是主要制约因素。因此国际机构也会使用其他"胡萝卜"和"棍棒"来迫使冲突相关方妥协，或者通过利用冲突方的差异建立贸易或其他联系来达成短暂和平，事后这样的协议往往对违反的一方缺乏制约。学术界也提出了一种缺乏"互信"的"水安全困境"，即同一流域处在"水安全复合体"中的沿岸国家因缺乏互信，往往不会在水资源问题上通力合作。若其中一个国家在水资源政策与管理上发生任何变化（诸如抽水、建坝、排污等举动），无论该举动的初衷是什么，事实上能给流域内其他国家带来利益或损失，其他国家均会认为自己受到影响（Kansal and Ekadu, 2018; Dinar, 2002）。其次，气候变化、缺水等外界环境因素会加剧水冲突，导致流域内国家降低水资源依赖的这一举动更加困难，从而加剧沿岸国家之间的水权冲突，并扰乱了国际、流域内的共同治理与决策机制（Dinar, 2002）。若国际跨境流域内的国家长期处于水安全困境之中，这种局面将会成为构建协议框架、解决机制、国际法律与条约的巨大现实阻力。同时，当今世界许多流域并未能将整个流域纳入解决水冲突的合作机制，仅仅停留在国家层面或双边层面，这一点在南亚国家尤其普遍（Uprety and Salman, 2011）。南亚没有一个国家是《联合国水道公约》（the UN Watercourses Convention，该法系适用于跨界水域的国际"框架法"）的缔约国或签署国，这种缺乏全域性合作的流域机制，制约能力是极为有限。

综上所述，自20世纪80年代以来，跨境水治理的规模逐渐扩大，当地跨境河流治理的参与方越来越多，然而治理机构的权力却并没有得以增强。跨境水治理活动的频繁并没有提高流域局部规模的决策权，国家权力始终无法让位于流域整体治理，各参与方都没有能力超越民族国家的界限，资源不足和能力限制局限了它们有效参与跨国际水资源管理决策的能力（Norman and Bakker, 2009）。构建具有持久复原力的协议框架、解决机制、国际法律与条约，需要具备超越国家主权和双边主义的全流域管理观，形成切实有效的激励与惩罚措施，在"流域一级"加以解决，通过管理机构实现最佳的可用水规划和利用，以及在建立流域内国家地区间的互信方面还有很长的路要走。

(2) 民族主义的破坏性。

民族主义往往会加剧跨境流域内的水资源冲突。尤其体现在大型水利设施的建设与水资源分配的过程中,各国出于对国家形象的考量,往往不顾及经济利益的共享,过分关注水资源开发权的争夺,以此树立流域内的国家形象。另一方面,民族主义往往成为跨境河流沿岸国家政党之间的关系两极化的导火索,并通过沿岸国家国内的政治形势对流域水资源管理框架产生破坏性影响。

已有的研究借鉴罗伯特·帕特南(Robert Putnam, 1988)的两级博弈论,分析国内/国际层面的相互关系如何在跨境水政治中发挥作用,探索国家形象如何与大型水坝基础设施的建设相重叠,以及这种现象如何在国际层面产生影响。研究发现,将民族主义与国际关系、政治地理、水政治相结合,更有助于突出对大型水坝问题分析的相关性探讨(Menga, 2016)。在大型水利基础设施的建设过程中,民族主义一旦介入国际水关系,往往发展成为冲突爆发的导火索。例如,在南非与莱索托跨境流域的莱索托高地水利项目(Lesotho Highlands Water Project, LHWP)中,南非的政治经济精英、莱索托政府、马洛蒂(Maloti)社区三个利益相关方都将自身利益包装成民族主义,将跨境调水引发的矛盾转化为彼此仇恨(Rousselot, 2015)。一旦陷入民族主义文化和历史话语的叙事中,流域内的水冲突只会随之升级,更加难以走向合作。

民族主义语境下的沿岸国家内部政党关系也不容小觑,由其政党之间关系所产生的负面影响、所引发的突发性政治变革,极大地破坏了合作的根基。例如,在以色列与巴勒斯坦的跨境水冲突案例中,以色列采取了单方面的环保主义立场,虽然维护了自身的直接政治诉求与环境利益,但从中长期来看也为区域水合作带来了各种风险(Fischhendler et al., 2011)。

(3) 缺乏第三方支持。

第三方在政治与财政上的缺位都不利于国际水资源管理框架的构建与执行。沃尔夫从140项跨界水条约、14项过程案例研究以及国际水资源协会(IWRA)的三个论坛(涵盖9个流域)中,汲取、分析了国际水冲突解决经验,发现所有成功的国际水务主管部门都拥有政治与财政上强大的第三方支持。否则,国际水资源管理框架将形同虚设。第三方参与不仅对解决国际水冲突具有至关重要的作用,而且其参与必须是积极的,并得到国际社会的财政与政治支持(Wolf, 1997)。这一结论也呼吁国际组织等第三方机构在跨境水资源管理中发挥更大的作用。

1.3　水资源冲突的解决方式

现有研究在讨论水冲突的解决方案时，多从政治、经济、技术工具三个角度入手，根据不同流域内跨境水资源的治理个案，总结发展出经验模式与理论框架。本节主要从构建与完善国际水合作机制、灵活运用经济手段、发展水资源利用、分配与管理技术三个方面来梳理过去对解决水冲突方式的研究成果。

1.3.1　构建与完善国际水合作机制

从制度主义与功能主义的视角，依托构建持久复原力（enduring resilience）的协议框架、解决机制和国际法律条约促进水冲突的解决，并对这些协议框架的构建、条约的签署、谈判的过程、解决机制的结构等方面进行逐步完善。协议框架、解决机制和国际法律条约或许并不一定能解决水冲突争端，但是可以为流域内国家提供解决问题的途径，避免相互间的不满转化为实际的暴力冲突（Hensel and Brochmann, 2009）。因此，协议框架、解决机制和国际法律条约发挥作用的关键是在冲突爆发之前将问题纳入框架性解决机制之中，通过磋商与谈判发展综合的国际水资源管理方案，将极大避免争端，为流域启动合作模式与创造和平（Wolf, 1997）。虽然通过构建具有持久复原力的协议框架、解决机制、国际法律与条约来解决水冲突在实践过程中遇到了大量阻碍，但仍然是当今世界比较通行的一种方法，在水冲突的化解、转冲突为合作上拥有不少相对成功的案例。

协议框架、解决机制、国际法律与条约等途径被认为是对解决水冲突与促进水合作影响最大的因素，其内容也逐渐全面。乔达诺等对在 1820—2007 年间签署的 688 项跨境水资源合作的协议与法律文本展开研究，这些协议适用于 113 个流域，囊括全球近 70%的跨境流域面积，形成 250 项独立条约。通过对协议/条约的目的、目标、各种内容项进行分析，可以发现这些国际协议/条约呈现出从早期侧重于对水资源的监管与开发到侧重于建设资源管理框架的特点；除了涵盖水力发电、水资源分配、水资源灌溉等“传统”问题，条约文本中目前最常提及的还有“环境”问题。此外，各项协议与条约中越来越注重囊括数据与信息的共享规定、解决冲突的机制和民族国家行为体以外的参与机制等等（Giordano et al., 2013）。

水霸权对协议条约带来的负面影响也在被持续改善中。基于流域管理的整体

“框架型水资源治理”正在逐步代替原有的“国家主义至上”。新的流域管理模式强调体制和治理创新以满足用户与水相关的需求(而不是固定的水需求),从而提高用水效率并改善社会水文关系(socio-hydrological relationships)的潜力(Norman and Bakker, 2015)。一些非国家主义的因素正在改善水霸权的影响,如以科学与信息手段游说相应的水务官员,组织公众抗议、利用诉讼手段并号召国际盟友向霸权政府施加压力,督促其改变行为。非政府组织、企业家、环保主义者能够利用其信息工具与各自的软实力,推动流域内的有效合作。此外,水资源问题往往涉及安全问题,并且与其他区域的安全问题密切相关。安全问题上的相互联系,以及国家力量的不同演变,促进流域内水安全综合体的形成,从而推动水资源管理合作机制的形成。考虑相关国家的国内状况,以及国际与国内之间的相互作用,可以增进非国家主义的因素发挥积极作用,有效开展冲突管理(Asah, 2015; Warner and Zawahri, 2012)。在对跨境水资源的冲突分析中,诸如瑞泽尔的综合社会分析理论也正在被纳入应用(Jordan-Werhane, 2014)。这表明超越单一诉求,综合考虑多元利益,正在逐渐被纳入水合作机制的方案中。并且,实践也表明整体性的全流域管理带来多方面的收益,例如,从跨越美国与墨西哥的科罗拉多河三角洲(Colorado River Basin)的水管理经验中可以发现,实行全流域规模的管理可以最大化收益,最小化不利影响,不仅能够实现跨境金融和水资源的转移,而且还支持水资源管理方法的创新,例如利用跨境存储(transboundary storage)的方法(Bark et al., 2014)。

在构建与完善国际水合作机制的过程中,要注意以下几个方面:

(1) 国际条约的持久复原力与范围。

国际条约的作用绩效依赖于流域机制内有效的执行力。沃尔夫等(Wolf et al., 2003)的研究也强调了跨境流域内的水资源管理机构的运行能力,以及水条约的执行能力。根据其依托大数据对多个流域的横向比较,在对水资源的冲突与合作的影响上,让条约内容落地的能力已经超过或至少等同于人口、经济、自然环境等物理性质因素的相关性(Wolf et al., 2003)。因此,国际水条约的执行力对水冲突与水合作有着显著影响,在流域治理中应注重构建可以在长期被有效执行的水条约。

乔德休里和伊斯拉姆(Choudhury and Islam, 2015)提出了国际水条约能长期被执行的三个条件。第一,利益相关方之间除了存在竞争关系,同时也存在依赖关系;第二,利益相关方通过共同的事实发现来建立与创造共同利益;第三,成立一个联合机构或委员会以监督协议并解决新问题。这三个条件对研究国际条约如何在跨境水冲突中发挥重要作用提供了参考。不过，这三个条件对不同流域、涉及争议的不同利益相关方的影响并不相同。因此，在条约签订的过程中，各方必须关注流域内不断变化的水文特征、沿岸居民不断变化的经济需求、具体利益相关方及其利益参与方式、地域与全球政治形势。此外，要想从国际政治角度有效解决跨境水冲突，还应将重点放在水冲突谈判过程的性质、谈判协议中的具体规定、建立解决紧急问题的制度性手段上。

同时，条约的签订应当兼顾少数族裔、弱势群体的利益。巴尔塔蒂斯和穆尔(Baltutis and Moore, 2019)在对美国、加拿大签署的《哥伦比亚河水条约》进行研究后发现，该条约不仅由两个国家共享，并且覆盖多个土著民族。随着美加双方法律格局的变化，政府不仅有义务在政府与政府合作基础上朝着与土著民族的合作和共享治理的方向发展，避免影响土著民族的利益，并且土著民族同样应参与条约的重新谈判和实施，并被纳入现代化条约的实施结构之中。

(2) 兼顾地下水治理。

相对于地表水，水资源的稀缺更体现在地下水上。考虑到蓄水层的物理特性，地下水可以被认为是一种不可再生的可耗尽资源(exhaustible resource)(Chermak et al., 2005)。地表水与地下水共同构成流域水资源，两者在物理规模上相连又存在差异，难以独立治理，地表水和地下水之间的流动与储存的动态变化增加了流域内水资源管理、分配、利用的难度；两者又共同参与引发了流域多重规模上的复杂问题，兼顾地表水与地下水治理是至关重要的。然而，虽然跨境地下含水层也是全球水资源系统的重要组成部分，但是它们在国际水政策与立法中的认可度非常有限(Puri and Aureli, 2005)。

目前，流域的规模理论在生态景观学与人文地理学方面都取得了一定的发展——流域规模并非如其物理意义那样是固定不变的，而往往是社会性的偶然产物(socially contingent products)。利用现阶段的流域规模理论，可以看到地表水与地下水之间的互动如何牵扯到流域多重规模层面的更为复杂的动态变化。达西尔瓦和赫塞恩(Da Silva and Hussein, 2019)对南美洲水冲突的研究分析阐述了这种复杂动态变化。首先，从地表水的流动与地下水的水资源储存来看，两者在流域延伸的物理规模上是重叠的。因此，他们在物理意义上并非互相独立，而是彼此相互作用，这让建立两个独立规模的流域治理体系变得艰难复杂。其次，共享地表水和地下水的多个国家是社会意义上产生的规模，这些社会规模与流域水资源的物理规模相重叠，但是又超过了其物理规模，因而产生了资源分配上的冲突。再次，流域中多个国家推动的边界划界、人口定居、工业化、城市化及环境保护等活动，伴随着地表水与地下水之间的相互作用，使得土地与水资源利用彼此独立，而非被看作一个整体。最后，不同部门在对水资源的利用以及对规模的扩张上都需要一定的基础设施，其中一些基础设施是互补的，而另一些则可能是互斥的。因此，它们需要多种金融投资与政治协议，这又会产生其他规模的实体，例如国际开发银行（Da Silva and Hussein，2019）。地表水与地下水之间的动态关联引发的复杂规模影响表明流域治理需要充分预估不同规模的影响，兼顾地表水与地下水治理，这种兼顾型的治理更应该体现在对于地表不可视的跨境地下含水层的关注上。

此外，在具体到关于地下含水层的利益表达和决策规模上，林顿和布鲁克斯提出了五个目标：注重社会和政治平等、经济效率、生态可持续性、需求管理优先、可实施性。这五个目标可以较好地促进对地下含水层的公平合理利用，并且可以设置将上述目标转化成为评估地下含水层利用与管理的指标，以促进广泛的非国家行为体和国家正式机构共同参与地下水的管理（Linton and Brooks，2011）。

（3）构建流域全局性思维。

已有的跨境水资源管理往往针对特定的“问题”去寻找“解决方案”，例如针对环境可持续发展、土地利用、水力发电、灌溉和渔业等方面，通过科学或技术领域的政策制度与处理措施。这导致大多数的流域管理组织弱小，缺乏解决复杂、敏感的政治性问题的集体行动能力。过去的解决方案往往侧重于设计过度集中的区域组织，将国家利益包含在分散的超国家利益之下，暴露出了水合作机制失灵、治理与决策能力低下的问题。这一点上，保持区域合作战略应当格外注意政策的制定与各个国家议程、国家政策保持同步，调和主权国家利益与流域管理机制的激励措施，科学设计与实施超国家级别的流域战略，兼顾各方共同利益十分重要（Söderbaum，2015）。在此过程中，任何形式的民族主义可能会影响水合作机制的建立与执行，深刻影响国家机构与经济发展政策之间的互动，也会因此让地方组织、利益集团之间的互动受到民族主义思潮的影响。不过，阿布德哈迪等指出，民族主义和国家利益不一定是消极立场，而可能存在一个交汇点，达成流域内国家利益的平衡与所谓的“水利团结”（hydrosolidarity）。因此，从这个角度来看，在流域全局性、一体化的构建中，重要的不是单纯增加合作，而是要避免陷入民族主义文化和历史话语的叙事中(Abdelhady et al., 2015)。

流域的全局性思维在具体实践中包含着兼顾水外交(water diplomacy)与“联结治理”(nexus governance)的合作策略。联结治理,即一种处理国际层面多方参与者开展自然资源管理的整合治理模式,要求参与者在政策、治理、公共、私人、公民领域进行全面互动(Al-Saidi et al., 2017)。萨尔莫拉尔等(Salmoral et al., 2019)认为联结治理与水外交对合作机制的建立与运行具有积极影响,且具有同等的重要性,两者之间的互补性对跨境自然资源管理的贡献很大。一方面,水、能源、粮食系统之间,以及同流域范围以外的协同增效和权衡取舍,提高了利益相关者的多样性,完善了部门之间协议的平衡性,从而可以补充水外交的目标,其灵活的谈判方式也可以促进水外交的利益分享。与此相同,涉及不同部门和利益相关方的国际关系发展项目,最终可以通过国家间合作促进和平建设,并减少对有争议的自然资源的关注。另一方面,水外交提供了解决复杂性问题和获取政治背景的工具,这些工具克服了盲目崇拜传统的技术与“最理性解决方案”的局限性。水外交通过联合的事实发现、价值创造、协作式自适应管理应用,向联结治理提供了工具,使利益方达成了共识,从而将政治纳入水问题决策环节,并促进共同利益的挖掘与实现。

全局性思维还应当建立在重视生态及社会可持续需求的基础上。以往的跨境水资源解决方案往往忽视生态、社会可持续管理的需求,没有重视政策程序之外一些微观活动的相互作用(Jordan-Werhane, 2014)。例如,当多个机构、多个司法管辖区法律不一致时,利益相关方通常会利用社会资本来加强其陈述或期望的立场;或者除去政治上的问题,鸟类迁徙与其他生物圈也因水资源冲突而遭到影响。因此,以管理整个流域生态系统与社会可持续的角度来重塑跨境水资源的治理问题,才能形成更为有效、良性的国际水合作机制。

(4) 重视水冲突与水合作的动态关系。

已有研究表明,围绕着水资源的冲突与合作通常是相伴而生。根据约夫等(Yoffe et al., 2003)在考量多个时空规模的生物物理、社会经济、地缘政治变量后,针对 1948—1999 年国际水合作与冲突的历史事件进行评估测试研究,结果显示在涉及水质、联合管理、水电等广泛议题上,淡水资源的国际关系绝大多数倾向于合作。而水冲突在国际关系中的爆发,往往集中体现在水量与基础设施方面。德斯蒂法诺等(De Stefano et al., 2010)的研究也再度证明了这一点,根据其对 1948—1999 年和 2000—2008 年两个时期的国际水政治趋势的评估结果来看,尽管资源退化与供需不平衡导致的水危机频繁发生，但跨境河流沿岸国家之间的合作仍然远远超过冲突。即使是在争议最为频繁的中东与北非地区，水合作依然远远大于水冲突，尤其是在最近的研究期间，这种趋势愈加明显。更为重要的是，水资源合作又进一步促进了地区合作。过去的研究表明，跨境含水层更有可能成为地区合作的优先事项，这在市政一级对跨境含水层的使用中常常得以体现。而涉及全国范围的水资源利用（特别在大城市或有影响力的地区）往往促进了州与州之间的地域合作（Hussein，2018）。

从水冲突到水合作，可能呈现并存且交替出现的趋势（Martin et al.，2011），伴随着流域内竞争性权力、合作机制的演变，水政治与水关系也发生相应的变化（Kibaroglu and Scheumann，2013）。例如，从幼发拉底河—底格里斯河水系的案例可以看出水资源关系经历了四个阶段的变化。第一阶段，流域内国家的水资源关系与该地区的国家建设相吻合，沿岸国家均侧重于对国内社会经济发展的需求，而不是制定对外水政策；第二阶段，大规模水资源开发项目由于缺乏相互协调，竞争性跨境水冲突出现；第三阶段最为复杂，跨境水问题与非河岸安全问题之间存在联系，沿岸国家之间的水关系主要通过交换简短的外交照会在外交层面进行，各方均强调必须实现粮食自给自足，保障粮食安全以及其他社会、区域发展目标，实施互不相容的谈判策略；在第四阶段，水资源管理机构在将水政策从冲突转向合作的过程中发挥了重要作用。因此，政府和非政府两级的水合作制度化、水对话网络的发展，应继续作为缓解紧张局势的方法。马丁等（Martin et al.，2011）从环境管理的角度来探讨水冲突与水合作并存状态，则无法得出环境合作与国家安全政策之间的确定性关系的结论。这两者相互关联，并不是基于简单、单线性的因果关系，而是基于管理空间更复杂的构成。因此，正确建立环境管理机构，并不足以改变该地区原有的改变政治格局的暴力方式。但是，环境政治与安全决策之间也并非完全隔离，例如，水资源规划中的体制格局（包括沟通渠道、博弈规则、参与治理），都有助于使“低级政治”（国家间的经济关系）即使在没有解决方案的情况下也能继续指向“高级政治”（国际安全）。因此，不仅应该考虑环境是否能跨越从低级政治到高级政治的界限，而且应该考虑如何从冲突与合作、低级政治与高级政治之间更复杂的非线性关系中理解这种不确定性。

水冲突与水合作还可以互为因果。例如，乔卡库拉（Chokkakula，2018）在对印度泰卢固恒河项目（Telugu Ganga project）的研究中发现，邦与邦之间的合作最终成为水冲突产生的原因之一。因此在政策层面，印度必须重新审视对解决冲突的过度依赖，将重点转移到实现水合作。

同时，在利用条约/协议等国际关系手段解决水冲突与增进水合作的过程中，应当将冲突与合作当作两个不同问题，而不是看作同一频谱的相反两极对待(Dinar et al., 2019)。应分别讨论水条约在促进水合作与减少水冲突上起的作用。已有研究表明，水条约的存在只为促进沿岸国家协作提供了有限的支持，但沿岸国家之间签订的协议/条约的数量却为此提供了强大的支持，尤其是在考虑到水资源的不确定性之后，这一点尤其重要。在控制了气候、地理、政治、经济等不同变量后，条约签订的数量与沿岸国家合作增强依然呈正相关。这可能的解释是表明后续的条约弥补了之前条约的缺陷。不过，在条约或条约数量与水冲突减少的关系上，条约或条约数量均对此没有显著影响。可见，在用条约/协议处理水合作与水冲突的议题上，不能将冲突与合作仅看作相对的两极。应当将减少水冲突与促进水合作作为分开的独立问题来实施策略(Dinar et al., 2019)。

1.3.2　经济手段及经济学分析方法

经济手段指通过提供激励措施达到减少水使用量、提高用水效率和创新管理的目的。经济手段具有灵活的特点，可以根据实际被动态修改和调整，并且，经济手段能带来可观的收入(Hellegers, 2005)。

在制定国际河流水资源分配冲突的修复方案时，通常会进行机会成本分析、边际分析和帕累托改进补偿分析(Pareto-improving compensation)，即通过调水中的量化交易，实现以最少的社会代价调配水资源，以及探索“双赢”的机会(Bark et al., 2014)。寻求水资源的公平分配，以及开展社会生态成本与收益分析对于理解跨境水管理中的合作与冲突至关重要(Asah, 2015)。水价也被认为是一种可用于实现需求管理或成本回收等政策目标的经济工具。此外，通过水权交易、补贴以及费税等经济手段，以及合理利用定量配额等监管工具，可以促进水资源的有效分配与管理(Hellegers, 2005)。

在成本与收益的分析中，环境服务支付费(payments for environmental services, PES)和环境税是落实环境评估的一种常见形式。由于受益者为维护生态系统的功能而付费，而环境税则促进了水资源利用的高效与负责，环境服务费/环境税对环境保护具有一定作用。不过，费/税的制定存在一定的主观性，难以达成共识，并且容易被操纵，因而面临一系列挑战。此外生态系统和生物多样性经济学(the Economics of Ecosystems and Biodiversity, TEEB)将生态系统及其文化、精神、美学、潜力等难以量化的价值定量化并且应用于政策制定，为越来越多政府与私营部门所支持(Mirumachi and Chan, 2014)。

近70年来，博弈论也是水资源的管理与分配过程中被广泛运用的技术工具之一。1942—2013年，博弈论被运用于近600个水资源管理项目的研究中(Dinar, 2015)，在水资源分配问题、沿岸地区对水资源的有效利用和跨境河流负外部性(污染)管理等方面作出了贡献。随着气候变化的不确定性风险的影响，以及相关部门对水资源基础设施投资回报的永久性的期待，博弈论将在更广阔的空间里发挥作用。例如，在冲突问题与合作框架相衔接的过程中，博弈论可以在多方谈判、多方分配中发挥更大的作用。参与方可通过(1)在协商框架中增加问题来扩展核心，继而获得更稳定的解决方案，从而达成共识；(2)在协商框架中增加更多参与方，扩大参与者的范围，从而增加合作的可能性(Dinar, 2015)。

水政策经济学模型也被广泛运用，在概念、理论与技术方法、范围与应用方面得到快速发展，解决了一系列对水资源的需求、供应和管理政策的问题。特别是对非市场、公共水相关的估值取得了理论和经验上的显著进展。建模方面包括对多个竞争需求的建模，激励措施与技术以及行为响应的类型，地下水和其他供应方式的整合，制度因素的整合，以及对全系统影响的关注等等。经济意义上的水政策模型的最大变化是各个需求和供给组成部分的整合、环境价值的纳入、治理和制度条件(法律、法规和政策)的整合、向流域扩展甚至是分析规模的插入。未来水经济学模型发展的重要领域，将是使用基于遗传和神经学的算法来解决动态随机问题，重建遥感数据的水文和经济关系，以及扩展模型以理解和解决跨界水资源经济、水文问题，环境和体制政策，以及相互依存关系(Booker et al., 2012)。

经济学分析方法在跨境地下含水层的管理中发挥了重要作用。彻马克等(Chermak et al., 2005)提出了三种模型：(1)合作模型：各方共同在统一框架下行动，这种是理想状态下的最佳方式；(2)非合作模型：各方一边考虑其他利益方的行动与资源的消耗性，一边采取行动，这种是大部分地下水管理的现状；(3)短视模型：各方均不考虑其他利益方在水管理决策中的行动、资源的有限性、问题的动态性。在管理的早期，由于用户成本较低，非合作模型累计亏损(aggregate drawdown)会大于合作模型的隐性亏损。另外，初期短视模型的生产路径(production path)是恒定的,并高于其他两种模型中的任一种。但是,合作模型的累积折现净收益(cumulative discounted net benefits)最高,其次是非合作模型,而短视模型则最低。因此,理想的地下水管理方案一定是基于合作模型的。但是,合作模型是一种极其理想化的状态,比如假设所有参与方的生产技术相同,对地下水含水层及其特征的理解完全相同,市场规则(定价)相同,以及目标相同,而这些在实际应用中是难以实现的。因此,在地下水管理中优化经济或水文模型十分重要,其中要纳入适当的制度约束(如紧凑条款)、市场规则(如价格规则)、条约约束等,以完善经济学在水文和制度特征方面的不足之处。

不过,用经济手段解决水冲突具有一定局限性。第一,由于外部性的存在,市场存在缺陷。第二,收费对用水的影响可能存在不确定性。与水的价值相比,水的价格通常很低,通过大幅提高水的价格以影响需求,不具备可行性。第三,相对于效率提高,交易成本也会被提高。第四,经济手段通常不满足实行的先决条件,如确定的水权或体积测量。因此,经济学主要用于分析阶段,对实际应用的指导不足。

如何解决水冲突,涉及水资源的公有或私有属性。过去有些研究强调水资源的私有属性,有些则强调其公有属性。水资源或许应当被视为一种公共社会资源(Tsillas, 2015)。对发达国家的已有研究发现,通过私有化水资源降低成本的做法是不可持续的。水资源的私有化涉及其背后的金融、技术转让、新技术私有化等环节,靠公司一己之力无法维持低价(Tsillas, 2015)。而政府通过市场机制在国家之间对水资源进行重新分配,引入水权交易,鼓励水资源利用者减少低价值利用,并出售多余的水资源,也是有难度的。这种重新分配不仅在政治上是敏感的,且涉及高额交易成本,因此应用时存在较大的难度(Hellegers, 2005)。政府采用成本与收益分析,采用环境费/税的方法也具有局限性,因为费/税制定过程具有一定的主观性,难以达成共识,容易被操纵,因而面临一系列挑战(Mirumachi and Chan, 2014)。

另外,当涉及博弈论的解决方案时,应重视社会公平问题。水既是一种经济商品,也是一种社会物品,能为整个社会带来福利。人们经常将获得洁净水视为一项基本权利。过去对博弈论的运用大多保留了对利润最大化的传统关注,参与方之间存在很大的贫富差异,没有给予更多对公平的关注,忽视了公平对于评估方案稳定性的重要性(Dinar, 2015)。除效率以外,其他目标,例如社会公平和可持续性,通常也是指导性目标,因此政府也常会补贴那些价值高而收益低的水资源利用

(Hellegers, 2005)。所以,博弈论在水资源的管理与分配过程中的运用仍存在较大的改善空间。

1.3.3 发展水资源利用、分配与管理技术

技术手段是缓解水短缺、促进水合作的重要形式,其中,海水淡化方案给予各国得以同时实行单方面的或合作的选择(Aviram et al., 2014),该项技术不仅在国家内部创造了额外水源,而且间接改变了跨境水政治互动中的游戏规则,将基于资源获取的零和博弈,转变为国际商品贸易中典型的互利类商业关系。并且通过采取灵活的政策,改变上下游关系之间固有的利益格局。

科学规划大型水利设施也将有效缓解水冲突。大型水利设施的兴建虽然会引发水冲突,但也可以通过合理规划达成多赢的局面。例如,从对阿姆河(Amu Darya)流域基础设施的发展与水资源的分配状况的研究中可以看出,大型水利基础设施项目也可以从经济上让流域内各个利益方获利。阿姆河流域的罗根大坝(Rogun Dam)可为下游的阿富汗、乌兹别克斯坦、土库曼斯坦等国带来农业利益,同时为上游的塔吉克斯坦提供一部分冬季供电。第一,可用供水的经济价值都不会下降。在水库被充分运营的情况下,在正常或干旱条件下进行农业灌溉,增加了三个下游国家的经济利益。第二,由于罗根大坝的水库调节能力让农业灌溉更及时,所有沿河国家的农业生产的经济价值都可能增加。第三,塔吉克斯坦可从罗根水库的能源生产中获得巨大的经济利益,特别是在供水量低的情况下,大坝的折算净收益十分可观。第四,罗根大坝运营后流域内与水相关的折算电力与农业经济效益可平均提高6%。因此,对于跨境流域大型水利基础设施与分配方面的冲突,可在确保流域所有沿岸国家经济利益的基础上给予解决,不过一般同时需要结合艰难的政治谈判(Jalilov et al., 2013)。

所以,如何规避建坝带来的风险,最大程度发挥其正面效益呢?有研究认为,应当增强以生态环境为指标来评估大型水利工程设施的风险的重要性。过去的数据表明,在河流的主要河道、支流系统(尤其是流域下游和人口稠密的河段),进行大型水坝建设会导致重大的社会生态变化,破坏渔业生产,以及威胁居民生计。这些负面影响会在全球/区域气候变化的大背景下越发严重。同时,政府与开发商往往基于对工程、技术评估专门知识的合法性与权威性,来论证水坝建设的合理性,忽视生态、水文方面的风险评估(Fox and Sneddon, 2019)。因此,构建指标体系需

要全方位考虑流域生态系统的价值与可持续发展，对风险进行更为全面的评估和预警。此外，除了环境、政治、民族、历史等方面的影响，建立互补的水利基础设施，需要不同数量的金融投资和政治协议，存在使其他实体（例如国际开发银行）陷入困境的可能性（Da Silva and Hussein，2019）。因此，对大型水利设施在水合作中如何发挥作用的研究，还有很长一段路要走。

除了对水资源开发利用方面进行技术革新，在流域管理方面也需要广泛应用新兴技术。目前，流域分析技术正在持续改进，数字地图数据的分辨率在持续提高，分析算法日益强大。而这些技术对跨境流域的基本数据收集十分重要，这些数据库将有助于对流域进行持续分析，促进跨境流域合作趋势。灵活运用流域数据与分析技术，通过构建指标体系进行风险评估，为流域内水资源更好的分配、管理以及重大风险监督预警提供了可能性。沃尔夫等（Wolf et al.，1999）曾建议对占地球陆地表面 45.3%的 261 个国际跨境流域进行监测，这将有助于对这些流域的持续分析。

学术界除了有大量对水冲突的单项案例定性研究，也通过大样本定量分析形成一些流域间的横向比较成果，在此过程中不断总结了许多评估与分析的技术经验，推动了水冲突研究与水合作实践的科学化和精细化。赫塞恩（Hussein，2018）总结了针对某地跨境水资源治理情况的评估，指出考察某地的跨境水资源治理情况可以通过考察具有决定性水政治情况的指标体系进行，尤其包括两个方面指标项。第一，综合考虑各政治实体之间的“权力不对称”情况；第二，综合考虑各政治实体对地下水的开采潜力（即抽水能力，包括抽水的经济能力与技术能力）。通过对这两方面指标项的分析评估，可以更准确地考察一个跨境流域当前的水治理能力，但其缺陷在于难以考察政治因素之外的能力。

在水资源冲突的风险评估与识别方面，从国际政治与生态环境的角度都有相关方法总结。从国际政治的角度来评估分析跨境水资源冲突与合作的原因，可以采用 TWINS 分析。TWINS 分析，即“跨境水域互动联系”（Transboundary Waters Interaction Nexus，TWINS），是米鲁马奇（Mirumachi，2007，2010）开发的一种概念方法，用以对围绕跨境水资源共存的冲突与合作进行分析。TWINS 分析可以解释和揭示导致跨境水资源管理在利用与分配上的利益与动机的原因（例如，水、土地、气候、区域一体化等），研究围绕跨境水资源的互动联系如何随时间发生变化。TWINS 分析为探索流域水霸主控制水资源的霸权策略分析提供了基础，并解释了围绕跨境水资源的互动联系产生的政治环境，可以用于研究对跨境水资源治理产生影响的次国家级与区域级政治政策；同时，它也体现了政治经济学在提高分配效率方面的进步，从关注“每滴水用于更多的作物”转向“每滴水创造更多的就业”，减轻了当地水资源的压力。不过，TWINS分析的局限性在于，无法对跨境流域的未来做出任何预测。从生态环境的角度来评估分析跨境水资源冲突与合作的影响，可以通过环境流量评估(EFAs)、环境影响评估(EIAs)等进行。其中，环境流量评估是将水文方面一些被忽视的因素纳入评估，促进跨境流域更全面的管理。环境影响评估是通过将环境影响纳入成本效益分析，将生态环境因素纳入规划之中。这些评估方法正在被更加广泛地使用，甚至在许多国家的立法中得以体现。但由于缺乏对环评的具体规范、以打勾(box-ticking)形式完成工作、开发商与环评顾问之间的过分紧密的关系、后续数据基准收集不足、对项目发生变化缺乏重新评估、长期影响的评估不充分等原因，跨境环境影响评估面临着重大的体制挑战，且在方法论上并不完善(Mirumachi and Chan, 2014)。

此外，对于水冲突热点地区的风险预测指标也十分重要。沃尔夫等曾以流域的“国际化”(包括流域内有独立的新兴国家)与某欠缺合作机制的流域内国家单方面发展水资源项目的行为/意志为指标，预测未来5到10年内可能产生水冲突的跨境流域，预测出存在此类风险的流域有恒河—布拉马普特拉河流域(the Ganges-Brahmaputra)、朝鲜半岛汉江流域(Han)、科马提河流域(Komati/ Incomati)、库内内河流域(Kunene)、库拉—阿拉克斯河流域(Kura-Araks,)、乍得湖流域(Lake Chad)、拉普拉塔河流域(La Plata)、伦帕河流域(Lempa)，林波波河流域(Limpopo)、湄公河流域(Mekong)、鄂毕河/额尔齐斯河流域(Ob /Ertis)、奥卡万戈河流域(Okavango)、奥兰治河流域(Orange)、萨尔温江流域(Salween)、塞内加尔河流域(Senegal)、赞比西河流域(Zambezi)(Wolf et al., 2003)。德斯蒂法诺等的研究分析认为，目前，北美地区正在成为一个日益重要的水冲突关注点(De Stefano et al., 2010)。

不过，也有研究提出了建立指标体系的局限性。大多数被认为是直接引发水冲突的单一指标项，包括气候、水资源压力、政府类型、农业或能源对水的依赖等物理上的指标，都无法解释水冲突或合作的契机(Wolf et al., 2003; Yoffe et al., 2003)。即使与水冲突有着显著相关性的指标项，如高人口密度、低人均GDP、总体不友好的国际关系等，也只能解释一小部分的数据可变性(Wolf et al., 2003;

Yoffe et al., 2003)。流域内快速或极端的自然/机构变化，如大型水坝的建立、流域的国际化等相关指标项，也是需要引起注意的预测水冲突的重要指标（Yoffe et al., 2003)；近年来，水质也成为一个日益重要的考量因素（De Stefano et al., 2010)。21 世纪以来的水资源冲突与合作趋势与 20 世纪相比没有太大变化，冲突与合作发生的流域仍相对稳定（De Stefano et al., 2010)。因此，在指标体系构建等分析评估基础建设上，仍有较大上升空间，构建综合全面且因地制宜的指标体系将成为未来努力的方向。

1.4　研究展望

已有研究集中在冲突产生的原因、解决方案的比较上，在理论与实践上都积累了一些经验，极大丰富与补充了水冲突研究从政治、经济与生态环境多角度的理论分析框架与案例分析。然而，由于研究视角、方法论、技术、信息获取与共享等方面存在局限性，未来仍需进一步拓展与深入。

首先，已有研究正在逐渐纠正单纯从技术、工具的角度讨论跨境水冲突的解决方案，对于国际关系、政治因素在跨境水冲突的产生与解决中发挥的影响力的阐释日益丰富，伴随着气候变化与环境问题的超主权国家性与全球化影响，日益频繁的国际流域水合作实践也为国际政治关系视角的解决方案提供了丰富研究案例与经验总结。然而，过去对水冲突的研究与实践的切入点依然是单一片面的，主要表现在绝大多数研究与实践都以人类为中心，存在以人类视角来叙述自然环境问题的单一性倾向。未来的跨境水资源管理研究与实践应以“生态系统”为流域的主要使用者（Mirumachi and Chan, 2014)，转向更为全面、可持续的以应对气候变化与保护生物多样性为中心的跨境流域综合治理。

其次，对于国际水合作机制，已有研究集中在流域个案的解析，未来的研究应从个案的研究分析中总结和提炼更加符合全球化视角的系统性实践方案，将零碎的研究案例整合起来，对于一些全球普遍存在的问题作出更加深刻的探索。弗朗（Furlong, 2006)的研究总结出一些国际关系视角下跨境水资源治理的普遍性问题：(1)对霸权主义的错误理论化；(2)对多边合作倾向的不合理悲观；(3)假设冲突与合作是渐进的、持续的；(4)冲突仅限于国家间的竞争，因此忽视了国家对某些公民的暴力共谋行为；(5)对于生态环境议题的非政治化讨论。以上问题都值得在未来的研究中进一步讨论，指导未来的国际流域的水资源管理实践。从社会政治、国际关系的角度来看，理论研究还须多从批判地缘政治、政治生态学、自然社会生产的角度与方法论切入，具体实践中也应当不再局限于主权国家的政府间关系，更应包含更广泛意义的公民参与、第三方支持等。

最后，新兴技术日新月异，对于大数据、云计算、地理信息技术、互联网技术如何辅助跨境流域治理与决策、风险监督预警等方面，应当有更深入与广泛的研究探讨，在实践中摸索出一条流域内信息共享合作、科学决策的治理道路。新兴技术不仅应当应用于流域水文与生态系统的监督、分析、预警，还应当囊括对社会政治意义上的国际水合作机制本身的评估分析，探索更加丰富全面又符合流域地区性需求的指标体系。此类研究对于国际水冲突的风险预警具有很大意义。在未来的研究中，对于其中的数据收集与利用、指标体系与维度设计等方法论的探讨应不断跟进，以适应跨境水资源管理实践中不断产生的新问题和新挑战。

第 2 章　水历史与国际水资源事件分析

2.1　水历史回溯

全球范围内的水冲突由来已久，早期的水冲突通常以神话形式体现。洪水神话是上古神话的重要类型之一，学术界使用这一术语时大多将其等同于“洪水过后的人类再繁衍”的神话，表现形式多样，在世界各地以不同的形式（口口相传、文字记载等）和不同的主题（人类渎神、天降灾祸等）广泛流传，典型的洪水神话由洪水灭绝人类与人类再生两部分内容组成。由洪水神话的结构可见，洪水神话已非单一的原型神话，而是一种由多种创世神话融合而成的复合型的再生神话（向柏松，2005）。洪水神话不仅包括了洪水灭世，还往往伴随着人类再繁衍、二次创世的元素。除了典型的人类再繁衍型洪水神话之外，中国广为流传的鲧、禹治水神话可视为一种非典型洪水神话。因为鲧、禹治水神话中虽然描述了洪水的汹涌攻势及人类生存的岌岌可危，但是并未涉及人类再繁衍情节，而是将重心放在人类治水的情节上，即人类依靠勤奋与智慧而非上天的垂怜战胜劫难。

洪水的起因多种多样，神话中最为常见的，则是将洪水归因于神明的暴怒，如人类喧哗吵闹、繁衍过盛，再如人类性情残暴、对神明贪婪有余而信仰不足。

2.1.1　苏美尔神话之造舟避世

最早的水冲突可以追溯到公元前 3 000 年的苏美尔神话，楔形文字泥板《阿特拉西斯史诗》(*Epic of Atrahasis*)中提到，众神决定以爆发长达六天的大洪水来惩罚人类吵闹、繁衍过快的罪行，从而灭绝人类。智慧神和水神恩基则告知人类遗民要建造一艘方舟，留下人类的种子，逃过了这场浩劫，这是大洪水记载的最早版本。这段传说与《创世纪》中的诺亚方舟如出一辙，“世界在神面前败坏，地上满是强暴”(《旧约全书》，约为公元前1100—前200年)。不仅在苏美尔神话和《圣经》中，而且在东西方的创世神话中，洪水神话极为普遍。

2.1.2　中国神话之治水济世

洪水神话的具体内容也有着极强的趋同性，其中，中国古代关于洪水的记载一直广为流传，《淮南子·览冥训》提到：“往古之时，四极废，九州裂，天不兼覆，地不周载，火爁炎而不灭，水浩洋而不息，猛兽食颛民，鸷鸟攫老弱，于是女娲炼五色石以补苍天，断鳌足以立四极。杀黑龙以济冀州，积芦灰以止淫水。”其中的“水浩洋而不息”描绘了当时发生的洪涝灾害，这也是女娲补天传说的由来。当然，大洪水是否真正发生有待考证，这种说法甚至可能只是出于当时人们对天灾人祸的幻想——当人们渴望征服这滔天的洪水时，就自然而然地幻想出了补天平水患的神话(向柏松，2005)。中国的神话体系中除了女娲补天治水之外，还有著名的鲧、禹治水，口传的洪水神话随着时间的推移不停地衍变着，衍生出的还有伏羲和女娲结为夫妻、延续人类等版本，在多处史料中皆有记载。其中《山海经·海内经》记载到：“洪水滔天。鲧窃帝之息壤以堙洪水，不待帝命。帝令祝融杀鲧于羽郊。鲧复生禹。帝乃命禹卒布土以定九州。”其中记载的正是中华民族耳熟能详的大禹治水传说。

鲧、禹治水神话脍炙人口，因为它与大多数洪水神话表现出来的民众消极接受有所不同。相反，在这个神话中，民众信奉的天神并非施害者，但在水灾时展现出了漠然的态度，甚至在鲧偷走天帝的宝物——“息壤”——用于治水时将鲧杀害，人类再次陷入绝境，只能选择自救。在洪水铺天盖地时，鲧的儿子禹通过引洪水入大海的方法征服了洪水，体现了人类同自然灾害的顽强抗争。

2.1.3　古希腊神话之造船避世

古希腊神话中，人类可被分为黄金时代、白银时代、青铜时代、英雄时代、黑铁时代等五个时代。神话中青铜时代的人类性情残暴，嗜虐杀，贪婪且不虔诚，犯下了种种罪行，阿尔卡迪亚国王吕卡翁在宙斯察访尘世间时甚至献上人肉戏弄神明。宙斯被激怒，认定人类罪无可赦，因此决定天降暴雨，用洪水灭绝人类。人类尝试自救，然而没有作用。普罗米修斯的儿子丢卡利翁在父亲的警告下造了一艘大船，在洪水来临时与妻子皮拉一同逃往帕尔纳索斯山。人类灭绝，仅剩的二人在向女神忒弥斯祈祷后获得神谕，捡起"母亲的骸骨"——大地（代表母亲）上的石头（代表骸骨）从肩膀向后扔去。"于是，丢卡利翁扔的石头变成了男人，皮拉扔的石头变成了女人（《希腊神话》，约前 800 年）。"神话中的人类因此得以继续繁衍成长。

2.1.4　洪水神话中的水文化意蕴

洪水神话文本众多，除了大洋洲和非洲，几乎所有的古老种族都自称经历过洪水灾变：汹涌的洪水灭绝了人类，而少数人类因种种原因（侥幸、虔诚顺从、先知感知到危险等）而被挑选成为幸存者，继而开始第二次的人类大繁衍。普通的死亡和灭绝，这是洪水带来的最直接后果，但是所有的传说都出现了例外，在人类和其他生物被尽悉吞灭之时，他们存活下来了（朱大可，1993）。令人惊奇的是，大灾变的种类多样，干旱、瘟疫、饥荒、地震、风暴、山崩、火焚等等，然而这些古老族群在讲述故事时都挑选了洪水。相较于其他灾难，洪水作为大灾变背景，论规模与神性，并没有任何突出的特点，体现不出神降罪众人的威严，却被众多族群广泛青睐并延续至今。这些洪水传说对于探索文化平行论①的人类学家来说是个难题。

这些神话故事的大灾变背景不仅表现了宗教赋予人类与生俱来的原罪，还展示出人类对洪水破坏性的恐惧，以及人类对生殖繁衍的渴望。此外，洪水神话还揭示了人类对水——人类生存和文明进步的重要物质基础——的依赖、敬畏之情。尼罗河孕育了辉煌的古埃及文明，美索不达米亚文明在幼发拉底河与底格里斯河之间兴盛发展，两河与巴比伦王国的盛衰兴亡休戚相关，古印度河是以农业文明为主的古印度文明的摇篮，长江流域和黄河流域则是源远流长的中华文明的发祥地。远古时期的居民往往依水而居，然而水资源在为人类带来便利的同时，也在时刻威胁着他们个人乃至族群的生命安全，这导致了人类对水的向往与恐惧，甚至赋予了水神圣的意义。

---

① 文化平行论：指的是在地理隔绝的情况下，不同的空间范围内会出现类似的文化现象。

1. 对自然灾害的戒惧

在原始社会，刚刚脱离动物界的原始人类过着以采集为主的生活。随着时间的推移，人口数量的增加让人类对自然界的天然产物的需求增加，生活资料逐渐难以谋取，导致采集经济遇到危机，人类需求无法得到满足。于是，开始学习如何狩猎，狩猎经济随即发展。狩猎的过程往往伴随着危险，且有极大的不稳定性，因此在人类开始农业实践、学会有意识地种植后，农耕时代来临。人类水崇拜思想开始发祥，并源远流长。早在原始社会时期，人类就体悟到了雨水与植物生长的关系：充沛适宜的雨水能带来植物的旺盛生长，人类能获取更多食物。人类祖先最早大多傍水而居，以便平时汲水用水。水崇拜的源头可谓历史久远，然而随着文明逐渐发展，在人类对大自然依旧缺乏足够认知的前提下，人类的水崇拜思想依旧兴盛。

在中国，早期的原始初民的水崇拜体现为对水体的崇拜。在早期史前文化遗址出土的陶器上刻有代表水的饰纹。先民为了表达对水的信仰和祈求，而非出于装饰的目的，将水的图案刻在了陶器上。雨是水的一种形态，在甲骨文中就有着殷人祈雨的记载，殷商卜辞中就有“今日雨，其自西来雨！其自东来雨！其自东南来雨！其自北来雨！其自南来雨”的记录，是目前考证到的最早的祈雨咒文。先民祈雨仪式多种多样，包括尞祭祈雨（焚烧牺牲柴烟升天）、献祭祈雨（用食品等物品祭祀）、雩祀（舞乐祭祀以娱乐神灵）、以龙祈雨（龙在中国是受到普遍信仰的司水神灵）、驱旱魃（旱魃在神话传说中发旱致灾，古人纸扎旱魃将其一劈为二，以示旱魃已除大雨将至）、以性祈雨（男女露天席地交媾或象征性交媾，是中国古代阴阳契合观念的产物）、雨状祈雨（通过模拟降雨以诱发神灵降雨）等。他们的祈求通常是希望雨可以来临，缓解旱情，农作物得以生长。

古时的为政者对于自然灾害的戒惧往往与政治兴衰迷信有关。中国古代祈雨活动颇为常见，除了民间自发的祈雨，中国历朝都将祭祀祈雨作为重要的政事活动，在最高统治者的领导和主持下，各级官吏参与其中，仪式隆重，是与民休戚与共的一件大事。中国古代哲学普遍信奉“天人感应”，认为上天能主宰人间的事务，而人类的行为同样可以感应上天，施政不仁德者或是君主无作为者都可能会导致上天的谴责和警告。古代有水涝旱灾皆源于为政者之过的观念，所以帝王及官吏往往会采取补救的方法：举行祈雨仪式引咎自责，谢罪神灵以祈雨（向柏松，1996）。在常年干旱的极端天气下，统治者极易被贴上不仁不义、招致天罚的标签，鉴于农业与雨水有着极密切的关系，起义者利用民众的迷信，将此作为噱头诟病声讨为政者。水情和政治原本毫不相干，却因此被牵扯在了一起。古人也经常用是否风调雨顺、五谷丰登来预测、评判政治兴衰，在帝王和官吏的重视下，水崇拜思想也空前繁荣。

2. 生命再殖的象征

洪水神话中大多有兄妹成婚、夫妻掷石造人、葫芦生人等人类再生的情节，由此可见洪水神话想要展示的并不仅限于洪水灭世，还结合了人类起源神话，凸显了人类再繁衍的主题，其中融聚了多种多样的生殖崇拜观念。事实上，人类对水的崇拜心理还来源于对自身生殖繁衍的渴望。

中国古籍《管子》中提到，“水者何也，万物之本原也，诸生之宗室也”。古人将水当作孕育生命万物的根基，人由水生——“人祖来自水，我祖水中生”，出于让人类繁衍的渴望，先民向水祈求生殖力量。在缺乏医疗常识、生存环境险恶的环境中，人类的寿命普遍很短，他们将部落壮大、种族延续的希望寄托于下一辈，生育繁殖是部落文化推进发展的必要条件。植物的生存、生长离不开水，人类亦然，原始人从植物成长中得到经验，将人与植物等量齐观，视为同类，希望在水中获得“生殖力量”，从而绵延子嗣，让子孙后代繁荣盛昌。由此可见，水崇拜的源头归根结底，是人类出于对农作物生长的渴望和对自身繁衍的需求。“两者之所以能统一归于水崇拜中，是因为农作物的生长和人类的繁衍具有相似性，而原始人类思维的特征之一就是根据相似性来确立事物的同一性。”（向柏松，1993）人类的行为本身可能没有作用，但是行为本身体现的是人类顽强的求生欲望和种族繁衍的意识，这也正是水文化的一种体现。

此外，洪水也可以被视作一种淘汰机制——缺乏智力和足够体能来应对灾难的人类被淘汰，留下优质的人类，从而提高了繁殖机能和生存能力。文化体系进步的同时伴随着洪水的选择机制，人类得以在这种残酷的筛选机制下加速进化。水赋予人类“新生”，成为一种生命的象征。

3. 世界性灾变的可能性

洪水神话具有极高的国际普遍性，以至于人们怀疑是否真的存在过这样一场世界性的、非地方性的大灾变——洪水灭世，从而导致仅存的人类进行了再繁衍；或是洪水间歇性地爆发，人类在大洪水发作的间歇期间中繁衍，形成一种真正的“文化闪现”。

科学家和基督教徒一直在积极探寻诺亚方舟的遗骸。早在16世纪,便有人发现了些古怪的化石,将其认作诺亚方舟的化石;再者,20世纪70年代,基督教的一个探险团队宣称在土耳其阿勒山(Mount Ararat)的火山灰下发现了诺亚方舟的遗骸,不过至今仍旧缺乏足够的证据证明。

地质学研究成果则表明,诚如神话中记载的世界性洪水一般,在早期人类生活中,的确发生过灾难性的大洪水。它并非小范围的、区域性的,而是大规模的世界灾变,发生次数高达三次,而神话中记录的则可能是最后一次。这个理论在中国神话中同样有迹可循:水神共工与火神祝融不睦,大打出手后导致了洪灾,女娲因此开始治水;在之后的时间轴上又发生了大洪灾,鲧禹治水的故事由此而来,这似乎说明了大洪水曾多次发生。研究者在仔细观察了洪水神话分布地图后发现如黄河神话、印度河神话、苏美尔神话等重要神话系统的区域位置呈条带状分布——那处于从昆仑山脉到印度河口、从中国东部海岸到地中海东岸的亚洲腹地,学者将其命名为"洪水话语中心区"。板块构造学说解释了洪水的诱因:板块在位移和碰撞的过程中会释放巨大的能量,动能转换为热能,导致气温短期内升高,雪水冰川融化,水位上升;同时,板块的移动通常伴随着地震与地面沉陷,洪水因此大规模爆发。

2.2 水事件分布分析

太平洋研究所(the Pacific Institute)对全球水冲突事件进行了详细的梳理,在其建立的数据库(Water Conflict Chronology)中统计了自公元前3000年至2018年的655起水冲突事件,其中亚洲317起,欧洲67起,非洲169起,拉丁美洲和加勒比地区51起,北美地区48起,澳大利亚2起以及美拉尼西亚1起。

2.2.1 亚洲:水资源分布不均、冲突频繁

太平洋研究所的数据库分析显示,水冲突事件大多集中发生于亚洲和非洲。亚洲地区被分为中亚地区、南亚地区、东南亚地区、北亚地区、东亚地区和西亚共七个地区,水冲突事件发生得最为频繁的是西亚地区,共有173起,这与西亚地区的气候条件密切相关。西亚的主要气候类型为热带和亚热带沙漠气候,大部分国家降水稀少、气候干旱,草原和沙漠广布,水资源短缺的现象普遍,这导致反叛分子经常通过控制某个地区水资源的方式来进行威胁,也引发了国家间关于水资源分配问

题的争执和冲突。

西亚地区的水事件最早可以追溯到公元前 3000 年两河流域时期传颂的苏美尔神话，在苏美尔的创造史诗《埃里度创世纪》(Eridu Genesis)中，苏美尔人记录了众神的行为，他们认为人类吵闹，决定消灭人类。水神心生怜悯，选择了一户人家，劝其造船保全性命。灭世之日，风暴之神为了惩罚人类的罪恶，带来了六天六夜的风暴。第七天暴风平息，洪水逐渐消退，人类的种族得以延续。美索不达米亚的传说远早于《圣经》，《圣经》中的诺亚方舟神话与苏美尔神话中的洪水神话故事如出一辙。

到了近现代，引起最多争议的，当属 1947 年至 1949 年阿拉伯国家和以色列爆发的阿以冲突和阿以战争期间，水资源被阿拉伯人当作武器使用。阿拉伯国家和以色列之间发生冲突时，阿拉伯军队切断了西耶路撒冷的供水，企图打败居于其中的犹太人。国家输水系统是以色列的主要水利工程，其内容主要是将水自多雨的北方转移到干旱的南方，通过运河将加利利海北部的水从约旦盆地转移到内盖夫沙漠进行灌溉。加利利海位于约旦大裂谷的深处，严格意义上并不是海，只是个淡水湖，经积年累月相传下被称为海。以色列向来缺水，加利利海作为以色列最大的淡水湖，是以色列水源最大的依仗。以色列与叙利亚积怨已久，1948 年 5 月 14 日，以色列在巴勒斯坦地区建国，遭到许多阿拉伯国家的反对，叙利亚也位列其中，这也是五次中东战争的起因。在中东战争期间，以色列因为自身领土范围有限、生存环境严峻，曾大幅占领他国领土，叙利亚作为反以主力甚至失去了战略要塞——戈兰高地。与戈兰高地紧挨着的，就是加利利海。以色列时刻惧怕叙利亚在戈兰高地拦截加利利海，进而掐断以色列的水源，因此对戈兰高地展开了猛烈的进攻，最终在第三次中东战争中将其一举拿下。1953 年，以色列在建造以色列全国输水系统的初期，遭到国际上的反对，叙利亚凭借军事力量也在以色列边境进行了警告，但最终以色列还是成功地建设完成了全国输水系统，并且沿用至今。然而，戈兰高地的主权争议仍在继续，2019 年 3 月 25 日美国总统特朗普签署公告，承认以色列对戈兰高地的“主权”，国际社会争议四起，一时哗然。

土耳其是一个淡水资源极为丰富的国家，具有优越的地理位置。幼发拉底河被认为是土耳其和叙利亚最重要的淡水资源之一。幼发拉底河发源于土耳其，沿经叙利亚后流往伊拉克，因此土耳其对幼发拉底河的一举一动都备受下游国家，尤其是叙利亚的关注。土耳其的阿塔图尔克大坝(Atatürk Dam)建于其境内的幼发拉底河上，主要用于发电和灌溉，意图大规模开发幼发拉底河和底格里斯河的水资源，通过建设灌溉项目促进经济发展。1990 年，在阿塔图尔克大坝建设期间，幼发拉底河一度断流，时间长达一个月，引起叙利亚和伊拉克的强烈不满。但对于叙利亚的抗议，土耳其并未处理，反而要求叙利亚撤回对于土耳其南部库尔德反叛活跃分子的支持，并威胁叙利亚将限制幼发拉底河流往叙利亚的水量。叙利亚对于土耳其的不满不仅于此，还运用舆论工具，控诉土耳其控制且削弱了幼发拉底河的水量，导致北部叙利亚人陷入水资源匮乏的困境，甚至有人因无法获得饮用水而致死。但这些消息的真实性受到质疑，最终被认为是无稽之谈。事实上，叙利亚对于水源的管理十分堪忧，1991—1999 年间，叙利亚在幼发拉底河上建造了迪什林大坝(Tishrin Dam)，然而由于内战不断，大坝长期被非政府组织占领，在水资源被控制的情况下，土耳其没有选择切断水源，以防无辜者受到伤害。那些指责土耳其的国际舆论来源无从探究，且与土耳其决策的相关程度仍需进一步考证。

1990 年，海湾战争爆发，美国与其他国家组成的盟军破坏了巴格达的现代供水系统和卫生系统。该行为刻意与否无从考证，但是市政供水系统和排污系统的毁坏确实为伊拉克的国民带来了严重的伤害，如伊拉克儿童死亡率急剧上升。虽然无法直接下结论说这完全是由盟军有意或无意的破坏导致的，但肯定脱不了干系。联合国安理会对伊拉克的行为极为不满，不仅谴责了伊拉克的侵略行为，还宣称要对其进行经济制裁，要求伊拉克部队撤军。最终，伊拉克部队在重重威胁下被盟军逐出科威特，双方停火。

克里米亚共和国位于俄罗斯西南部的克里米亚半岛，在 1954 年作为克里米亚州由乌克兰苏维埃社会主义共和国控制，苏联解体后，乌克兰和俄罗斯就克里米亚共和国的所属问题陷入旷日持久的纠纷中。2014 年 3 月 16 日，乌克兰克里米亚自治共和国举行公投，统计结果显示超过 96%的投票者赞同克里米亚加入俄罗斯。俄方就投票结果表示支持，而乌克兰政府认为该公投非法，不予承认。同年在吞并克里米亚后不久，俄罗斯指责乌克兰切断了克里米亚北部运河的供水，导致克里米亚农业灌溉缺水。该运河对克里米亚供水意义重大，占克里米亚供水总量的 80%。俄罗斯认为乌克兰是蓄意为之，乌克兰政府予以否认，声称自己没有切断运河供水的政治动机，运河流量减少是因为乌克兰建立了一个用以衡量运河的水供给的临时设施。

南亚地区水冲突事件中最为突出的当属印度与巴基斯坦经年累月的水资源纠

纷。1960年两国签署了《印度河水条约》。就印度河的水资源分配在一定程度上达成了一致意见。印度和巴基斯坦的水资源分配争议产生于印巴分治时期。1947年,第一次印巴战争因克什米尔地区的主权问题爆发。克什米尔地区位于印度河流域,领土的分配影响着水资源的分配。1951年,巴基斯坦和印度又爆发恒河水资源纷争,巴基斯坦在得知印度计划修建法拉卡堰(Farakka Barrage)后,向印度提出商议恒河水资源分配的要求,两国因为恒河再次陷入僵局。世界银行总裁布莱克向印巴两国提出解决印度河水纠纷的合作建议。1954年,两国先在世界银行的协调下出台《印度河流域水资源开发和利用计划建议》,之后历经几年的斡旋与谈判,于1960年9月签订《印度河水条约》,缓解了两国多年来的纠纷。然而令人遗憾的是,在世界瞩目的协定签署后,《印度河水条约》并未能达到预期的效果,印度仍强势占有水资源,印巴水资源纷争至今悬而未决。

伊朗和阿富汗之间关于水资源的争端正在不断升级。阿富汗是世界上储水量最低的国家之一,干旱现象普遍存在。阿富汗政府认为伊朗想要控制阿富汗的资源,且从阿富汗不稳定的现状中获益,因此对伊朗的抗议从未中止。阿富汗的卡马尔汗大坝(Kamal Khan Dam)的建设过程颇为坎坷,曾经因前总统的逝世一度停工,近年重新动工,至今尚未建成。2012年尼姆鲁兹省议会(Nimroz provincial council)成员夏基拉·哈基米(Shakila Hakimi)指责伊朗煽动叛乱,目的是阻止卡马尔汗大坝的建设。2015年,阿富汗和伊朗又因为哈里河(Hari River)水资源分配问题产生纷争,导致至少10人死亡。

中亚地区处于欧亚大陆腹地,属于温带大陆性气候,干燥少雨,温度波动大,通常夏季炎热冬季寒冷,水资源季节性变动,在时间和空间上分布不均。由于晴天多,温度高,水源蒸发量极高,但因为有流经的河流,水冲突频率相对较低。根据太平洋研究所水冲突事件数据库的统计,记录在内的仅有13起,且大多是地区间的小范围冲突。

2.2.2 欧洲:战争伴随着水冲突

太平洋研究所水冲突数据库将欧洲划分为北欧地区、西欧地区、南欧地区和东欧地区,水冲突事件主要集中在西欧地区、南欧地区和东欧地区。

北欧的水事件频率较低,第二次世界大战时,苏联向芬兰发动了进攻,爆发了被称为“冬季战争”的冲突。这场战争始于1939年11月30日,并于1940年3月12

日以签署和平协定告终。苏联与芬兰国土相接，苏联早在第二次世界大战之前就已经对芬兰感到不满，芬兰也曾经进行过仇俄宣传，且政治不稳定，进行过极端主义的政治运动。两国一度交恶，之后形势暂缓，于 1932 年签订了《苏芬互不侵犯条约》，矛盾得以缓和。第二次世界大战爆发之前，苏联和德国签订了《苏德互不侵犯条约》，其中的秘密条款划分势力范围时将芬兰划归给了苏联，苏联与芬兰谈判无果，最终苏联借"曼尼拉事件"废除《苏芬互不侵犯条约》，两国爆发战争。在这三个半月中，芬兰曾利用塞马运河(Saimaa Canal)的水来淹没周围土地，从而阻碍苏联军队的行动，最终以苏联和芬兰双方签订《莫斯科和平协定》告终。这是一场典型的大国和小国之间的战役，小国充分利用气候优势和地理优势，最大限度地消耗敌方的兵力，为两国的议和奠定谈判的资本。

西欧最早的水事件可以追溯至公元前 49 年。当时的罗马共和国正在完成向罗马帝国转变的过渡，过渡的过程中包含着政治对抗和军事对抗，被称为"罗马内战"，也被称为"恺撒内战"(Caesar's Civil War)。在罗马内战的第一年，朱利叶斯·恺撒的军队使用挖掘隧道来破坏城墙，围攻有城墙的马西利亚(现在的马赛)。马西利亚人用水管冲击攻击者，而罗马人则用砖块和"几层灰泥"覆盖攻城建筑来反击。守卫者甚至还在墙内挖了一个大坑，里面装满了水。当罗马矿工到达城墙时，隧道被水淹没并坍塌。经过 5 个月的围攻，马西利亚最终投降。16 世纪至 17 世纪间，西班牙在哈布斯堡王朝的统治下一度扩张，统治者达到了他们影响力顶峰。在 1626 年，哈布斯堡王朝试图阻止莱茵河上的船只进入荷兰共和国，他们认为这会破坏荷兰的经济。政府还计划将莱茵河的水转移到西班牙控制的土地上，而该举措会使荷兰的下游城市干涸。转移莱茵河水的第一阶段是在莱茵河和默兹河(Meuse)之间、莱因伯格市(Rheinberg)和温罗市(Venlo)之间挖一条运河，之后的计划则是要求连接默兹河和谢尔特河(Scheldt)，并且绕过由荷兰人控制的谢尔特河口(Scheldt Estuary)。这条运河建造了大约 60 千米，但由于军事原因和资金匮乏，该计划最终失败。自 1672 年至 1678 年，荷兰共和国和法国持续发生冲突，即"法荷战争"。为了防御法国的袭击，荷兰人打开堤防，将国家变成一个岛屿，从而形成了一个几乎无法逾越的水障，该策略被称为"荷兰水防线"。

而近现代的西欧水事件大多与第二次世界大战相关，第二次世界大战从 1939 年持续至 1945 年，战争期间水被当作战争武器的例子屡见不鲜。世界最有名的水防线当属阿姆斯特丹防线，位于荷兰，于 1996 年被列入世界文化遗产。荷兰水防线

(Dutch Water Line)是一种以洪水区为屏障的军事防御结构，被视为可用作军事防线的水利设施，在1939年，第二次世界大战初期动员过程中，荷兰人就曾尝试使用改进过的水防线。与法荷战争的水防线相比，这条防线得到了进一步扩展，并且进行了现代化改造，最终于1885年完工。1940年5月德国入侵期间，荷兰通过水防线进行了有效防守。1944年，德国军队在罗马东南意大利海岸通过停止泵水、打开堤坝，制造了一场人造洪水，以此扰乱在安齐奥(Anzio)建立滩头阵地的盟军。德国军队抱着借助这场洪水给当地带来蚊子和疟疾的想法，将这场攻击视作生物战，虽然军事影响有限，但是严重影响了当地居民的生活。

南欧的水争端事件可以追溯到伯罗奔尼撒战争，从公元前431年持续至公元前404年，由雅典领导的提洛同盟和由斯巴达领导的伯罗奔尼撒联盟之间发生了纠纷。公元前430年，即伯罗奔尼撒战争的第二年，雅典爆发了瘟疫。斯巴达人被指控在作为雅典水源的比雷埃夫斯蓄水池散播病毒。

此外，近现代的国际水冲突则大多与南斯拉夫联邦解体过程中发生的民族不和、宗教矛盾、利益争端等因素息息相关，南斯拉夫解体过程中的政治动荡对南欧影响深远。1992年，波斯尼亚—黑塞哥维那在经历了波斯尼亚议会(没有塞尔维亚代表)举办的公民投票后，宣布共和国脱离南斯拉夫联邦，成为独立国家，建立一个新的波斯尼亚—黑塞哥维那塞尔维亚共和国。共和国的独立遭到了塞族代表的强烈反对，政治争议最终升级为波斯尼亚战争(1992年4月6日—1995年12月14日)。战争期间，南斯拉夫人民军对波斯尼亚—黑塞哥维那首都萨拉热窝进行了长达1 425天的围困(1992年4月5日—1996年2月29日)，是现代战争历史上时间跨度最长的围困。战争期间，塞尔维亚人切断萨拉热窝所有电力供应，并阻断了供水。由于萨拉热窝的公共事业控制权大多并未交接，依旧归属于塞尔维亚，尽管塞尔维亚曾向联合国保证，不会利用对萨拉热窝公共事业的控制作为威胁波斯尼亚—黑塞哥维那的武器，但由于电力供应被切断，市内的两个主要泵站仍然断电。塞族人控制着供水阀门，而这些阀门控制着向萨拉热窝供水80%以上的水井的流量，城市供水量的减少直接或间接地导致了波斯尼亚人的伤亡。

南斯拉夫解体还导致了塞尔维亚人和克罗地亚人的纠纷。克罗地亚自南斯拉夫联邦中脱离时，塞尔维亚人和克罗地亚人曾一度因为民族矛盾引发对立，克罗地亚战争(1991—1995年)爆发。佩鲁阿大坝(Peru'a Dam)位于塞提纳河(Cetina River)上，在1991年克罗地亚战争爆发前，它是南斯拉夫第二大水电设施。1993

年 1 月 28 日，塞尔维亚/南斯拉夫军队在大坝引爆炸药，企图淹没克罗地亚村庄和港口城市奥米。所幸大坝虽然遭到了严重破坏，但由于联合国保卫部队（UNPROFOR，United Nations Protection Force）在爆炸之前降低了佩鲁察湖（Lake Peruća）的水位，极大程度上减少了克罗地亚的伤亡和损失。军事工程师的及时到达和有效的解决措施，如开流引水以防止大坝决口，拯救了大约 2 万到 3 万名平民。

科索沃境内的阿尔巴尼亚族与塞尔维亚族的关系紧张，冲突频繁。科索沃省于 1990 年宣布独立，建立科索沃共和国。当时的南斯拉夫被克罗地亚战争和波黑战争牵绊住手脚，无暇他顾，直至科索沃矛盾一再激发。科索沃冲突期间，供水系统受到攻击，两天的时间里发生了几起袭击事件，导致数以万计的阿尔巴尼亚人陷入缺水的境地。其中，1998 年 2 月 21 日的第一次袭击摧毁了库克斯镇（Kuks）和其他 15 个村庄的一条主要水道。第二次袭击则发生在 2 月 22 日的科莱斯扬村（Kolesjan village）。

东欧的国际水争端事件多集中于近现代。在第二次世界大战期间，水被当作一种防御手段（类似护城河）被各个国家大规模战略性使用。1941 年 11 月，苏联军队曾将莫斯科附近伊斯塔水库以南地区淹没，试图借此延缓德国军队的攻势。在短短几个星期后，德国军队用同样的策略建立了一个相似的水屏障，来阻止苏联的进攻。乌克兰的第聂伯河（Dnieper）水电站是第聂伯河上规模最大的水力发电站。第二次世界大战期间，第聂伯河水电站成了苏联和德国军队的攻击目标，1941 年 8 月 18 日，大坝和发电厂被撤退的苏联军队炸毁。1943 年，撤退中的德国军队再次轰炸了第聂伯河水电站。1945 年 6 月，苏联空军又袭击了处于芬兰控制下的列宁格勒附近的斯维尔河大坝。

1977 年 4 月 28 日，捷克斯洛伐克社会主义共和国与匈牙利人民共和国签署了《布达佩斯条约》，在该条约中两国希望发起 Gabčíkovo-Nagymaros 大坝建设，冀望在防止灾难性洪水、改进河流航行的同时提供清洁的电力来源。而匈牙利出于环境和经济考量，意图废除《布达佩斯条约》中的 Gabčíkovo-Nagymaros 大坝建设，暂停该项目。届时斯洛伐克已经完成大部分建设，斯洛伐克单方面继续建设，完成大坝，并将多瑙河与斯洛伐克共和国境内的运河相连接。两国的水资源分配问题和法律义务归属问题引发了两国大规模的公众抗议和军事行动，该国际争端最终被提交至国际法庭。

2.2.3 非洲:水利用率低,冲突原因复杂

非洲位于东半球的西南部,地跨赤道南北,被称为“热带大陆”,除了少数地区为地中海气候外基本皆为热带气候,通常高温少雨、气候干燥,气温一般随纬度的增加而降低,降水量则从赤道向南北两侧减少,降水分布极不平衡。非洲的水冲突复杂且频繁,通常集中在部族之间、民间团体之间、抗议者与政府之间,这里主要梳理国家之间发生的水冲突。

非洲通常被分为北非和撒哈拉沙漠以南非洲两部分,北非地区主要水冲突发生在尼罗河流域。尼罗河是世界上最长的河流,长达 6 670 千米,跨越非洲东北部的多个国家。流域的水文政治历史演变颇为复杂,水资源分配是常年争议的焦点。埃及对尼罗河水资源高度依赖,许多国家都曾因埃及对尼罗河的支配权而表示不满。东非赤道附近的白尼罗河与源于埃塞俄比亚的青尼罗河分别是尼罗河的两条主要支流,其中埃塞俄比亚的青尼罗河是导致尼罗河流域紧张局势的重要原因。青尼罗河源于埃塞俄比亚,埃塞俄比亚曾提议要在青尼罗河源头建造水坝,这使埃及迫不及待一再宣布尼罗河水的重要性。“我们地区的下一场战争将在尼罗河上空……”(Boutros Boutros-Ghali, 1988)。

撒哈拉沙漠以南非洲水冲突事件也较为集中,通常伴随着政权更迭,或是在与他国交锋时将水源当作武器,对国民的生存造成了极大威胁。南非边境战争(1966 年 8 月 26 日—1990 年 3 月 21 日)期间,南非国防军对安哥拉和赞比亚曾进行多次大规模袭击。1975 年,南非国防军进入安哥拉,占领了靠近安哥拉边境、位于纳米比亚西北部的鲁阿卡纳水电站(Ruacana Power Station),以此占有非洲西南部和纳米比亚的水资源。乍得湖(Lake Chad)曾是西非数百万人的水源,然而由于人口的增长、气候变化、水资源的浪费,乍得湖开始快速萎缩干涸。从 20 世纪 80 年代开始,尼日利亚渔民因乍得湖水资源日益匮乏而进入喀麦隆领土,导致尼日利亚和喀麦隆之间发生多次军事冲突。到了 20 世纪 90 年代,尼日利亚人在喀麦隆建立了 30 多个乍得湖的村庄。2002 年,两国矛盾在国际法院得到了解决。1986 年 1 月 15 日,莱索托王国发生政变,意图改变政治体系。莱索托新政府随后迅速和南非政府签署协议,一同开发莱索托高地水利工程,该工程不仅包括水力发电,还包括了莱索托的隧道系统和向南非的瓦尔河系统的供水。厄立特里亚—埃塞俄比亚战争(1998 年 5 月—2000 年 6 月)起源于两国之间的领土纷争,在 1998 年与埃塞俄比亚的战争期间,厄立特里亚南部区(Debub)和加什-巴卡尔(Gash Barka)山区的许多

供水系统被敌方摧毁,阿迪夸拉(Adi Quala)镇的抽水厂和管道也未幸免于难。

2.2.4 美洲和加勒比地区——水冲突较少

美洲拥有得天独厚的地理位置和气候环境,水资源丰沛,水争端较少。发生水冲突的诱因往往是国家或某个地区希望通过威胁水资源的使用权以获得更多的谈判资本。帕拉南河(Paraná River)是南美洲第二大河,流域大约一半属于巴西,流经巴西、巴拉圭、阿根廷等国家。巴西与巴拉圭之间进行过关于巴拉那河发展的谈判,然而由于巴西1962年单方面展示军事力量而中断,巴西军队进入该地区并要求控制瓜伊拉瀑布所在地区。1967年,在联合委员会协议审查该地区的发展后,巴西军队最终撤离。

北美洲的水冲突事件数量少,且大多集中于美国各州之间,抑或是“水投毒”等方式的袭击事件,国家之间的水冲突微乎其微。

2.3 水冲突发生的原因分析

根据太平洋研究所建立的水冲突事件数据库,对自公元前3000年至2018年的655件水冲突事件进行原因分析,主要的原因有“水资源作为武器”“战争中控制供水造成伤亡”和“由水资源分配问题导致的导火索”。其中亚洲水冲突的原因主要是“战争中控制供水造成伤亡”,非洲主要原因是“水资源分配问题”,欧洲因水资源分配而导致的水冲突比例最低。

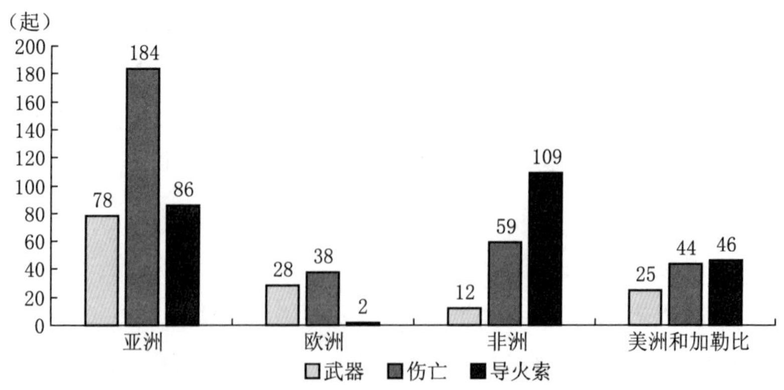

图 2.1 世界各地区水事件原因分类

资料来源:根据太平洋研究所水事件表(Water Conflict Chronology)整理。

2.3.1　导火索——水资源分配问题

作为“导火索”的水冲突通常意味着水是冲突的触发因素或根本原因，对水或水系统的控制权、在经济意义或物理意义上对水的获取权、水的稀缺性所引发的暴力冲突。

1. 印巴水冲突

印度与巴基斯坦两国皆严重缺水，因水资源所有权而经常发生冲突，纠纷持续多年。1949 年第一次印巴战争停火后，领土争端问题得到解决，然而水资源分配问题在多次协商后仍然难以达成一致。印度认为可以自由利用境内的水资源，无需考虑其他水道国的权益，而巴基斯坦则认为自己作为下游国，上游国家在开发利用水资源时应当获得下游国家的同意，否则会对下游国家造成损失。两国协商多年未果，在世界银行的斡旋下，于 1960 年签订了相对公平合理的《印度河水条约》，就印度河水分配问题达成一致。这看似结束了两国的长期纠纷，然而印度在后续的水资源使用中再次展现出强硬的、不顾及已经签订条约的态度和行为。

《印度河水条约》将东三河，即拉维河（Ravi）、比亚斯河（Beas）和萨特莱杰河（Sutlej）的使用权分配给了印度，将西三河即印度河干流（Indus）、杰赫勒姆河（Jhelum）和杰纳布河（Chenab）的使用权分配给了巴基斯坦。印度在获得东三河的使用权后便迫不及待地大规模截流引水、拦水筑坝，减少了印度河下游的水流量，影响了巴基斯坦的用水。1999 年，印度在使用权归于巴基斯坦的杰纳布河上动工修建巴戈里哈尔（Bagliha）水电站，引起巴基斯坦的抗议，认为其严重违反《印度河水条约》，该水坝的建成也极有可能切断巴基斯坦境内的农用水源，印度则声称巴戈里哈尔水电站只会延缓河水流动，并不会破坏和切断用水。

此后，印度在西三河上修建大坝的事例层出不穷，在修建完巴戈里哈尔水电站后，印度又在杰纳布河上修建了三座水电站，在同属于巴基斯坦的杰赫勒姆河上游的乌拉尔湖（Wular）上修建大坝，逐步进行水资源转移。巴基斯坦要求国际仲裁，然而两国进行水务谈话后情况仍然未有改善。2019 年 2 月 14 日，印控克什米尔地区严重袭击事件的发生导致印度和巴基斯坦之间的紧张关系不断升级，印度不仅对巴基斯坦采取了强硬的政治和外交立场，并且在经济上向巴基斯坦施压，于 2 月 15 日取消了对巴基斯坦的最惠国待遇。同时，印度利用自身地理位置的优势，再一次将水资源作为一种外交武器，威慑巴基斯坦。

综上，印度与巴基斯坦之间的水资源纷争持续至今，两国因为水资源的分配而起争执，在第三方长期斡旋后签订了《印度河水条约》，但争议并未得到彻底解决，甚至越发严重、变本加厉。印度与巴基斯坦由于人口增长与经济发展导致用水需求增加，加剧水资源稀缺程度，而水资源利用率低、国际仲裁组织无作为等因素又进一步导致印巴之间长达大半个世纪的纠纷。

2. 非洲水冲突

非洲和亚洲由于水资源匮乏而引发的水冲突较为频繁，其中非洲的水资源匮乏诱因占比极高。非洲有着世界最大的沙漠——撒哈拉沙漠，虽然湖泊众多，但非洲的水资源在季节分配和地域分配上严重不均，时间和空间的分布制约了非洲的水资源有效分配，人口的高速增长和水资源的不良管理导致非洲在水资源禀赋较好的情况下，非洲仍然缺乏饮用水。并且由于饮用不洁净水，人民健康受损，激发社会矛盾，又再次引起国家或地区之间的水资源冲突。同时非洲在利用水资源方面效率低下，大部分的水资源用作农业灌溉，但是利用率低，浪费严重，需要大规模引进更为节水且利用率高的灌溉方式，譬如滴灌，以达到节水增产的效果。

2.3.2 武器：水作为武器

在国家之间发生冲突时，水资源或水系统被用作为暴力冲突中的工具或武器，用于威胁敌方。水资源相关的自然灾害和人为灾害被当作战略性武器，在战争中被广泛使用。

近代史中，水在第二次世界大战时期被频繁当作“战争武器”，通过炸毁堤坝、制造人造洪水等方法，造成人员伤亡；或是建造护城河，抵挡敌军。在第二次世界大战期间，苏联攻打芬兰，二者在兵力差异巨大、战略物资优劣势明显，在冬季战争中，芬兰利用了自己的地理优势进行防守，利用塞马运河的水淹没周围土地，暂缓苏联的攻势。英国皇家空军于 1944 年轰炸了德国莫恩河(Möhne)、索普河(Sorpe)和埃德河(Eder)上的水坝。其中，莫恩水坝的爆炸摧毁了下游 50 千米内的所有水坝。许多房屋和桥梁被毁，多人遇难。1944 年，德国军队在罗马东南意大利海岸通过停止泵水、打开堤坝以及制造人造洪水和炮击来扰乱当地盟军，并试图用洪水来制造疟疾等疾病，影响当地居民生活。进而，德国人淹没了法国的艾河(Ay River)，形成了一个两米深、几千米宽的湖泊，减缓了敌方对诺曼底德国通信中心圣洛(Saint-Lô)的进攻。

从芬兰的防守手段、德国的进攻手段来看，水作为战略武器时发挥着重要作用，但是这种做法可能会带来严重的后果。中国抗日战争期间，国民政府曾经作出“以水代兵”，让黄河花园口决堤的决策，以消耗敌人的力量，脱缓日军的行程。花园口决堤有效地阻拦了日军，但开了闸之后的黄河改道，造成了极大的危害。花园口决堤后堤坝的修复也并不顺利，直到 1943 年防泛东堤才基本修成。可见水作为战略武器极有可能形成难以恢复的大型灾难。

2.3.3　伤亡：控制敌方供水作为报复手段

水资源或水系统可被用来造成伤亡，当国家之间发生冲突时，可能会通过控制水资源或水系统，或是毁坏水资源或水系统，故意或偶然地造成伤亡。

切断敌方供水，人为制造伤亡的做法在战争中经常发生。波黑战争期间，塞尔维亚人对萨拉热窝进行过长达 1425 天的围困，切断萨拉热窝来自四周山脉的供水，城市供水量的减少在一定程度上导致了波斯尼亚人的伤亡。科索沃战争期间，塞尔维亚人攻击了供水系统，造成阿尔巴尼亚人缺少水供应。拦截供水系统、造成人员伤亡，借以给敌国施加压力的行为在历史中屡见不鲜，在水事件原因中占比颇高。

2.4　水事件解决方法

2.4.1　莱茵河——共同治理

通过打破群体之间的孤立、两极分化、分裂、偏见和成见实现和平，牢固的关系建立在有共同利益的基础上，这些共同之处使人们能够心怀尊重地求同存异（Woodrow, 2002）。莱茵河是达成和平的典型案例，莱茵河作为西欧第一大河，流经了欧洲众多国家，其中包括法国、德国、荷兰、列支敦士登、奥地利等。常年以来，莱茵河的水量都十分充沛，在为各国提供工农业用水的同时，还是沿岸居民的饮用水源，并为货物运输提供了极为便利的条件，是欧洲的商业运输大动脉；与此同时，莱茵河还承接着沿岸排放的生化和工农业污水，这导致随着工业的高速发展，莱茵河水体遭到严重污染，一度从风景优美的自然景观变成充斥着有害物质的“下水道”。

荷兰位于莱茵河下游，于 20 世纪 30 年代最先意识到莱茵河中的氯化物污染，但由于当时欧洲政局不稳，各国都无暇关注。直到 1950 年 7 月，在荷兰的倡议下，德国、法国、瑞士、卢森堡的共同参与下，五国成立莱茵河保护国际委员会（ICPR），委员会的宗旨是通过国际合作，寻求莱茵河流域污染问题的解决方案。为避免子孙后代面临水资源匮乏的境地，委员会认为必须对整个流域进行管理，改善水质和生态环境的同时平衡各国之间的用水竞争关系。1976 年欧盟也加入了莱茵河保护国际委员会。委员会在深入调查污染源问题后意识到他们在国际污染问题中的作用十分有限，于是在 1963 年签署了《关于莱茵河防止污染国际委员会的伯尔尼协定》，同时，委员会设置有秘书处，负责向莱茵河治理提供建议。

在莱茵河跨界合作治理的过程中，欧洲各国由于较为丰沛的水资源、同源的文化背景、较发达的社会经济等逐步达成共识，公众和政府的环境意识逐步提升。莱茵河各国从 70 年代起定期召开莱茵河部长会议，就莱茵河污染问题进行探讨；莱茵河保护国际委员会十分重视来自公众的建议，并且欢迎共同监督与治理；委员会还邀请公众旁听甚至是参与会议，此举增加了莱茵河治理的透明度。这些举措使莱茵河成为共同治理的最成功且卓有成效的案例之一。虽然莱茵河里程碑式的成功治理难以复制，但欧洲各国在学习水质保护指标、促进国际政治合作、协调不同保护措施、达成各个国家之间的政策和管理的一致性、在考虑经济因素的同时缓解水资源供需矛盾等方面已经证明取得良好的绩效，为国际其他地区水冲突的解决提供借鉴。

2.4.2 印度河——国际仲裁

印度与巴基斯坦曾一度因为印度河水资源分配问题纷争不断，后来在世界银行的长期斡旋下，两国调解了历史问题，并于 1960 年 9 月签订了《印度河水条约》，获得短期和平。然而国际仲裁的谈判效力十分有限，条约的执行并非一帆风顺。条约通常会有有效期，然而《印度河水条约》中并未界定有效时间。印度凭借着自己的大国优势威胁巴基斯坦，将《印度河水条约》中规定分配给巴基斯坦西三河中的两条河流逐渐蚕食。巴基斯坦要求海牙国际法院进行国际仲裁，印度则使用拖延策略，搁置部分工程以等待进一步评估。2017 年，两国在美国华盛顿的世界银行总部进行水务谈话，最终并未得出具体解决方案。在印巴水资源纠纷中，世界银行扮演了一个初期积极调节两国纷争、后期参与度低且无作为的角色。在这个案例中，国际仲裁只能带来短暂的和平，当利益主体矛盾依旧存在，且国家势力强弱不均时，制度的制约方式有限，沦为了装饰品。国家之间发生水资源利益冲突时，国际组织或是第三方可以扮演调解的角色，提供适当的激励措施，在国家产生矛盾时使其团结一致并解决分歧，主动在各方之间进行正式的或非正式的调解，帮助不同的利益相关者保持沟通与确保谈判渠道畅通，促成流域合作协议的制定与实施，但作用有限。

2.4.3　加利利海:流域大国控制

戈兰高地位于中东地区和以色列的最北端，处于叙利亚和以色列的边界处。叙利亚和以色列历年以来的争执让戈兰高地被称为中东地区的“火药桶”。加利利海的水源就来自戈兰高地。作为战略要地，戈兰高地居高临下，既可以俯瞰以色列北部平原，也有公路直达叙利亚首都大马士革，特殊的地理位置赋予了戈兰高地举足轻重的战略地位。除此以外，与中东地区普遍缺水不同，戈兰高地土壤肥沃，降水丰沛，拥有着丰富的水资源，素有“中东水塔”之称。其地表水向西汇集到约旦河上游，便形成了加利利湖源源不断的水源，保证了以色列北部农业和城市用水的供应。该地区以前属叙利亚所辖，在 1967 年叙利亚和其他阿拉伯国家挑起的第三次中东战争中，叙利亚试图入侵以色列，却以失败告终，戈兰高地反被以色列控制管辖至今。尽管国际社会并不承认戈兰高地属于以色列，但这并未影响以色列对戈兰高地的占有。如这种跨境流域被水霸主掌控的情况在世界各地非常常见，是绝大多数流域的现状。如果水霸主的控制较为稳定，还能为流域带来相当长一段“和平”时期，一些弱国甚至可以借此“搭便车”。但在水霸主的控制不稳定或面临“挑战者”时，流域内的水冲突会大大多于水合作，这也是大多数流域常见的冲突形式。

2.5　结论与展望

据统计，全球河流中共有 263 条跨境河流，覆盖了 145 个国家(Wolf et al., 2006)。水事件频发的国际河流区域往往伴随着人口密度高、国家之间存在历史遗留问题或关系不友好、经济发展不均衡、签订的水条约有限甚至没有、国家内部政治环境不稳定、国家缺乏管理或控制跨界河流的能力、其中一个国家存在修建大坝或修建水利工程项目的意向等问题。当一个国家因为水资源短缺面临国际水资源争端时，国家内部通常也会发生关于水资源分配的暴力和冲突。在水资源紧张的国家，倘若河流已经被过度开发，淡水资源的循环利用率超过了补给，人口增长压力致使水的短缺继续蔓延恶化，水冲突更容易一触即发。

通过国家间合作是解决跨境河流水资源的必然选择。如今世界上数以百万计的贫困人口，尤其是那些靠务农为生的农村地区的贫困人口，他们依靠水维持生计，然而如今水资源短缺日益严重，利用率低下，再加上低速的经济发展和相对薄弱的治理，让缺水人群的生存愈发艰难。面临如此严峻的挑战，众多国家已经开始治理国内的河流，采取颁发条令控制污水排放，实时监控水质指标，杜绝过度开发河流等措施。在国家合作方面，水资源分配不当会影响国家安全，紧张的关系可能阻碍国家的可持续发展，间接导致进一步的贫困和社会不稳定现象。“生态和平”（Ecopeace）和“中东地球之友”（Friends of the Earth Middle East）曾在2001年建立Good Water Neighbors（GWN）项目，旨在提高人们对巴勒斯坦、约旦和以色列共同面临的水问题的认知，将它们对共享水资源的依赖程度作为发展可持续水资源管理对话与合作的基础。有明确的指标证实全球水工作小组通过建立信任和理解，在冲突中解决了共同问题并建立了和平关系，实现了真正意义上的改善（N.Harari and J. Roseman，2008）。

国际良好水关系的建立需要国家共同意愿的驱动。但迄今为止，全流域平等交流、积极商议的框架机制仍未建成，国际组织等第三方平台也鲜少参与，饱受水资源之苦的国家依旧在观望，提高水资源利用率的手段和科技仍需普及。在改善河流流域状况时，国家应当追求友好共处、和平互利，实现从被动方到主动方的转变，将水资源的共同拥有国视为合作者，建立良好的共同管理机制，缓解国际水冲突，促进水资源高效、公平及可持续的使用。

第3章　南亚水资源冲突与解决

3.1　南亚概况

南亚位于亚洲南部，北起喜马拉雅山脉，南至印度洋，东临孟加拉湾，西接阿拉伯海。南亚孕育了灿烂的古代印度河、恒河流域文明，是以佛教为代表的世界主要宗教的发祥地。南亚包括7个国家，分别为尼泊尔、不丹、印度、巴基斯坦、孟加拉国、斯里兰卡和马尔代夫。

南亚主要有两大水系。第一个为流经印度、中国、尼泊尔、孟加拉国和不丹5个国家的恒河—布拉马普特拉河—梅克纳河流域（Ganges-Brahmaputra-Meghna river basin，或称GBM流域），总流域面积超过170万平方千米，是世界第三大向海洋注入淡水资源的水域系统。第二个为发源于中国青藏高原，流经巴基斯坦、印度与阿富汗的印度河流域。印度河全长3 200千米，总流域面积为112万平方千米，是世界上最早产生人类文明的流域之一，也是当今巴基斯坦的水源命脉。

本章将重点分析由于水资源分布引起的三大国际争端：一是印度与孟加拉国围绕印度在恒河修建法拉卡堰引发的水冲突，以及由此衍生出的地缘政治冲突；二是印度与尼泊尔因三条跨境河流——科西河、根德格河、马哈卡里河上的水利工程而引发的对立，由于尼泊尔国内对印度强硬的政治舆论态势，双方难以在跨境水资源利用与管理上达成共识；三是印度与巴基斯坦针对印度河流域水资源灌溉问题产生的冲突，最终双方在世界银行的调停下签订了《印度河水条约》，是国际组织介入下解决水冲突的典型案例。

3.1.1 南亚社会经济情况

南亚拥有超过 16 亿人口，是全球人口增长最快的地区。根据世界银行的统计数据，2019 年南亚人口增长率达到 7.0%，并于 2020 年至 2021 年增长至 7.1%（The World Bank，2019）。

然而，庞大的人口中拥有大量的贫困人口，世界约一半的贫困人口集中在南亚，而其区域经济成长仍依赖出口。由于政府腐败、治理不力，尽管南亚部分国家经济成长速度较快，但其贫困问题始终难以得到解决，并主要集中在印度、巴基斯坦、孟加拉国等国。从长远来看，要保持经济高速增长，南亚各国必须要在目前普遍存在的基础设施落后、贫困等议题上进一步努力。根据世界银行评估，由于目前全球贸易疲软，南亚的出口增长进一步加速将变得极具挑战性，而其他预期经济下行风险（包括政治动荡再度升级、财政滑坡、银行和企业的资产负债表恶化）也将在这一地区造成隐患；目前，印度、斯里兰卡等的国内生产总值增长将会略有提速，但孟加拉国、不丹、马尔代夫、尼泊尔、巴基斯坦的国内生产总值增长并不容乐观（The World Bank，2019）。

表 3.1 南亚各国经济概况（2017 年）

国　家	按国家贫困线标准贫困率（%）	GDP（百亿美元）	GDP 增速（%）	农、林、渔、牧业增加值占 GDP 比例（%）
尼泊尔	25.2（2010 年）	2.5	6.5	26.2
不丹	8.2	0.3	3.4	17.4
印度	21.9（2011 年）	265	6.0	15.6
巴基斯坦	24.3（2015 年）	30.5	3.5	22.9
孟加拉国	24.3（2016 年）	25.0	6.1	13.4
斯里兰卡	4.1（2006 年）	8.8	2.3	7.8
马尔代夫	8.2（2016 年）	0.5	2.4	5.6

注：括号内为数据来源年份。
资料来源：World Bank（2019）。

目前，南亚还存在水资源短缺问题。水资源短缺造成的贫困、抗议、骚乱在各个国家的城市频频上演。在尼泊尔首都加德满都，许多当地居民已习惯为获取水资源而排队等候数小时。在巴基斯坦的卡拉奇，水资源短缺导致民众走上街头抗议，并造成全市范围的骚乱。水资源短缺带来的各国之间的水冲突让当地时刻笼罩在政局动荡的阴云之下，也让这一地区的水资源问题的解决变得至关重要、刻不容缓。

3.1.2　水资源分布与利用

南亚的水资源主要集中在恒河—布拉马普特拉河—梅克纳河流域与印度河流域。其中，恒河—布拉马普特拉河—梅克纳河流域的水冲突主要爆发于印度与尼泊尔、孟加拉国之间，身为地区大国的印度在水资源利用上成为水霸主。印度河流域的水冲突主要爆发于印度与巴基斯坦之间，围绕印度河流域灌溉系统展开。

恒河—布拉马普特拉河—梅克纳河流域是地处南亚的一个总流域面积超过170万平方千米的跨界流域，包含恒河、布拉马普特拉河、梅克纳河三条主要河流。这三条主要河流流经几乎完全不同的区域，在地形、气候特征上各有差异，最终在孟加拉湾注入海洋。下游的孟加拉国已成为恒河、布拉马普特拉河、梅克纳河及其支流交汇处最大的三角洲平原，由于其地势平坦，周边常于季风期间被洪水淹没。这三条独立河流都有庞大的支流，其中许多支流也是跨境河流。恒河—布拉马普特拉河—梅克纳河水系是世界第三大淡水河流系统，仅次于亚马孙河水系和刚果河水系。它广泛分布在多个南亚国家，流经国家及流域面积占比分别为印度(64%)、中国(18%)、尼泊尔(9%)、孟加拉国(7%)和不丹(3%)(Food and Agricultural Organization，2018；Chowdhury and Ward，2004)。

印度河流域总面积为112万平方千米，从北部的喜马拉雅山脉一直延伸到南部巴基斯坦信德省的干燥冲积平原，主要分布于巴基斯坦(47%)、印度(39%)、中国(8%)与阿富汗(6%)之间，最后注入阿拉伯海，流域总人口约为3亿。巴基斯坦的印度河流域面积约为52万平方千米，占全国总面积的65%，包括旁遮普省(Punjab)和开伯尔普赫图赫瓦省(Khyber Pakhtunkhwa)以及信德省(Sindh)大部分地区和俾路支省(Balochistan)东部。印度的印度河流域水域面积约为44万平方千米，占该国总面积的近14%，主要分布于查谟和克什米尔地区(Jammu and Kashmir)、喜马偕尔邦(Himachal Pradesh)、旁遮普邦(Punjab)、拉贾斯坦邦(Rajasthan)、哈里亚纳邦(Haryana)和昌迪加尔(Chandigarh)。印度河流域在中国、阿富汗两国的面积并不广阔，合计约占其流域总面积的15%(Food and Agricultural Organization，2018)。

3.2 南亚水资源利用与冲突

3.2.1 恒河—布拉马普特拉河—梅克纳河流域(GBM 流域)水冲突

恒河—布拉马普特拉河—梅克纳河流域(GBM 流域)的水冲突主要集中在水利工程的修建与管理上。GBM 流域人口基数大、增长快,气候类型复杂多变,水灾频发。流域内霸主印度在水资源利用上占据主导权,与周围国家产生各种水资源冲突,并在水冲突的解决上奉行双边主义,拒绝多边主义,为全流域水资源调配与管理的可持续发展带来了负面效应。

1. GBM 流域水资源利用状况

根据联合国粮农组织统计,GBM 流域灌溉总面积约为 3.51 亿公顷,其中印度占 82.2%,孟加拉国占 14.0%,尼泊尔占 3.3%,中国占 0.4%,不丹占 0.1%。南亚国家中,印度有 2.9 亿公顷土地依赖 GBM 流域灌溉,其中 67%是地下水,33%是地表水灌溉。印度在 GBM 流域的取水量约为 3 282 亿立方米,其中 90.4%用于农业。尼泊尔年取水量约为 97.9 亿立方米,其中 98.2%用于农业,1.5%用于市政,0.3%用于工业。不丹完全位于布拉马普特拉河流域,河流与周围土地融为一体,形成湿地,限制了河流灌溉的可能性。这样的湿地灌溉区约有 2.77 万公顷。不丹年取水总量约为 3.38 亿立方米,全部为地表水,为每年可再生水资源的 0.43%,其中约 94%的取水量用于农业,5%用于市政,1%用于工业。孟加拉国有约 493 万公顷土地依赖 GBM 流域灌溉,其中 75%是地下水,25%是地表水灌溉。孟加拉国极其依赖地下水进行灌溉。这是由其河流与气候的不稳定性决定的。在季风季节,孟加拉国拥有丰富的地表水资源,但其平坦的地形与主要河流的水量不稳定性限制了大型重力灌溉系统工程在这片土地上开展,增加了水利灌溉成本。在旱季,由于水资源供应有限,孟加拉国对地表水的使用与灌溉变得异常困难。孟加拉国从 GBM 流域的取水总量约为 350 亿立方米,其中 88%用于农业,10%用于市政,2%用于工业(Food and Agricultural Organization, 2018)。

2. 水资源冲突

GBM 流域的水资源冲突主要体现在河流的上、中、下游之间,尤其是孟加拉国对印度存在着高度水资源依赖。而印度与周边国家——尼泊尔、孟加拉国、不丹之间均存在一定程度的水资源利用冲突。

从空间上来说，GBM 流域跨界水资源冲突频发地主要集中在恒河与布拉马普特拉河流域(Jayanta and Nilanjan, 2009; Jayanta, 2007)，尤其是在跨境河流的上、中、下游国家之间。矛盾核心是孟加拉国对印度、印度对尼泊尔存在的水资源依赖。例如，在恒河流域，由于尼泊尔的所有河流都汇入了恒河，每年自尼泊尔流入印度的径流量高达 2 102 亿立方米(Food and Agricultural Organization, 2018)，处在下游的印度对上游的尼泊尔存在水资源依赖。

更值一提的是，孟加拉国与印度之间的水资源不平衡关系是 GBM 流域水资源冲突的重要一环。从印度进入孟加拉国的 GBM 流域河流年总径流量高达 11 106.2 亿立方米。这其中，恒河流域从印度进入孟加拉国河流年总径流量达 5 250.2 亿立方米，占 GBM 流域在这一区间径流量的近半；布拉马普特拉河流域从印度到孟加拉国的年径流量高达 5 372.4 亿立方米；而梅克纳河流域从印度到孟加拉国的年径流量仅为 483.6 亿立方米(Food and Agricultural Organization, 2018)。由此可见，孟加拉国的地表水资源均在上游的印度掌控之下。而在地下水方面，恒河与布拉马普特拉河流域的高地下水潜力依然主要位于印度山麓地区；孟加拉国虽然降水丰沛，但其地下水补给潜力较低(约为 210 亿立方米/年)。而位于印度和尼泊尔的恒河流域年地下水产量潜力为 1 085 亿立方米，印度阿萨姆邦的布拉马普特拉河流域年地下水产量潜力为 107 亿立方米，占据丰富地下水资源。孟加拉国与印度之间的水资源不平衡性，让孟加拉国在水资源冲突中始终处于弱势地位。

孟加拉国还面临洪水季节带来灾难的深重困扰。GBM 流域河流在孟加拉国只有一个入海的河口。洪泛期间，向孟加拉湾注入的水量十分惊人，每秒可超过 13.87 万立方米，是世界上最大水量的入海河口，甚至超过亚马孙河注入水量的 1.5 倍(Food and Agricultural Organization, 2018)。这无疑给处于 GBM 流域最下游的孟加拉国造成了灾害隐患。每年季风季，GBM 流域的河流几乎全部面临洪泛问题困扰。孟加拉国作为流域内地势最低洼的国家，受洪水影响最大，为此付出了巨大的生命与财产代价。这种水资源时间上的不平衡性加剧了孟加拉国的灾难，更让其成为水资源冲突谈判桌上的被动方。

3. 水资源冲突的原因

(1) 自然环境因素。

气候变化是水冲突加剧的重要原因。气候变化可能会改变 GBM 流域内水资源的质量与分布情况，包括：降水强度增加，降水时空分布发生变化，河流径流量增加，地下水补给量降低，冰川加速融化，水蒸发量变化，农业、市政和工业部门的用水模式改变等。这些变化对流域内农业生产与粮食安全、生态系统与生物多样性、河流及其旱涝状况、水资源安全、人类与动物健康、海平面等有着重大影响。流域内的孟加拉国是被广泛承认的最易受气候变化影响的国家之一。愈加频繁的温度变化、降水量变化、自然灾害会影响地表水和地下水的质量与获取。

GBM 流域气候富于多样化，这在全世界都是独一无二的。根据联合国粮农组织报告，世界上降水最丰沛的地区位于 GBM 流域的梅克纳河流域。而其他河流在不同的河段有着不同的气候特征，恒河流域与布拉马普特拉河流域各有干旱区与湿润区。此外，复杂多变的气候类型增加了河流流量的不稳定性与遭遇热带气旋风暴灾害的概率。上、中、下游之间气候类型的巨大差异也拉大了其水资源储量之间的差异，加剧了上、中、下游之间在水资源分配过程中的矛盾与冲突。

比哈尔邦(Bihar)是印度最严重的洪水灾害区，每年都受到严重的洪水破坏。据称，在比哈尔邦，已有大约 280 万人因洪水丧命(Food and Agricultural Organization, 2018)。其流域内的科西河甚至被称为“比哈尔的悲哀”，只因每年季风季，河流从尼泊尔的喜马拉雅山脉顺势而下，其巨大的势能导致像加格拉河、科西河、巴格玛蒂河、根德格河、恒河、帕尔古河、马哈卡里河这样的河流水量超过危险等级，引发比哈尔邦北部严重的洪灾。因此，科西河至今尚未形成一条固定的河道，仅 2008 年 8 月就改道 15—16 次(Food and Agricultural Organization, 2018)。

(2) 经济社会因素。

水资源冲突的另一个重要原因就是过多的人口。在南亚地区，人口问题尤其凸显。据统计，南亚的 GBM 流域至少生活着 6.3 亿人(Food and Agricultural Organization, 2018)，人口规模几乎相当于非洲人口的三分之二，而 GBM 流域面积仅为非洲的十八分之一。位于布拉马普特拉河流域的不丹，2008 年总人口约为 68.7 万，其中 66%为农村人口，大约 95%的人口居住在南部亚热带地区或中部山区，尤其是在河谷的相对平缓地区。完全位于恒河流域的尼泊尔，总人口约为 2 880 万，其中农村人口近 83%。孟加拉国总人口为 1.6 亿，农村人口占 73%，其中约 1.22 亿居住在 GBM 流域。印度总人口约 13.53 亿，71%生活在农村地区，其中 4.76 亿居住在 GBM 流域(World Bank, 2010)。中国总人口约为 13.45 亿，其中 57%生活在农村地区，然而，只有约 170 万生活在 GBM 河流流域(World Bank, 2010)。

中国在流域内每平方千米人口仅为6人，不丹为18人，而尼泊尔、印度、孟加拉国三国则分别高达195、432、1 013人，因此后三国受到的影响也更大。2008年，不丹、尼泊尔、孟加拉国的人口获得经改善的饮用水源分别达到92%、88%、80%。在印度，88%的人口可获得经改善的水源；而在中国，这一比例为89%。孟加拉国排名最低。

此外，GBM流域对丰富自然资源的有效可持续利用率低下，没有成功地用作该地区经济发展的引擎。因此，虽然自然资源丰富，GBM流域却拥有比世界上任何一个地区都数量庞大的贫困人群。随着人口稳步增加，流域内大部分地区人口密度都非常高，人口的高增长又加剧了贫困蔓延（United Nations Environment Programme, 2008）。然而，GBM流域具有丰沛的降水、可观的年径流量、超过10万兆瓦的庞大水电潜力等特点，若被合理利用，可以成为地区发展经济与消除贫困的重要有利条件。遗憾的是，GBM流域人口最多的三个国家——孟加拉国、印度、尼泊尔，长久以来却一直未能达成一致的综合发展计划，这也在某种程度上揭示了GBM流域跨境水资源综合治理的重要性。

（3）国际政治因素。

印度在南亚的突出影响与南亚国家之间的长久的政治对立造成GBM流域的水冲突呈现格外复杂的态势。世界上没有一个地区像南亚这样完全被一个国家所主导。印度不仅是其中面积最大、国力最强的国家，更是南亚的地缘核心所在。印度的人口是其他6个南亚国家总人口的3倍，面积占该地区总面积的73%，GDP占该地区的四分之三。

与此同时，南亚其他国家由于历史原因互不信任，缺乏认同感，无法形成一个安全共同体。印度利用自己的地缘政治优势，在水资源管理中取得了“水霸权”。虽然在国际上饱受争议，但印度依然崇尚双边条约，而非进行多边对话。由于印度的主导作用，在水资源方面的内政往往强烈作用于周边国家与地区。例如，自印巴分治开始，印度开始了一系列雄心勃勃的水资源开发计划，其中包括发展大型水利设施项目，虽然取得一定成果，却造成当地环境破坏、人口流离失所，并产生长期影响。其中几个位于跨境流域的水利项目对下游沿岸国家都产生了负面影响，进一步加剧了周围邻国的紧张与不信任，这也为南亚脆弱的地域安全增添了不稳定因素。

同时，南亚也是世界上政府治理最差的地区之一，存在诸多问题，例如：低效且不公平的资源部署、严重的债务危机、民族与宗教教派的社会分裂、行政低效、脆弱的社会组织能力等。因此，南亚国家各政府，既强势又弱势，表现为：一方面，南亚国家存在政府治理与基本秩序；另一方面，南亚各国政府权威极易被打倒，社会失序与政治动乱成为常态(Baqai, 2011)。

在进行解决水冲突问题的谈判时，南亚国家不仅要回应谈判对手，还要应对动荡的国内局势。政府、谈判代表往往迫于动荡的国内政治压力，疲于应付国内舆论的施压，并没有实际解决水资源冲突问题。例如，尼泊尔与印度的问题得不到有效解决，是因为尼泊尔内部政局动荡，尼泊尔往往只能对印度展现强硬的姿态，完全不利于实际问题的解决。与此相反，不丹没有国内政治问题，便能与印度从问题着手，顺利地谈判。这也体现出国际与国内政治氛围对南亚国家在进行水冲突谈判时的深刻影响，这一点在 GBM 流域的水冲突谈判中尤为突出。

3.2.2 印度河流域水资源冲突

印度河流域的水资源冲突集中在农业灌溉系统的争夺上面。由于该地区历史上在殖民时代修建了大量灌溉系统，印巴分治之后，对这些灌溉系统的争夺成为水冲突的焦点，也成为两国政治关系冲突中的重要一环。

1. 水资源利用状况

在印度河流域，从中国进入印度的年总径流量约为 1 816.2 亿立方米，从阿富汗进入巴基斯坦的约为 2 150 亿立方米(Food and Agricultural Organization, 2018)。根据印巴之间 1960 年签订的《印度河水条约》，印度河流域的西部支流从印度进入巴基斯坦的年均径流量为 1 702.7 亿立方米，东部支流从印度进入巴基斯坦的年均径流量约为 111 亿立方米，这些都是划归印度的水资源。

印巴双方都建立了庞大的灌溉系统，彼此也对对方的灌溉系统有着消极的评价。由于印度河流域拥有总面积约为 1 620 万公顷的广阔地下水含水层(Food and Agricultural Organization, 2018)，印巴双方都对开发含水层有着深切关注与实际行动。在运河灌溉系统建设之前，含水层尚处于平衡状态(即河流、降雨对含水层的补给量与含水层流出、作物蒸发蒸腾量相平衡)；然而，当印度河流域大规模引入运河灌溉系统后，灌溉区域的含水层渗透增加，并最终导致印度河流域面临水涝与盐碱化的双重威胁。这种对自身生态环境造成的威胁让印巴双方彼此诟病，互相追究责任。同时，流域内的地下水抽取量与补给量之间并不平衡，这种不平衡在水资源匮乏的大背景下恶化着印巴之间对彼此灌溉系统利用的评价。

2. 利用与冲突

印度河流域主要的水冲突爆发在印度与巴基斯坦之间。印巴之间在地表水与地下水的分配上均存在冲突。印度河流域上游富藏水资源，拥有世界上最大的多年生冰川区（面积约 2.2 万平方千米），冬季积雪面积广大。冰川作为天然储存水库，为印度河及其支流常年供水。在充足的冰山雪水补给下，印度河流域形成两个大型天然水库——山区积雪冰川以及位于巴基斯坦信德省、旁遮普省的印度河平原冲积层地下水（Food and Agricultural Organization，2018）。而印度河流域下游气候干旱，雨量稀少，年平均蒸发量非常高。上下游之间的地表水量分布严重不均衡，不仅造成下游对上游水资源的严重依赖，更加剧了下游印巴之间水资源分配的紧张对抗。加上印巴双方之间由于灌溉系统对地下含水层的过度开发利用，造成的水涝、盐碱化灾害以及水资源短缺，导致双方时常爆发水资源冲突。

3. 水资源冲突的原因

(1) 自然环境因素。

气候变化对印度河流域的水资源冲突有着深刻影响。印度河流域气候多变，气候受海拔高度影响极大。流域内大部分降水发生在冬春两季，年平均降雨量约为 230 毫米。印度河流域径流量主要依赖高海拔山区降水。流域北部的山区高地多为高山气候，年均降水量最大为 2 000 毫米；而其流经平原地带的气候介于亚热带干旱、半干旱到温带半湿润之间，年均降水量仅在 100 至 500 毫米左右。所以，印度河流域高海拔山区（2 500 米以上）的降水占河流径流的绝大部分。由于气候炎热，印度河流域下游蒸发量也非常大。上游的年平均蒸发量约为 204 毫米，而下游则为 1 650 毫米（World Commission on Dams，2000）。下游的干旱气候导致印度河流域的径流量完全依赖于上游降水。

因此，印度河中下游的巴基斯坦不仅在水资源获取上受上游制约，其本身又深陷气候变化影响的漩涡。根据德国智库“德国观察”（Germanwatch）的《全球环境风险指数》报告，巴基斯坦名列 1995—2016 年间最受气候变化影响的国家榜单第 7 位（Eckstein et al.，2018）。该报告中显示，二十年间巴基斯坦气候变化的强度、频率和广度变化都更加剧烈，并交替出现大量涝灾与旱灾。然而，巴基斯坦用于应对气候变化的环保预算却严重不足，其经济又高度依赖农业（贡献率达 21%），农业用水在气候变化的大环境下更加紧缺。

(2) 经济社会因素。

人口基数大、增长过快制约着印度河流域的水资源分配与管理。占据印度河流域大部分的巴基斯坦是人口大国。根据 2017 年巴基斯坦第六次人口普查初步报告,巴基斯坦总人口已超过 2 亿,位居世界第六,年均人口增长率为 2.4%,高于其他主要伊斯兰国家的 1.2%—1.6%。其中农村人口约占总人口的 64%。这种人口的爆炸式增长导致有限的水资源分配日趋紧张,为水冲突留下隐患。

同时,贫困问题在印度河流域十分突出,并造成了印度河流域无暇自顾其水资源分配问题。印度河流域的巴基斯坦,全国极端贫困率约为 40%。54.6%的农村人口与 9.4%的城市人口生活极端贫困。全国 48.5%的人口未完成基础教育,39%的人口没有任何资产,1/3 的人口没有任何医疗资源(中华人民共和国驻巴基斯坦经商参处,2016)。而资源匮乏(尤其是水资源匮乏)、恐怖主义、宗教矛盾、军备竞赛等内忧外患一直限制着巴基斯坦在人类发展方面的投入,使得巴基斯坦经济停滞,无力应对贫困问题。

(3) 历史政治因素。

殖民统治是印巴水冲突的历史政治背景。19 世纪时,南亚大部分地区处于英国殖民统治之下。英国殖民者强行在南亚大陆贯彻单一国家的主权概念,在具体政策上并没有遵循因地制宜的发展原则。作为南亚地区重点发展部门的农业,被看作是殖民政府用来实现创收的途径之一,备受重视。殖民者为了提高生产力,设立了高指标的行政目标,建立大规模的灌溉系统。然而在水处理的问题上,殖民者强制当地使用技术,并没有关注南亚固有的社会与环境的复杂性,以及原有的水资源管理机构。从 1800 年到 1920 年,殖民政府依据行政目标兴建了多个大型灌溉工程。这些盲目的水利设施构成南亚地区水资源冲突频繁的历史政治背景。

3.3 水事件典型案例

3.3.1 法拉卡堰水冲突

法拉卡堰(Farakka Barrage)是横跨恒河的一座拦河堰,长约 2 240 米,建造于 1961 年,完工于 1975 年,总经费约 15.649 亿卢比(约 2 300 万美元)。法拉卡堰位于印度西孟加拉邦的 Murshidabad 区,距离孟加拉国诺瓦布甘杰县边界约 16.5 千米。由法拉卡堰通往胡格利河的支线运河长约 40 千米,于 1975 年 4 月 21 日开始营运。法拉卡堰项目的主要目标是将恒河水引流至胡格利河以疏浚加尔各答港口,保证从胡格利河到周围工业园区的淡水供应。然而,自 1975 年启用法拉卡堰后,印度长期分流恒河的大部分水资源。这一举动引起巴基斯坦政府的高度关注,两国之后就恒河水资源的分配问题相持不下,并最终引发水资源冲突。在孟加拉国从巴基斯坦独立后,这一问题又演化成了印孟之间的冲突,印度修建法拉卡堰导致孟加拉国在工农业生产、渔业、航行业、人类健康福祉方面蒙受巨大损失。在印度与孟加拉国之间的 54 条跨境河流之中,恒河水资源是双方最相持不下的争端焦点。恒河流量的变化最终改变了河流的水力特性与孟加拉国的生态环境,而生态环境的变化又造成孟加拉国西南部大量物种消失,也给孟加拉国全境带来深重的灾难(Kawser and Samad, 2016)。因此,法拉卡堰是双方围绕恒河水资源冲突最重要的一环。由于修建之初孟加拉国尚未从巴基斯坦独立,法拉卡堰同时也是印巴多年水资源争端的起点。由此可见,法拉卡堰问题是南亚诸多水冲突中的核心冲突,且是核心中的核心,它由一个自然资源问题上升到一个影响南亚国际政治,尤其是主导印孟两国政治走向的核心问题。

1. 殖民时代:法拉卡堰冲突的源头

说起法拉卡堰问题,就不得不提到其修建的初衷——疏浚胡格利河,以及其沿岸的加尔各答港。胡格利河上游被称为巴哈拉提(Bhāgirathi)河,因此整条河流又被称为"巴哈拉提-胡格利河流系统"(the Bhāgirathi-Hooghly river system)。这条河流是印度西孟加拉邦人民的基本生命线,不仅为当地提供了农业灌溉、工业、市政用水,河流本身就是当地主要航运系统,交通量巨大,其沿岸遍布的贸易点又凸显了流域重要的经济地位。其中的贸易点之一——加尔各答,是印度西孟加拉邦的首府,也是印度在胡格利河畔最重要的港口之一。加尔各答港不仅服务于印度的西孟加拉邦、比哈尔邦、奥里萨邦、阿萨姆邦等邦,而且对印度、尼泊尔、不丹之间的海外贸易也至关重要。由于印度所有船只必须通过胡格利河才能到达加尔各答港,胡格利河的通航能力便显得尤为重要。然而,1789 年,胡格利河经历了一次大规模洪水,被迫改道,其通航能力便开始急转直下(Rajkumar, 2018)。其上游开始分流并逐渐淤塞,限制了大中型船只的通行,大大减少了加尔各答港的吞吐量。潮汐活动又将大量淤泥从海洋带入河道,不断淤积,并造成了胡格利河道堵塞。另外,胡格利河的自来水质也受到影响,逐渐恶化。19 世纪初,早在英国殖民统治期间,从恒河向西孟加拉邦引水疏浚的计划便已浮出水面(Kawser and Samad,

2016)。独立之后,印度政府不得不斥巨资进行大规模机械疏浚工作,以确保航运渠道畅通无阻;加尔各答港口当局也花费大量金钱用于疏浚——到了 1972 年,疏浚开支已上升至 10 亿卢比,胡格利河的淤积状况却依然不容乐观。加尔各答港与胡格利河河口之间 202 千米的航程竟需要耗时 26 个小时,船只必须在途中 3 个浅水点停靠,等待河水位于高潮时才能越过浅水点(Rajkumar, 2018)。不仅胡格利河与加尔各答港的航运交通受到影响,港口淤塞还阻碍河流腹地的工业化进程,影响沿岸人民的经济与生活水平。19 世纪中叶开始的各项针对加尔各答港安全性的研究都指向筑堰引水,增加水资源供应,维持加尔各答港的昔日荣光(Government of India, 1975)。为此,印度政府老调重弹,开始酝酿在法拉卡建设大坝、从恒河向胡格利河引水疏浚的计划。

2. 20 世纪五六十年代:冲突的激化

印度的这一构想立刻引起巴基斯坦的密切关注与持续反对,并最终升级为影响印巴、印孟之间国际关系最核心的问题。在法拉卡堰初步规划的 1950—1951 年,印度并未认真考虑巴基斯坦的反对意见。巴基斯坦认为,该项目的执行将减少东巴基斯坦的供水,剥夺其在水资源分配上的权益,阻碍巴基斯坦的经济发展。巴基斯坦还罗列了法拉卡堰会对其东部整体发展产生的不利影响,并强调印度在实施任何对东巴基斯坦造成不利影响的计划之前要先征询巴基斯坦的意见(Kawser and Samad, 2016)。对此,印度予以否认,认为巴基斯坦的关注是纯粹假设的,并认为是巴基斯坦的计算有问题。印度一再向巴基斯坦保证,法拉卡堰计划不会影响东巴基斯坦的供水。巴基斯坦对此并不认可,并指责印度的做法违反了国际法与国际惯例。1953 年,印度提出两国合作共同开发水资源,巴基斯坦顺势提出了其东部 Ganga-Kobadak(GK)项目大纲的提议,其中包括灌溉 200 万英亩土地最多需要 2 000 立方米水资源以及对恒河上游地区进行联合调查,印度予以拒绝(Kawser and Samad, 2016)。巴基斯坦外交部长于 1967 年 7 月 18 日宣布,两国应当依照国际法,在真正需要的基础上平等地分享恒河水资源(Rajkumar, 2018)。

就双方在拦河堰的建设方面存在的分歧,印巴双方代表团曾多次会面试图解决这一问题。印巴双方的分歧在于,印度否认建造拦河堰会对巴基斯坦造成影响,而巴基斯坦不予信任,将焦点集中在交换项目数据、技术专家评审、第三方组织介入等方面。印度无法满足巴基斯坦的种种要求,无论是双方于 1960 年 7 月至 1962 年 1 月期间举行的两轮专家会谈,还是在此期间双方首脑于英国伦敦举行的英联邦总理会晤，以及60年代末双方举行的几轮会谈，双方均陷入僵局，无法达成共识。回顾整个20世纪60年代，巴基斯坦为了给印度施加压力，寄希望于将争端国际化，交给第三方仲裁解决；同时，对印度展现出日益强硬的姿态。巴基斯坦于1967年的"国际水与和平会议"（美国华盛顿）与1968年的"非洲—亚洲法律协商委员会会议"（泰国曼谷）上提出法拉卡堰问题，为引发国际社会关注，又一再要求第三方仲裁、利用联合国的技术与咨询服务。巴基斯坦对印度有着过度激烈与强硬的姿态与反应，部分原因可能是其60年代末期国内环境不容乐观、政府借由水资源冲突转移国民视线。当时，巴基斯坦总统阿尤布·汗下台，叶海亚·汗接管了政府。同时，人民联盟发动了东巴基斯坦的自治运动，政府可能刻意将矛盾引至印巴水资源问题上。印度也断然不同意巴基斯坦在水冲突国际化上的意见与举动，态度也是强硬的。1968年5月，印巴举行双边会谈。印度方面解释了法拉卡堰将如何帮助东巴基斯坦克服反复出现的洪水威胁问题，却无法接受巴方对"如世界银行这样的第三方组织斡旋"的要求（Rajkumar, 2018）。1969年，巴基斯坦提出一项一揽子供水至东巴基斯坦的计划，并设置了执行与监督的机制，同样遭到印度拒绝（Kawser and Samad, 2016）。而在印度支持下的东巴基斯坦最终还是独立了，并最终发展成一支在水资源冲突地缘政治较量中的反印中坚力量。

3. 20世纪70年代：和解与冲突并存

1971年3月26日东巴基斯坦宣布独立。同年4月，独立后的东巴基斯坦在印度加尔各答成立了孟加拉人民共和国临时政府，这一独立事件立即引发大规模的社会动乱与难民潮。印度对新独立的孟加拉国表达了支持，并希望借孟加拉国牵制敌对的巴基斯坦。孟加拉国独立之初，印度原以为会在谈判桌上看到一个友好而弱小的孟加拉国，但事实上却是两国围绕法拉卡堰的冲突不断升级。

印度学者拉杰卡马·辛格（Rajkumar Singh）从宗教民族、政治经济方面分析了孟加拉国此时的情形如何成为日后的反印中坚奠定了基础。宗教文化上，孟加拉国在独立后迅速形成独立的民族文化实体与民族意识。本来，东巴基斯坦在殖民时代就凝聚起自身的文化。独立后，新成立的孟加拉国由穆斯林和印度教徒构成，虽然双方存在着几乎完全对立的社会与宗教情节，但又由于亲缘、血缘关系而保持着密切联系。"孟加拉作为一个国家集团"的观念在历史的发展中不断得以强化巩固，并最终于1971年伴随着独立建国正式脱胎。孟加拉国不仅是形式上，也是民族文化上真正作为一个成熟国家与印度建立了外交关系。孟加拉国在其民族解放运动中摆脱了宗教的影响，团结人民，捍卫孟加拉民族主义、语言与文化。不过，独立后的孟加拉国新政府重新将宗教作为政治工具，并作为一个伊斯兰国家与印度产生了冲突。政治经济上，印巴分治之初，巴基斯坦东部就比西部经济发达，而主导巴基斯坦的西部地区对东部采取了歧视性政策。由于西部的发展速度远远落后于统一后的巴基斯坦的整体速度，尽管印巴分治后摆脱了英国殖民者的掠夺，东部的孟加拉地区仍然处于被西巴基斯坦人支配的窘境之下。这种持续的经济差距最终使东巴基斯坦的经济学家产生了一种"双经济体"的概念，主要基于以下两点：第一，东孟加拉地区的地理特性让巴基斯坦确实存在两个独立的经济体；第二，巴基斯坦政府的经济政策总是违背东巴基斯坦的利益，并不断拉大巴基斯坦两地之间的经济差距。因此，巴基斯坦的建立也许严重破坏了东部孟加拉地区的贸易、经济活动，让这些地区成为巴基斯坦最严重的受害者。就资源而言，东孟加拉地区不能自力更生发展经济。孟加拉地区盛产黄麻与天然气，却在矿物质方面严重匮乏；对于煤、铁等资源，则完全依赖进口；水力发电的空间不大，因为其大部分地区地势平坦，尽管该地区降水丰富。东孟加拉地区经济的困境与由此产生的混乱是其要求自治的主要因素之一。而这种社会经济领域存在的不同看法，让法拉卡堰共享恒河水资源的问题变得尖锐，印度认为这一问题是一个双边问题，而新独立的孟加拉国则承袭巴基斯坦的观点，认为这一问题应该国际化，并延续了巴基斯坦的反印政策。新政权的支持者将法拉卡堰问题与对印度的一般指控联系起来，并呼吁消除孟加拉国最后的"国家叛徒"及印度代理人，并为此决心"支持武装部队"。孟加拉国的印度威胁论在国际上不断升温（Rajkumar, 2018）。

1972 年 3 月，印度与孟加拉国两国首脑签署友好合作与和平条约，两国关系取得了重大突破，并迅速成立联合河流委员会（JRC），详细讨论恒河及其他河流系统水资源开发的长期规划。双方同意在防洪、流域开发与水电、灌溉等领域开展联合研究，共同采取行动，采取的措施包括对边界共同河道的堤防进行联合水文勘测，以找到薄弱点与弥补措施等。孟加拉国对法拉卡堰的存在表示理解，印孟双方进入下一个阶段——讨论恒河水的供给分配。印孟之间经历了一段蜜月期。双方于 1975 年 4 月签署关于在法拉卡堰共享恒河水域的临时协议，协议约定印度被允许从恒河中为流向加尔各答港的运河提取特定数量的水。在 4 月和 5 月的最后十天，每日取水量可以介于每秒 311.5—453 立方米之间；剩下的水流被规定应进入孟加拉国。由于是在试验的基础上签署的，这一协议被誉为相互理解与调解的典范

(Lok Sabha Debates，1975；Kawser and Samad，2016)。根据协议，印度在1975年旱季取水，份额远低于现阶段的要求。印度的低姿态与善意促成了争端的初步解决。然而，印孟双方没有任何关于法拉卡堰的恒河旱季流量分配的协议，这使得孟加拉国陷入焦虑，此后在不同的国际场合提出了这一问题与诉求。

随着谢赫·穆吉布·拉赫曼政府的下台，印孟之间的利益冲突再次显现，并且孟加拉国在后穆吉布时代的反印度言论具有明确的国家、国际支持。一方面，印度方面只信任对印度友好的谢赫·穆吉布·拉赫曼政权，随着该政权的下台，印度从生态意义上对恒河水问题的关注立刻转移到政治意义上。另一方面，孟加拉国在后穆吉布时代酝酿出一种强烈的反印度情绪，孟加拉国领导人毛拉纳·阿卜杜勒·哈米德·汗·巴萨尼(Maulana Abdul Hamid Khan Bhasani)动员公众舆论对印度进行强烈谴责，认为印度采取的措施使得恒河流量减少并导致毁灭性荒漠化灾难，这种情绪甚至蔓延到了印孟之间的双边问题上，例如法拉卡堰的恒河水资源分配问题。在1976年的不结盟国家“科伦坡会议”上，孟加拉国试图以水冲突国际化来解决法拉卡堰问题，印度则猛烈批评孟加拉国企图将法拉卡堰争端国际化。印度指出任何将其国际化的企图只会使局势更加复杂化，推迟问题的解决，使两国关系继续恶化。由于孟加拉国在战争与军事准备上根本不是印度的对手，即使因在国际场合中未能有效解决法拉卡堰问题而陷入几近战争般的仇印情绪之中，也不得不面对现实中悬殊的实力差距，转而寻求与印度以双边形式解决法拉卡堰水资源分配问题。

由于1972年签订的协议于1975年5月31日到期，印度此后开始在法拉卡堰单方面取水引起了争议。孟加拉国希望公平分享水资源，并将印度的行动视为违反协议。印度认为孟加拉国并未在收集数据和信息方面配合。1977年初，孟加拉国与印度就法拉卡堰问题再度进行谈判，再度签署协议。这一协议本质上是完全双边的，并规定其解释上的任何差异也应由双边解决。第一部分涉及在旱季分配恒河水资源的条款，规定每年1月1日至5月31日，水资源分配取决于法拉卡堰的实际供水量——在1月1日至10日的水量最少时期，印度的份额为40.7%，孟加拉国为50.4%；在4月21日至30日的水量最少时期，印度的份额为37%，孟加拉国的份额为52.8%。无论法拉卡堰可用水量如何，孟加拉国均在旱季每10天获得最低水量的保证。这一部分还规定了由政府提名的代表联合委员会，以观察和记录法拉卡堰、运河、哈挺桥下的日常流量。委员会将负责监督协议在短期内的实施。协议第二部分规定联合河流委员会重新启动，寻找长期解决方案。第三部分规定了协议的规定和期限。孟加拉国时任总统齐亚尔·拉赫曼(Ziaur Rahman)在落实该协议方面发挥了至关重要的作用。1977年11月14日，印度总理莫拉尔吉·德赛和外交部长分别发表正式声明，提出该协议必须以共同牺牲和相互适应原则为基础，协议成为两国关系发展中的里程碑。

不过，这一协议也遭到印度国内的反对，特别是来自西孟加拉邦的成员，他们将该协议称为“只是为了达成一项政治协议的道歉，其目的是为了安抚军政府”。印度西孟加拉邦政府对加尔各答港口的安全极为关注，批评该协议没有为印度争取到足够的水资源分配量(Rajkumar, 2018)。

4. 20世纪80年代：悬而未决的冲突

1977年协议于1982年5月30日到期，新的协议却始终未能签署。1982年两国领导人决定延长1977年协议的期限，签署谅解备忘录，并针对另外两个旱季进行了微小的改动。1982年签署的谅解备忘录取消了1977年规定的向孟加拉国提供最低保障水资源的叙述，并认为长期解决方案在于增加法拉卡堰的流量；同时决定让联合河流委员会完成双方计划的经济和技术可行性研究，再由政府实施扩充建议。1982年的谅解备忘录一直延续到1984年。1985年双方又签署了一份谅解备忘录，提供了在接下来3年的旱季恒河水资源的共享计划，旨在通过联合研究于1年内增加流量。协议规定成立一个由两国提名的同等数量的代表组成的联合委员会，以研究长期解决方案，并增加枯水季节恒河的水流量(Kawser and Samad, 2016)。

1996年12月12日，印孟之间签署了关于法拉卡堰的第三份协议。这是两国有史以来签署的有效期最长的协议，双方均对签署该协议表示满意。该协议有效期长达30年，每五年或少于五年进行一次审查。条约规定，如果法拉卡堰的供水量低于1 982立方米/秒，则两者将以1∶1的比例分配；如果供水量在1 982—2 124立方米/秒，孟加拉国将获得991立方米/秒，而印度将保留其余数量；如果供水量超过2 124立方米/秒，印度将保留1 133立方米/秒，其余将留给孟加拉国(Rajkumar, 2018)。

印度与孟加拉国之间共享着大大小小54条跨境河流，然而双方的水冲突主要集中在由印度建造、运营的法拉卡堰。孟加拉国对法拉卡堰导致的恒河水资源的转移非常敏感，法拉卡堰问题对其生态环境、政治经济均产生了负面影响。孟加拉国总面积的37%和总人口的33%依赖恒河给养，恒河流量的减少，让孟加拉国在西南地区的农业、工业、渔业、航海、盐碱、生态领域都面临严峻挑战。随着孟加拉国农业发展，灌溉取水量的增加，印度和孟加拉国之间就法拉卡堰在枯水期流量的分配产生了争议。在枯水期无法满足两国各自的水需求，是法拉卡堰水冲突的根本原因。即使在1975年、1977年、1996年签署关于印孟在枯水期划分水资源的三项协议之后，孟加拉国政府仍然认为流量的减少威胁着孟加拉国的农业、工业与生态环境。不过，在水冲突发展的过程中，印孟双方更多体现为政治冲突，而非单纯的经济、生态问题。双方政府的更迭对水资源冲突动态发展的影响不容小觑，因为政治因素的介入，在过去几十年中双方始终无法就水冲突问题达成任何持久的协议。法拉卡堰争端也被视为"上游—下游"争端的经典案例，至今仍亟待解决。

3.3.2　科西河、根德格河、马哈卡里河水利工程冲突

尼泊尔是喜马拉雅山脉地区的一个内陆国家，平均海拔较高，世界上最高的10座山峰中有8座就在尼泊尔；并处于全球著名的地震带——地中海—喜马拉雅山板块交界处，生态环境十分脆弱。尼泊尔处于GBM流域的上游地带，具有相当的水资源发展潜力。尽管如此，下游的印度在与尼泊尔一同开发水资源的过程中爆发了许多矛盾。尼泊尔国内由于政党各执己见，国内舆论倾向于对印度施加强硬态度，故而在与印度合作开发管理水资源时经常态度前后不一致。尼印之间所有在尼泊尔的水利项目都能让印度获得巨大利益，这更让经济贫弱、生态脆弱的尼泊尔要求相应补偿，而印度通常不予考虑或补偿不够。另一方面，尼泊尔沉浸在与历史上的英属印度愉快合作关系的回忆中，认为英属印度更加信息透明，对于独立后的印度政权在水利工程中的表现有诸多不满（Observer Research Foundations，2003）。这些围绕水资源的冲突主要集中在科西河、根德格河与马哈卡里河上的水利工程项目上。

1. 科西河水利工程

科西河是恒河最大的支流之一，全长225千米，流经尼泊尔与印度边境。科西河河道蜿蜒，极易造成沉积物堆积。科西河的沉积致使河床不断抬升，河流只能因此不断改道，流向地势较低的地方，这让科西河至今没有固定的河道，极易引发洪灾。早在19世纪英国殖民时期，英国殖民政府便希望修筑堤坝来保护当地的基础建设，然而这些河堤并没有起到防洪作用，反而大多在建成数年之内被废弃拆

除了。

处于科西河与众多恒河其他支流流域的印度比哈尔邦是印度最深受水患的地区。每年雨季,从尼泊尔顺流而下的河水水量都会超过危险等级,引发比哈尔邦严重的洪灾。湍急、不断改道的科西河更因此得名“比哈尔的悲哀”,已让大约 280 万人因此丧命,它仅在 2008 年 8 月就改道 15—16 次。

印度独立以后再度将目光转向了修建堤坝,以抵御泛滥的洪水。1953 年,科西河再度发生季节性洪灾,印度总理尼赫鲁宣布沿科西河修建 150 千米的河堤应对洪水。由于如果单纯在河的右岸修建堤坝,河流可能会向左移动,因此左岸也需要堤坝保护,印度的科西河项目需要与尼泊尔合作完成。1953 年,印度政府中央水电委员会提出了一份科西河治理计划草案,并获得印、尼双方政府的赞同。印度与尼泊尔随后于 1954 年 4 月签署《科西协议》,以控制洪水以及科西河改道(Upreti,1993)。

根据协议,印度沿科西河两岸建设两道河堤,费用由印度承担,并须在尼泊尔境内建设一座水坝。水坝两侧开出两条运河,用于农业灌溉,东部主运河在印度境内,并建有一座水电站;西部主运河横贯尼泊尔 35 千米后进入印度境内。科西河河堤竣工于 1959 年,水坝竣工于 1963 年。然而在此之后,科西河又分别于 1963 年、1968 年、1971 年、1980 年、1984 年、1987 年、1991 年、2008 年发生了 8 次严重的溃堤事件。印度方面认为这是尼泊尔的政治不稳定引起的疏忽,并且尼泊尔还因僵持的双边关系阻挠印度工程师入境治理灾情,印度认为这一举动加重了洪灾情势;而尼泊尔方面认为是印度的腐败导致对河堤维护的懈怠,并且根据 1954 年的协议,印度理应负责维护。双方陷入互相指责之中。

科西水坝的修建还造成尼泊尔国土的沉降,而印度也未能履约对尼泊尔在筑坝过程中蒙受的损失进行赔偿。尼泊尔甚至将印度对水坝的管理看作对尼泊尔主权与领土完整的侵犯。

由于尼泊尔的疑虑与不满,《科西协议》在 1966 年又经历了一次修订,对于尼泊尔从该项目引水灌溉进行了规定。1978 年,印度与尼泊尔又达成另外一项协议,希望在科西水坝附近建设一座科西河高坝。印度希望高坝可以缓解比哈尔邦的洪水灾害,而尼泊尔希望自身可以从中获取最大经济利益,双方由于初衷不同而无法协调。尼印双方还在科西河—卡马拉河的水利工程问题上产生了争议,印度主张修建卡马拉水坝,尼泊尔则反对,认为水坝会破坏生态环境。

2. 根德格河水利工程

根德格河是恒河的另一条支流，发源于青藏高原，流经尼泊尔中部山区，其后流入印度境内，并在比哈尔邦汇入恒河。根德格河每年都会泛滥，造成严重的洪灾。印度与尼泊尔都想建设一座大坝以应对根德格河造成的洪灾，同时用于发电、灌溉等工农业用途。

1959 年，印度与尼泊尔达成了《根德格协议》。按照该协议，两国在边境的根德格河上修建了一座水坝，水坝两侧各有一条运河。东部主运河在印度境内，但有一条支流的分叉流向尼泊尔。西部主运河完全在尼泊尔境内，并建有一座水电站。该条约规定了尼泊尔共享根德格河河水的水量，却未明确规定印度享用的水量。由于尼泊尔国内政局动荡，在野党批判尼泊尔当局放任印度侵犯尼泊尔主权与领土完整，损害尼泊尔利益。并且，尼泊尔在协议签订后，称协议完全削减了尼泊尔对位于本国境内的根德格河的使用自由。

3. 马哈卡里河水利工程

马哈卡里河也是恒河的支流之一，其上游河段是印度与尼泊尔较长距离的国界。因此，围绕马哈卡里河的分歧与冲突也十分激烈。

早在 1920 年，尼泊尔便与英属印度签订《萨达卡协议》，围绕马哈卡里河水量分配问题进行协调，印度可使用河水在其北方邦灌溉、发电。根据协议，尼泊尔允许印度在马哈卡里河上建立一座水坝，费用由印度自行承担。然而，该协议同样只规定了尼泊尔可以共享的水量，却没有规定印度可以使用的水量。

1983 年，印度在未与尼泊尔谈判的情况下擅自在马哈卡里河上修建塔纳克普尔堰，并同时导致尼泊尔领土边境小范围被水库淹没。尼泊尔不得不与印度展开围绕塔纳克普尔堰的漫长的谈判，要求与印度获得平等的共享河流使用权以及水堰的电力利益，并向印度索要与印度获得灌溉水资源同等的其他额外利益(Shibusawa, 1987)。

1996 年，尼泊尔与印度签署《马哈卡里协议》，旨在共同开发马哈卡里河的水资源，建设潘切希瓦(Pancheshwor)水电站，并包括萨拉达堰、纳克普尔堰等项目的合作开发。协议囊括对马哈卡里河集成开发的各个方面，建立马哈卡里河委员会对协议执行进行监督。但由于协议缺乏对尼泊尔水权的明确规定，让尼泊尔感到自身利益被印度窃取。

印度与尼泊尔之间虽然存在一定程度的水资源开发管理合作，但总是无法建立互信，加深合作。双方甚至都将水冲突视作其双边关系重重矛盾之下用以煽动民众的工具，而非聚焦于解决水资源问题本身，这让水冲突的解决显得遥遥无期。

3.3.3 印度河流域灌溉系统的水冲突

1. 印度与巴基斯坦水冲突的原因

印度与巴基斯坦之间虽然有着共同的文化纽带、历史记忆、经济联系、地理联结，但由于 1947 年印巴分治、克什米尔领土纠纷等诸多历史遗留问题，一直处于关系紧张的状态，甚至频频爆发军事冲突。1947 年英属印度分裂，印度与巴基斯坦形成两个信仰不同宗教的国家。印度成为一个由绝大多数印度教徒组成的世俗国家，而巴基斯坦吸引了大量穆斯林迁徙，并成为一个信奉伊斯兰教人口高达 95%以上的伊斯兰共和国。两国间宗教的不同导致教徒大规模移民，1 250 万人在此过程中流离失所，甚至丧生。例如，巴基斯坦的旁遮普省是殖民地水资源开发计划的中心。由于印度河的五条支流皆流经此地，因此旁遮普省也被称为“五河流域”。殖民政府在此建造了庞大的灌溉运河网，从拉维河（Ravi）与萨特莱杰河（Sutlej）开始挖掘，经过杰纳布河（Chenab）、杰赫勒姆河（Jhelum），通过运河将水带到旁遮普省西部的农村。随着印巴分治开始，大部分灌溉土地成为巴基斯坦领土的一部分，印度不得不开始应对因分治、人口增长、粮食短缺造成的移民问题。印巴分治后，两国爆发了三次大战及多次军事冲突。1971 年的印巴战争中，孟加拉国（东巴基斯坦）甚至在印度的怂恿与帮助下脱离了巴基斯坦，走向独立。在印巴对立中，克什米尔地区已成为火药桶，两国为此频频发生冲突。

在这种政治紧张的形势下，印度河流域的水资源成为气候干旱的巴基斯坦与印度西北部矛盾的焦点与谈判时的筹码。自 1850 年起，英国殖民政府在印度河上修建了大量用于灌溉的水利工程，恢复了旧的运河系统和被淹没的水渠通道，这些水利工程一方面让印度河流域实现了现代化，另一方面却引发了印度河流域旁遮普、信德等邦之间的水冲突。印巴分治以后，这种水冲突立刻上升到了印度与巴基斯坦两国之间的冲突，原先交错纵横的运河系统导致了两国之间的争夺。当时的国界划分让印度成为六条印度河支流中五条的上游，水源丰富；而巴基斯坦则处于缺水的下游位置。英国殖民政府遗留下来的重要灌溉工程大多处于印度境内。巴基斯坦认为处于上游的印度拦截了供给西巴基斯坦农业的水资源，妨碍了巴基斯坦正常利用印度河流域的水资源。

2. 水冲突的发展历程

1947年12月20日，属于巴基斯坦的西旁遮普与处于印度的东旁遮普签署了一份《中止协议》(Standstill Agreement)。根据协议，直到1948年3月31日前，双方需遵守约定维持印度河流域灌溉系统的各自水资源份额。然而，协议到期时，印度方面拒绝续约，并开始截留流入巴基斯坦运河中的水资源。1948年4月1日，印度停止向巴基斯坦境内的蒂帕尔普(Dipalpur)运河及上游巴里多布(Bari Dob)运河供水。巴基斯坦强烈谴责印度却无果，又对彻底失去巴里多布运河的水资源深感恐惧，不敢对印度宣战，被迫开启了与印度的谈判。印度态度强硬，不愿放弃对跨境河流的所有权，要求巴基斯坦购买这些河流水资源的使用权。印度认为巴基斯坦已在《中止协议》的买水过程中承认了印度对这些河流水资源的所有权，而巴基斯坦认为《中止协议》中约定的范围只是灌溉工程的运营、维修，巴基斯坦并没有承认这些曾经属于巴基斯坦的水资源现在归属于印度(Ali, 1967)。

1948年5月3日至5月4日，印度与巴基斯坦签署了印巴《德里协议》，东旁遮普承诺持续向西旁遮普提供水资源，直到西旁遮普能够找到备选水资源，并承诺给予巴基斯坦足够时间寻找备选水资源；巴基斯坦承诺每年付款。然而，这份协议仅是一个权宜之计，并没有彻底解决印巴水冲突。巴基斯坦于1950年对该协议进行了抨击，并希望诉诸联合国安理会国际法庭。对此，印度拒绝国际社会的介入，仍坚持协议的有效性。1951年，巴基斯坦得知印度计划在西孟加拉邦修建法拉卡堰，向印度提出关于恒河水资源分配问题，印巴两国关于恒河水资源的争端就此开始。印度企图利用法拉卡堰分流恒河水，同时防止海水倒灌。由于恒河下游的三角洲平原同样面临着海水倒灌、土壤盐碱化的威胁，印度的法拉卡堰计划会给下游当时还未从巴基斯坦独立的东孟加拉带来巨大灾难，东孟加拉强烈反对。在此问题上，印度不顾巴基斯坦反对，始终搁置不理。印巴双方都需要进行进一步谈判，然而，双方都不愿妥协，谈判陷入僵局。

1951年，田纳西河谷管理局和美国原子能委员会前负责人戴维·利连塔尔(David Lilienthal)访问该地区，并建议印度与巴基斯坦努力达成一致协议，共同开发、管理印度河系统，并建议世界银行为此提供建议与资助。世界银行行长尤金·布莱克(Eugene Black)对此表示赞同。在他的倡议下，世界银行的工程师与印巴双方的工程师组成的工作组协同工作，由世界银行的工程师提出建议。不过，政治上的考量让这些技术讨论无法形成一个具体协议。1954年，世界银行提出了打破僵局的建议；并且经过六年的谈判，1960年9月，印度总理贾瓦哈拉尔·尼赫鲁、巴基斯坦总统穆罕默德·阿尤布·汗与世界银行共同签署《印度河水条约》(IWT)。

根据条约，印度河流域东部河流(萨特莱杰河、拉维河及比亚斯河)的所有水域划归印度，供其无限制地使用；巴基斯坦对印度河流域西部河流(印度河、奇纳布河、杰赫勒姆河)的使用不受限制，印度有保证水资源供应的义务。虽然基本的流域由此划分，但印巴双方仍可从原来用于自身灌溉但现已划分到对方的河流中取不超过一定数目的水资源用以灌溉，条约对此都有细节规定。条约对水资源的合理用途也作了界定。印巴双方都承诺尽力防止河流水域污染，两国都同意对即将排入河流的污水与工业废水进行处理，避免将水污染直接排入跨境河流。条约还规定为水坝建造、运河连接、拦河坝与管井的建设提供资金，尤其是针对印度河上的塔尔贝拉大坝(Tarbela Dam)和杰勒姆河上的曼格拉大坝(Mangla Dam)，这些水利设施为巴基斯坦提供了与过去等量的水资源。世界银行成员国提供了大部分资金。除此之外，印巴两国都同意设立印度河水的永久理事职位，共同组建印度河永久委员会，委员由一名巴基斯坦高级工程师与一名印度高级工程师共同担任，并规定了委员会的职权范围。印度河永久委员会的成立是为了维持双方的沟通渠道，努力解决有关条约执行过程中出现的问题与冲突，并提供了解决流域争端的平台机制。

3.《印度河水条约》与冲突的解决

《印度河水条约》是国际上解决跨境河流水冲突的少数成功案例之一。条约的独创性在于克服了哈蒙主义①对处于上游的国家绝对独占境内水资源的影响，巧妙地在未修改边界、承认双方领土主权的前提下明确划分了印度河流域的支流，让印巴双方遵照简单的模式各自享用六条河流中的三条，将“共享”仅仅限定在水资源的开发利用上。同时，条约基于补偿原则，认为印度应该在开发利用某些印巴分裂前属于巴基斯坦领土的河流水资源时，向巴基斯坦提供补偿，将印度在巴基斯坦所属河流的水利工程的投资视作“补偿”，着眼于未来发展，有效促进了印度河流域的共同开发管理。

由于《印度河水条约》的签署与有效执行，印度河流域成了印巴两国重要的粮

① 哈蒙主义，又称绝对领土主权主义，是上游国家为争取有利于自己的制度安排而提出的一种政策性主张。

仓，条约为两国农业作出了巨大贡献。流域内的灌溉区域均是两国GDP的主要贡献者，印度河流域水资源自此得以良性开发。另外，《印度河水条约》是在世界银行的调停下形成的，是一款在国际组织、第三方介入下签署的国际协定。这种国际组织、第三方介入的解决方案，也为其他跨境河流水冲突的解决提供了新思路。此后，虽然印度和巴基斯坦之间仍存在一些问题，但在《印度河水条约》获得批准后，双方之间的大多数分歧与争端都能通过条约框架内规定的法律程序得以解决。

不过，印巴双方在印度河流域的争端远比预想中复杂，虽然《印度河水条约》提供了切实可依的法律框架与解决机制，双方的矛盾冲突仍时有发生（见表3.2）。例如，印度的图尔布尔（Tulbul）项目与巴基斯坦的左岸排水（LBOD）项目依然是两国之间水冲突的热点。图尔布尔是位于杰勒姆河的湖口的航运枢纽，是运送国家物资与人员的重要通道。图尔布尔项目的理念是确保杰勒姆河上一条22千米的河段全年通航，即使在水深只有0.8米的冬季也能维持航运。这一项目的设想是从湖中放水，以求保证杰勒姆河水深最浅1.4米的通航。为此，印度已经开始在湖口建造一条130米长的拦河坝。1987年，在巴基斯坦的反对下，印度中止了图尔布尔项目。然而，印度一直希望能够恢复项目。一旦项目成立，印度便能控制杰勒姆河水资源，不过巴基斯坦的农业会因此受到影响。另外，巴基斯坦连接杰勒姆-切纳布河与上巴里多布运河（Upper Bari Doab Canal）的运河项目也会受到影响。印度对杰勒姆河放水的控制权，可能引发巴基斯坦的洪水或干旱。另一个引发争议的项目——巴基斯坦的左岸排水（LBOD）项目是巴基斯坦在世界银行的援助下建造的穿越大兰恩地区的卡奇（印度古吉拉特邦）的排水系统。这一排水项目并未征得印度同意。LBOD项目试图将不适用于农业使用的含盐量过高或被污染的废水通过库奇地区排放至海洋，从而绕开印度河三角洲。然而，该项目的废水会进入印度领土，并加剧印度的洪水灾害，严重污染水体质量，废水过量的盐分污染了周围土壤。古吉拉特邦是印度河流域最下游的沿岸地区，巴基斯坦有义务根据《印度河水条约》的规定向印度提供该项目的所有工程细节，在双方产生分歧之处通过仲裁程序解决争议。此外，印度违反条约规定截留巴基斯坦的水资源，不按照规定为巴基斯坦供水的做法，激怒了巴基斯坦的民间武装，加大了对印度的袭击。这一系列亟待解决的矛盾冲突表明，印巴双方解决水冲突的前路仍任重而道远。

表 3.2　印度与巴基斯坦关于印度河流域水资源争端与解决时间线

年　份	事　　　件
1948 年	印度截断了大部分进入巴基斯坦的运河的水资源，但随后恢复对巴基斯坦的水资源供应。印度与巴基斯坦签署印巴《德里协议》，该协议系权宜之计。
1954 年	世界银行为印巴两国提出水资源共享方案。
1960 年	在世界银行斡旋下，印巴两国签订《印度河水条约》。
20 世纪 70 年代	印度开始在克什米尔建设水电项目，引起巴基斯坦注意。
1984 年	巴基斯坦迫使印度停止其在杰勒姆河修建的图尔布尔(Tulbul)项目。
2007 年	巴基斯坦对印度在克什米尔地区修建基尚甘加(Kishanganga)水电站表示关切。
2008 年	伊斯兰虔诚军(Lashkar-e-Taiba)开始对印度发动攻势，其首领哈菲兹·赛义德(Hafiz Saeed)指责印度实行水恐怖主义。
2010 年	巴基斯坦指责印度持续停止供水。
2016 年	印度审查《印度河水条约》是否与同年发生的跨境恐怖主义事件——乌烈袭击(Uri attack)挂钩。
2017 年	印度完成克什米尔基尚甘加大坝的修建，并不顾巴基斯坦的反对，继续在切纳布河(Chenab River)上建设拉特勒(Ratle)水电站工程。

3.4　争端解决

3.4.1　国际条约与政府间合作——双边主义与多边主义的选择

印度在南亚有举足轻重的政治、经济、军事地位，是南亚次大陆当之无愧的霸主。印度境内的所有河流都流经两个以上国家，然而，印度在政府间合作与国际条约签订的过程中仍然坚持奉行双边主义，拒绝多边主义。印度与其跨境流域沿岸的所有国家都签订了双边条约，而双边条约又成了国家间对立与敌意的根源(董芳，2014)。

至今，尼泊尔仍认为自身在尼印双方 20 世纪五六十年代签署的《科西协议》与《根德格协议》上被印度欺骗，这些双边协议的“遗产”至今蚕食着尼印之间合作的信任基础。之后，1996 年的《马卡哈里条约》成为尼泊尔不满印度的根源。《马卡哈里条约》中的屈辱已被看作尼泊尔政体与其南部强大邻国关系的一个缩影。印度的另一个邻国孟加拉国更受委屈。1996 年的《恒河条约》被孟加拉国描述成是一个反映了水资源支配者的特权的不平等条约。条约既没有提出一个流域全局管理的方案，也没有对印度在上游使用法拉卡堰的行为产生影响。

近年来,国际社会呼唤南亚国家以多边机制协作解决水冲突问题的声音日益强烈。然而,由于印度从双边条约中屡屡受益,印度本身绝无可能去推动一个全流域的水管理框架。印度不但已经失去周边邻国与国际社会的信任,同时还拒绝向南亚水资源治理机构贡献任何财政,更是增加了多边合作的难度。周边小国虽不满印度,却又彼此互不信任,无法通力合作,它们同样排斥通过多边合作解决水冲突。解决跨境河流水资源冲突中多边主义虽为国际社会所倡导,有利于维护每一个沿岸国家在流域内的权利,但在南亚地缘政治的现实中显得困难重重。

诚然,双边主义是合理的,也是大多数国家在解决国际冲突时的常见选择,针对问题双方直接谈判避免了过多其他因素的干扰。但在南亚地区,一个过于强大并总想通过双边条约让自身获益、丝毫不让的印度与其他弱小的邻国只能演变成"零和博弈"。各国协同合作,以南亚区域的眼光综合考虑水资源的利用与管理,或许才能化解冲突。例如,"尼泊尔可以利用上游优势向中下游国家(印度、孟加拉国)提供水电;印度可向尼泊尔开放航运与过境权,提供工程建造资金援助、工程专业经验,并确保孟加拉国境内拥有最低水流量及蓄水利益;孟加拉国则能向尼泊尔提供航运及过境权,同时为印度提供与北部国家粮食运输的航运、过境便利"(董芳,2014)。

3.4.2　国际组织与第三方介入

当今世界,气候变化的影响波及全球,随着各国对气候变化关注的日益升温,"水问题"的全球性质日益凸显。国际社会对于解决跨界水问题的紧迫感也让越来越多的外国援助与国际组织投入无力解决既有问题的水冲突热点区域,参与到跨境河流良好治理与可持续发展的贡献中。全球"水政治"的出现,也正推动着国际组织与各界捐助者对战略地区的水治理给予更多投资。

南亚水冲突的治理需要相关利益国集体行动以及国际组织与第三方的介入,南亚水问题被描述成"人类集体努力的关键"(Vandana and Shukla, 2014)。在南亚,《印度河水条约》是在第三方参与下经过40多年谈判成功的唯一条约,世界银行在这个过程中发挥了巨大作用。然而在其他南亚水问题条约的签订过程中,国际组织与第三方似乎并没有起到作用。区域霸主——印度——不仅严格坚持政府间合作与国际条约中的双边主义,拒绝一切可能的集体行动,同时拒绝国际社会介入,这妨碍了水冲突的有效解决。印度与其邻近沿岸国家之间的"水政治"是21世纪区域社会面临的最紧迫、最复杂、最有争议的问题之一（Vandana and Shukla，2014）。

对此，国际组织、第三方等国际参与者只能迎接这一挑战。例如，在GBM流域的水问题中，世界银行正在牵头执行一个“南亚水资源倡议”（South Asia Water Initiative，SAWI）项目。此项目由英国、澳大利亚与挪威共同资助，在南亚不同地区组织了论坛，并敦促各国分享信息。“南亚水资源倡议”由成立于2006年旨在促进大喜马拉雅河流域管理合作的“阿布扎比对话”（Abu Dhabi Dialogue，ADD）于2009年组建完成。“阿布扎比对话”的范围不仅限于GBM流域问题，它涵盖了共享喜马拉雅山脉河流的所有七个国家——阿富汗、孟加拉国、不丹、中国、印度、尼泊尔、巴基斯坦的流域管理合作。“阿布扎比对话”的成员不仅有政府官员，还有学术界与民间社会代表，是一个正式的二轨外交对话过程，并以同样倡导流域内共同水资源合作共享的《尼罗河流域倡议》为蓝本。

不过，南亚诸国对国际组织与第三方组织仍存在疑虑，它们担心这些组织在接受某些国家的捐款下是否仍能秉持公正性，并且由于南亚诸国彼此间的不信任，国际组织与第三方在开展工作时处处碰壁。现实情况是，根据世界银行的反馈，南亚跨境河流沿岸国家总体上并不愿意或不能积极地寻求彼此之间在水资源管理利用上的积极相互作用，沿岸国家对国际行动者促进合作进程的努力也基本无动于衷（World Bank，2014）。

3.5 未来展望

由于印度在南亚特殊的政治、经济地位，南亚的水资源冲突依然要以印度为核心解决。由于印度在该地区的影响力，南亚的水冲突问题爆发形式时常以印度违反国际准则、在未经过任何谈判的前提下悍然规划水利项目为开端。周边较小国家从水利工程中通常获利较少，虽强烈不满，却无力抵抗印度既已开始的工程，只能在谈判桌上处于被动境地。因此，如何基于上述特征设计全流域管理协议框架，将水资源冲突纳入各方参与、谈判、解决的法律机制极为重要。同时，研究发现，南亚国家的政权更迭、政党轮替、民权运动等极大影响了水资源冲突谈判与解决的方向性，对冲突的缓和或加剧有突发性的影响。南亚的水资源冲突常常由生态、经济的层面上升为政治层面，并高频地为政治因素所左右。南亚或许可以参照欧洲莱茵河流域等其他跨境水域的水资源解决方案，成立一个囊括全流域所有国家的良好的区域合作机制，建立多边合作关系。但是，由于南亚在政治、经济、人类发展上与欧洲等其他区域处于不同的发展格局与阶段，这种参照不一定能起到预期的效果。要想解决问题，不单单是包含印度在内的南亚国家需共同遵守国际法规，还应当深入研究与分析南亚自身的政治形态与社会结构，从中寻求妥当的解决机制，既要放眼寻求全球经验，又要注重解决方案的本地化。

另一方面，国际组织与第三方组织在解决南亚水冲突的过程中，或许能突破国家政府更迭中的短视，着眼于长期战略，但需要流域内国家对国际组织与第三方组织建立基本的互信。水资源问题关乎每个人类个体，是人类理应关心与参与的议题，解决方案不应局限于政府间的对话与博弈，还应进一步促进社会组织等非政府因素的参与。国际组织与第三方组织应当与南亚诸国之间建立更多合作，引导南亚各方重建对彼此以及对国际组织、第三方的信任，形成长期参与的方案。此外，南亚在解决方案上需更加积极地推动二轨对话，逐步让流域内的学术团体、社会组织等非政府因素参与进来，形成一个更加全面、可持续的全流域框架机制，福泽流域内的生态系统与人类发展。如果南亚能解决水冲突问题，将为复杂自然条件、地缘政治下的跨境河流水资源冲突的解决提供经典范例。

第 4 章　中东、北非水资源冲突与解决

4.1　中东、北非自然与环境概况

中东、北非地区具体指地中海东部与南部区域。传统意义上的中东地区包含从地中海东部到波斯湾的大片地区，包括埃及、伊朗、伊拉克、巴林、以色列、约旦、科威特、黎巴嫩、阿曼、卡塔尔、沙特、叙利亚、阿联酋、也门，而大中东地区则涵盖了马格里布(Maghreb)北非国家，如阿尔及利亚、利比亚、摩洛哥、突尼斯等。中东北非地区诞生了灿烂的两河文明和古埃及文明，是犹太教、伊斯兰教和基督教的发源地。

中东、北非主要有三大水系。第一个为发源于黎巴嫩与叙利亚，流经巴勒斯坦、约旦，并最终注入死海的约旦河流域，约旦河全长 251 千米。第二个为发源于埃塞俄比亚高原与卢旺达，流经坦桑尼亚、乌干达、苏丹、南苏丹、厄立特里亚、布隆迪、坦桑尼亚、埃及等国，注入地中海的尼罗河流域。尼罗河全长 6 987 千米，是世界第一长河，流域总面积为 325 万平方千米，是世界上最早产生人类文明的流域之一。第三个为发源于土耳其，流经伊拉克，注入波斯湾的底格里斯—幼发拉底河流域。

本章将重点分析由水资源引起的两大国际争端：一是埃及与埃塞俄比亚从阿斯旺大坝到大埃塞俄比亚复兴大坝的水资源争夺战，揭示了殖民时代留下的水资源分配协议与当今地缘政治格局重重矛盾之下的冲突与妥协；二是约旦河流域上

下游国家之间的用水矛盾，同时讨论以以色列为代表的约旦河流域国家在运用科学技术手段解决水冲突方面的经验。

4.1.1　中东、北非社会经济概况

由于中东、北非地区特殊的地缘战略位置和历史、民族、宗教背景，该地区战争频仍，存在如巴以冲突、伊拉克问题等重大国际焦点问题。由于该地区大多数国家石油资源丰富，收入水平普遍较高。2017年，中东和北非地区的平均经济增长率为1.4%。这一区域许多国家改革温和，政策稳健，同时受益于石油出口，具有较高的外汇储备。根据世界银行的评估，该地区2019年和2020年的平均经济增长将达到2.6%(The World Bank, 2019)。虽然总体增长强劲，但由于近年来该地区改革步伐放缓、债务水平上升、失业率推高等问题的存在，经济复苏的步伐仍然缓慢。

表4.1　约旦河流域各国经济概况(2017年)

国　家	按国家贫困线标准贫困率(%)	GDP(百亿美元)	GDP增速(%)	农、林、渔、牧业增加值占GDP比例(%)
以色列	无数据	35.3	1.5	1.2
约旦	14.4(2010年)	4.1	−0.3	5.5
叙利亚	35.2(2007年)	4.0	1.3	19.5
黎巴嫩	27.4(2012年)	5.3	−0.9	2.9

资料来源：世界银行(2019)。

表4.2　尼罗河流域各国经济概况(2017年)

国　家	按国家贫困线标准贫困率(%)	GDP(百亿美元)	GDP增速(%)	农、林、渔、牧业增加值占GDP比例(%)
埃塞俄比亚	23.5(2015年)	8.1	6.6	33.7
卢旺达	38.2(2016年)	0.9	3.3	31.0
坦桑尼亚	28.2(2011年)	5.3	3.6	28.7
苏丹	46.5(2009年)	12.3	1.8	30.5
南苏丹	82.3(2016年)	0.3	−12.1	11.4
埃及	27.8(2015年)	23.5	2.0	11.5
厄立特里亚	69(1993年)	0.3(2011年)	7.2(2011年)	14.1(2011年)

续表

国　家	按国家贫困线标准贫困率(%)	GDP(百亿美元)	GDP 增速(%)	农、林、渔、牧业增加值占 GDP 比例(%)
乌干达	21.4(2016 年)	2.6	0.04	24.6
布隆迪	64.9(2014 年)	0.3	−2.6	30.6(2016 年)
刚果(金)	63.9(2012 年)	3.8	0.4	19.7

资料来源：世界银行(2019)。

中东和北非地处沙漠地带，其淡水供应素来十分匮乏。这一地区拥有世界上5%的人口，并且50年来人口一直在持续增长(Allen，1998)；但是其淡水占有量只占世界总量的不到1%。在可预见的未来，中东与北非的人口还将不断增长，这让淡水资源供应显得更加紧张。该地日益发展的农业、工业也在进一步危及人均淡水获得量，许多国家已经耗尽可供开采的天然水。1970年以后，中东与北非的市政、工业、农业用水需要依赖进口。据统计，该地约20%的人口得不到充足的饮用水供应，接近35%的人口缺乏适当的卫生设施(Swain，2004)。

4.1.2　水资源分布与利用

中东、北非地区存在的大河流域主要包括约旦河流域、尼罗河流域和底格里斯河—幼发拉底河流域，气候类型主要有热带沙漠气候、地中海气候和温带大陆性气候。其中热带沙漠气候是在中东地区分布最为广泛的气候类型，全年高温干旱是其最显著的气候特点。干旱的气候条件致使中东大部分地区普遍存在水资源短缺的问题，部分中东国家和地区为争夺宝贵的淡水资源，常年冲突不断。近来因大量温室气体排放而引起的全球气候变化则又加剧了中东地区在水资源争夺方面的冲突摩擦，甚至导致一些中东北非国家出现政治危机并引发内战。

几大流域中，约旦河流域是世界上最干旱的地区之一，约旦河下游的约旦与上游的以色列、叙利亚等沿岸国家存在水资源的争夺，以色列与巴勒斯坦之间由于历史遗留问题与大量移民迁入也有较大水冲突；并且由于以色列修建全国输水工程，占用了大量约旦河水量，引起流域内其他国家的不满。尼罗河流域下游的埃及与上游的埃塞俄比亚之间围绕大埃塞俄比亚复兴大坝存在尖锐矛盾，其他沿岸国家均对尼罗河水资源的分配问题怀有疑虑。底格里斯—幼发拉底河流域围绕土耳其的水电项目——东南安纳托利亚项目(the Southeastern Anatolia Project)——爆发了水冲突，土耳其、叙利亚、伊拉克之间就水资源分配问题僵持不下。

4.2　中东、北非水资源利用与冲突

4.2.1　约旦河流域水资源冲突

约旦河流域的水冲突集中在水资源的分配问题上。该地区干旱缺水，历史上就有宗教、民族冲突，政局动荡，战争频仍，本身就存在犹太人与阿拉伯人之间的长期对立；以色列建国以来从全球吸引了大量移民，大量占用约旦河水资源，引起巴勒斯坦以及下游国家约旦的强烈不满。

1. 水资源利用状况

约旦河长约350千米，从北至南，发源于东黎巴嫩山脉的黑门山（Mount Hermon），最终注入死海。约旦河的三个源头分别源自黎巴嫩的哈斯巴尼河（Hasbani River）、叙利亚的巴尼亚斯河（Banias River）与以色列的丹河（Dan River）。这三条支流在加利利地区的胡拉谷地（Hula Valley）汇合，又向南注入约旦河；流至太巴列（Tiberias）南部，与耶尔穆克河（Yarmuk River）汇合。约旦河流量约为188亿立方米，其中73%来自阿拉伯国家，27%来自以色列。约旦河流域约36%的水资源由叙利亚、约旦河西岸地区、以色列共享。而以色列一半以上的水资源是与叙利亚、黎巴嫩、约旦的约旦河西岸地区共享的。

约旦河流域的水资源利用效率低下。约旦河流域地区气候极其干旱，是世界上最干旱的地区之一。其中以色列和约旦西北部每年平均降水量仅为110毫米，且雨水难以被开采利用。年降水量更少的还有科威特、利比亚、阿曼。相比之下，唯有叙利亚和黎巴嫩的降水量尚可勉强支持农业和地下含水层的补给。虽然约旦中部和西岸的年降水总量达到200亿立方米，然而，这种水资源可被利用的仅有30亿立方米。约旦河流域人均淡水资源利用为世界最低。对比联合国环境规划署规定的“水压力”线——人均淡水资源1 700立方米/年，约旦河流域沿岸国家和地区正面临严重水危机，具体如表4.3所示。

表4.3　约旦河沿岸部分国家和地区人均水资源利用情况

国　别	人均水资源（立方米/年）	国　别	人均水资源（立方米/年）
以色列	220	叙利亚	723
约旦	123	黎巴嫩	1 113
巴勒斯坦	179		

资料来源：Feitelsona and Tubib，2017。

由于气候干旱缺水，约旦河流域极其依赖地下含水层的补给。其中，叙利亚、黎巴嫩、以色列都有地下淡水含水层。并且都严重依赖地下含水层补给，其中尤以以色列为甚。位于约旦河西岸的山地含水层（Mountain Aquifer）与地中海沿岸的沿岸含水层（Coastal Aquifer）是以色列的主要供水源。山地含水层为以色列提供了约25%的总水资源，是约旦河西岸人口的主要水资源。山地含水层的可持续产量约为每年35亿立方米，然而实际情况中却平均每年被提取67.9亿—73.5亿立方米，其中80%是被以色列使用的。沿岸含水层的可持续产量约为每年36亿—42亿立方米，其中15%（5.5亿立方米）是加沙地带的可持续产量，但目前的抽取率远超过了可持续产量（Isaac，2006）。随着降水量下降，补给量减少，以色列对含水层的过度开采已导致可利用水资源的枯竭和退化。

2. 水资源冲突分析

约旦河流域的水冲突主要表现为约旦河上下游沿岸各国之间对水资源的争夺，尤其是以色列与其他国家/地区（巴勒斯坦、叙利亚、约旦、黎巴嫩）之间的矛盾（见表4.4）。阿以之间的水资源争端由来已久，双方均地处沙漠地带，水资源十分有限。据统计，阿以之间爆发的五次中东战争，都与水资源有着直接或间接的联系。

表4.4　约旦河流域水冲突概览

冲突双方	冲突状况	冲突形式	结　果
以色列—巴勒斯坦	争夺约旦河西岸、加沙地带水资源与地下含水层	几次中东战争；军事管辖（以色列向其境内巴勒斯坦人征收高额水费，并限制巴勒斯坦人的用水权、水资源投资行为等）；利用与欧美国家的合作获得相应资料研究阿拉伯地区水资源分布状况	双方在严重分歧下于1995年通过谈判达成《奥斯陆协议》（Oslo Accords），约定以色列每年应向约旦供水5 500万立方米，但以色列并不遵守。另外，由于《奥斯陆协议》的关注重点在于地下水，而非约旦河水资源，故而巴勒斯坦与以色列之间的水冲突依旧悬而未决。为制定政策与执行协议，双方成立联合水资源委员会（JWC）与巴以环境专家委员会（EEC），然而这些机构均沦为双方互相指责对方违反条约的场所。
以色列—叙利亚	戈兰高地水资源的争夺，加利利海领土争端	第三次中东战争（1967年"六日战争"中以色列占据戈兰高地）；领土争端（以色列无法接受叙利亚与加利利海接壤，认为会威胁到以色列的国家安全）	以色列要求与叙利亚的边界维持在1923年的国际边界，而叙利亚则声称应以1967年中东战争前的停火线为双方边界。由于叙利亚在以色列对加利利海的控制上不愿让步，双方无法走向和谈。

续表

冲突双方	冲突状况	冲突形式	结　果
以色列—约旦	争夺约旦河流域的雅莫科河、加利利海（Sea of Galilee）等的淡水资源；德加尼亚大坝（Degania Dam）争议	多次中东战争；控制大坝（以色列控制了约旦河上下游之间的德加尼亚大坝，限制了约旦对水资源的利用）	以色列控制了约旦河80%的淡水资源；1994年以色列与约旦签署《以色列—约旦和平协定》，约旦可每年分别从雅莫科河与加利利海获取21.5亿与3亿立方米淡水资源（后一年起为5亿），同时约旦须保证以色列境内阿拉伯人1亿立方米水资源。但以色列于1999年单方面违反协定，降低约一半向约旦供给的水资源，双方再度陷入冲突。
以色列—黎巴嫩	争夺利塔尼河（Litani River）、哈斯巴尼河（Hasbani River）水资源引发的边境争端	多次中东战争；边境争端（以色列希望将利塔尼河作为边境）；黎巴嫩企图改变哈斯巴尼河用水现状	双方邀请国际组织干预，但仍没有得到有效解决。

在这些矛盾之中，以色列扮演了重要角色。以色列曾在20世纪50年代企图通过修建水坝与开挖运河等方式将约旦河改道，以获取流域内大部分水资源的利用权，这一计划随即遭到约旦河流域其他国家的激烈反对，并以实际行动制定了对应的改道计划来抵消以色列的改道计划所造成的影响。约旦河流域的加利利海是以色列唯一的淡水水源，以色列通过控制该湖水源，将淡水大规模引入以色列境内，侵犯了黎巴嫩、叙利亚、约旦和约旦河西岸等周边地区其他国家的用水权。周边国家对淡水的需求增长导致该湖水量减少，也在很大程度上加快了约旦河下游死海枯竭的步伐。此外，约旦河上下游之间由以色列控制的德加尼亚大坝隔断，限制了下游国家约旦的水资源的利用。约旦作为下游国家，虽未与以色列接壤，但双方仍然矛盾重重，是国际上典型的因为水资源利用而强烈对立的国际冲突。与此同时，由于叙利亚在约旦河的主要支流耶尔穆克河上建造水坝，也对约旦河下游用水造成了影响。

约旦河流域内的跨境水冲突集中爆发于20世纪50年代至60年代，直到1994年以色列与约旦签署《以色列—约旦和平协定》（Israel-Jordan Peace Treaty），以及1995年以色列与巴勒斯坦签署《奥斯陆协议》（Oslo Accords）之后才有所缓解。目前，水资源冲突仍是约旦河流域的国际局势紧张的主要来源与表现形式。而同时，以以色列为代表的中东国家则走上了利用高科技获取水资源的道路，如海水淡化技术、污水循环再生技术、滴灌技术等，在水资源极度匮乏的情况下，有效缓解了水资源短缺问题。

3. 水资源冲突的原因

(1) 自然环境因素。

气候变化是约旦河流域水资源冲突日趋严重的重要原因。已有研究证明，气候变化与社会大规模暴力冲突之间存在因果关系（Buhaug，2015；Seter，2016）。干旱、半干旱地区干旱的严重程度和增加频率被认为是导致暴力冲突的潜在因素之一（Feitelsona and Tubib，2017）。

第一，气候变化导致干旱程度日趋恶化。中东地区被视为由气候变化加剧干旱程度最突出的地区（Döll，et al.，2015）。当一国或一地区经济高度依赖对气候变化敏感的自然资源，该国和地区经济就更容易受到气候变化的影响，这些国家和地区也是最容易导致冲突的焦点地带。在气候变化的大背景下，约旦河流域被公认为是最容易爆发水资源冲突的地方（Brown and Crawford，2009）。

第二，气候变化下的移民潮带来的影响。不断加剧的干旱状况带来的另一影响是受灾地区的居民外迁。中东地区时常发生游牧民族从干旱地区到较不干旱地区的迁徙。而迁徙目的地突然涌进大规模的移民会导致生存压力，从而引发原住民与移民的冲突，冲突的程度取决于移民接收地的经济与社会结构，以及移民与原住民之间先前的关系（Raleigh，et al.，2008；Feitelsona and Tubib，2017）。

(2) 国际政治因素。

约旦河流域由于其特殊的地理区位、历史背景，兼有宗教、民族等多方面、多层次的地区冲突，时常爆发难民潮等人口大规模迁徙，这些政治因素加剧了沿岸不同宗教、民族对约旦河水资源的争夺。

第一，战争与地区不稳定因素导致人口大规模迁徙，引发水资源冲突。约旦河流域除了需要消化原有的人口压力，长期战争与地区不稳定带来的难民潮也加剧了约旦河流域的用水压力。约旦是约旦河下游最缺水的国家，除约旦河的水资源可以利用之外，约旦再无其他河流供水。过去 30 年来发生了一系列难民潮，包括 1991 年科威特的巴勒斯坦难民，第二次海湾战争中的伊拉克难民，近期的叙利亚难民又使约旦的缺水状况进一步恶化（Weinthal，et al.，2015）。

第二，民族矛盾、宗教矛盾及历史遗留问题是导致约旦河流域水资源冲突的又一诱因。水资源冲突源于犹太复国主义下的犹太移民运动与当地阿拉伯原住民之间的矛盾，本质上体现的还是对稀缺的水资源的争夺。

比较典型的是巴勒斯坦地区犹太人与阿拉伯人的水资源争夺。约旦河流域的巴勒斯坦拥有悠久的农业生产历史。农业用地的耕种取决于季节性降水；而该地区的灌溉系统主要依赖地下含水层与地表水的水资源。其中，巴勒斯坦大部分地表水位于北部和东北部地区，其源头正是位于黎巴嫩和叙利亚约旦河水系；而南部地区极度干旱，尤其是内盖夫地区（the Negev area），已经干涸。犹太人为了能在巴勒斯坦地区实现犹太复国主义，建成以色列国，号召来自世界各地的犹太人移民至巴勒斯坦。而巴勒斯坦地区的自然条件无法容纳数百万带着犹太复国梦前来的犹太移民。为此，犹太复国主义者企图开发与争夺巴勒斯坦有限的自然资源，以吸引并维系大量犹太移民。1875 年，英国皇家工程师查尔斯·沃伦（Charles Warren）评估指出，这片“应许之地”——巴勒斯坦和内盖夫地区——可吸纳 1 500 万移民。因此，控制巴勒斯坦水域的水资源显得尤其重要。这一动机背后的民族矛盾为此后约旦河流域的跨境水资源冲突埋下了伏笔。

在犹太复国运动中，犹太人制定了一些水资源利用规划，均遭到阿拉伯人反对，双方因此掀起了水战争。1922 年，国际联盟授予英国《巴勒斯坦委任统治书》，巴勒斯坦进入英国委任统治时代。在此期间，犹太人成立了特别技术委员会，负责针对不可耕种土地、荒漠土地的水资源与灌溉情况的研究。在犹太和亲犹太的专家和政府，特别是英国委任政府的介入下，该委员会进行了多项研究和调研。这其中绝大多数研究用于评估犹太人的水资源规划以及巴勒斯坦地区的联合国分区计划。然而，巴勒斯坦的阿拉伯居民强烈反对该地区的水资源规划，试图保护他们的水资源，为此开始设计自己的水资源规划。显然，阿拉伯人的水资源规划与犹太人、英国人的规划不可避免地存在冲突之处。犹太新移民对水资源的需求量增加，从根本上对该地区的阿拉伯人构成直接威胁。在这一地缘政治紧张局势不断加剧的情况下，各方都无法妥协并接受解决方案，最终导致阿拉伯人与犹太人之间的几轮水资源大战，地区和平受到威胁与破坏。

第三，以色列对水资源的控制权。如上所述，以色列在约旦河流域冲突中扮演着重要角色。以色列与阿拉伯国家存在民族、宗教、社会经济发展等方面的诸多矛盾，这些矛盾也让水资源（尤其是农业用水）的争夺愈演愈烈。1964 年，以色列开始平均每年从约旦河开采 32 亿立方米水资源用于其全国输水系统（National Water

Carrier)。到了 1967 年,以色列的开采量占到约旦河水资源的约 70%。20 世纪 80 年代,以色列居民消耗的水资源比阿拉伯农民多达 7 倍。以色列每年使用 118 亿立方米约旦河水资源,占其年度农业总供水量的 62%;相比之下,约旦仅使用 67 亿立方米,但占其农业总供水量的 74%。约旦河流域的大部分可用水资源为以色列所占据,并发展成难以弥合的国家间矛盾。

4.2.2 尼罗河流域水资源冲突

尼罗河流域的水冲突同样集中在水资源的分配上,并且围绕沿岸国家大坝的修建爆发。上游国家埃塞俄比亚以修建大坝代表民族主义为由,宣称作为主权国家对境内水资源拥有自主权,这一举动侵犯了下游国家埃及在殖民时代签订的条约中承诺的水资源配额,因此双方发生冲突。

1. 水资源利用状况

尼罗河是具有代表性的国际跨境水域,贯穿了埃及、苏丹、厄立特里亚、埃塞俄比亚、乌干达、肯尼亚、坦桑尼亚、布隆迪、卢旺达、刚果(金)等 10 个国家,被认为是世界上最长的河流,覆盖北非、东北非约 3.7 亿人口(Abdelhady et al., 2015)。

尼罗河是北非最重要的水源,非洲约有 40%的人口居住在尼罗河流域(Kiser, 2000)。尼罗河有白尼罗河、青尼罗河两条主要支流。白尼罗河是两者之中的较长者,发源于非洲中部的大湖地区布隆迪与卢旺达附近,流经坦桑尼亚、维多利亚湖、乌干达、南苏丹;而青尼罗河发源于埃塞俄比亚的塔纳湖,向东南流入苏丹。埃塞俄比亚上游向尼罗河流域注入 86%的水资源(Kiser, 2000)。两条主要支流在苏丹首都喀土穆附近交汇,向北流经埃及,最终注入地中海。尼罗河流域的径流量具有高度季节性的特征,约 80%的径流量发生在 8 月至 10 月期间,其余月份只有 20%。在地域性上,尼罗河流域具有降水分布不均的特性,降水主要集中在流域南部与埃塞俄比亚高原,而下游的埃及年均降水量仅为 50—200 毫米。此外,尼罗河水量具有显著年际变化的特征,丰水年份与枯水年份差异明显。

由于气候干旱,流域内水资源匮乏国家众多,包括五个水紧张国家——苏丹、埃塞俄比亚、厄立特里亚、布隆迪和卢旺达以及两个水短缺国家——埃及和肯尼亚。根据世界粮农组织的数据,2000 年尼罗河总取水量约为 68.3 亿立方米,其中用于农业、市政、工业的水资源分别占到水资源利用总量的 86%、8%、6%;到了 2010 年,尼罗河总取水量估计为 780 亿立方米,其中农业、市政、工业的水资源分别占到水资源利用总量的 86%、11.5%、2.5%。农业用水始终占到尼罗河流域水资源利用的绝大部分。除此之外，2000 年与 2010 年，尼罗河流域均有 40 亿立方米水资源用于航运与水力发电。在尼罗河流域所有沿岸国家之中，埃及与苏丹对尼罗河水资源最为依赖，对境外水资源依赖度分别达 97%与 77%，因此水资源安全是双方高度关注的议题。对此，埃及与苏丹两国对水资源项目的开发与利用表现出了极大的积极性，各自兴建了众多大型水利工程与引水灌溉系统。

2. 水资源冲突状况

尽管各国都认同尼罗河可用水量有限，但沿岸国家（尤其是埃及与埃塞俄比亚）都采取大兴水利的做法，以获得更多水资源，并扩大地缘政治影响。其中下游的埃及与上游的埃塞俄比亚之间的矛盾十分尖锐，而其他沿岸国家或多或少与埃及有冲突。埃及干旱缺水，长期依赖尼罗河补给，承受着水资源短缺的巨大压力。如前文所述，埃及 97%的水资源供应仰赖尼罗河补给，处于水资源“绝对稀缺”状态。因此作为下游国家，埃及对在青尼罗河上修建复兴大坝的埃塞俄比亚有强烈不满。而对于埃塞俄比亚而言，修建大坝是重要的民族独立标志之一，意味着埃塞俄比亚摆脱了殖民主义之下签订的屈辱水资源条约，可以以独立的主权国家的身份支配境内尼罗河水资源。其他从殖民主义之下独立出来的尼罗河流域国家与埃塞俄比亚在民族独立方面有着相近的立场。

两国争议的焦点在于埃及与苏丹签订的《1959 尼罗河水域协定》，其中规定，埃及每年享有尼罗河流域水资源约 555 亿立方米。这一条遭到流域所有国家的反对。然而，埃及政府始终执意执行 1959 年协定中赋予的水资源份额，这造成尼罗河沿岸国家之间的矛盾。为了巩固水资源份额，埃及也兴修了不少水利工程，如新谷项目（New Valley Project，又被称为 Toshka 项目）。各国为了争夺水资源而单方面开发尼罗河水资源的行为让尼罗河流域频发冲突。

为协调冲突，尼罗河流域虽然建立了多项区域协调机制，但埃及作为区域大国在其中的主导作用明显，流域合作得不到充分开展。不过，这些合作机制依然具有值得借鉴与参考的方面，在不断更新区域合作机制的过程中，尼罗河流域也在逐步摸索一条多边对话、合作共赢的道路。

3. 水资源冲突的原因

尼罗河流域水资源冲突的主要原因表现在多个方面：气候变化的影响，流域各国的人口、经济增长水平带来的水资源供应压力，流域下游国家对水资源的严重依赖，缺乏一个囊括 11 个沿岸国家的全流域范围的水资源管理机构(Selbya and Hoffmann, 2014)等等。

(1) 自然环境因素。

气候变化在尼罗河流域依旧是加剧水资源冲突的重要原因。干旱带来不断加剧的用水压力，降低了农牧业生产力，同时也刺激了对有限自然资源的竞争(Uexkull, 2014)。

由于气候干旱，尼罗河下游国家严重依赖尼罗河水资源。尼罗河是埃及唯一的水源，埃及 95%的水资源供应依赖尼罗河流域水资源(Paisley and Henshaw, 2013)。经埃及水资源与灌溉部预测，到 2025 年，埃及将需要为其人民提供人均 500 立方米/年的供水量(MWRI, 2010)。埃及处于水资源"绝对稀缺"的现状(Falkenmark, 1989)，确保尼罗河的安全通常被认为是埃及处理国际关系的首要因素，甚至不惜与战争挂钩。

同时，尼罗河流域还存在水质恶化的问题，进一步加剧可饮用水资源的匮乏。尼罗河流域目前面临农业、工业等多方面污染，其上下游的农业扩张带来了农药与化肥污染，在赤道湖区尤为严重。季节性泛滥又进一步加剧了这一问题。此外，由流域内人口激增导致的住宅、工业废弃物增加又导致流域的工业污染(Paisley and Henshaw, 2013)。

(2) 经济社会因素。

社会经济发展落后是导致尼罗河水资源冲突激烈的重要原因之一。目前，大约有 3.7 亿人口依赖尼罗河流域的水资源，并且尼罗河流域内的人口增长率还在不断飙升(Salman and Salman, 2013; Abdelhady et al., 2015)。

流域下游的埃及是中东人口增长率最高的国家，占中东人口的 22%左右。埃及迅速扩张的人口绝大多数生活在尼罗河流域。农业是埃及经济结构的重要组成部分，其经济高度依赖农作物种植，需要大量水资源灌溉。与埃及爆发水资源冲突的埃塞俄比亚同样面临快速飙升的人口，其人口增长速度甚至超过埃及，这还没有包括大量没有登记注册的居民。预计到 2025 年，埃及人口将达到 9 700 万，埃塞俄比亚人口将达到 1.27 亿(Abdelhady et al., 2015)。人口的激增为农业、工业、市政用水提出了挑战。埃及将每年人均缺水 630 立方米，埃塞俄比亚每年人均缺水则为 840 立方米(Abdelhady et al., 2015)。

不仅人口基数大，尼罗河流域还面临贫困、落后的威胁。尼罗河流域集中了世界上最贫穷的几个非洲国家，超过 1 亿人口日均生活费用低于 1 美元。由于极度欠发达，尼罗河流域的水资源利用效率极其低下，近半可耕地处在无灌溉条件之下，水电开发率只有十分之一，大量人口无电可用。水资源的短缺与低效利用本身包含有贫困、冲突、饥荒、落后等原因，同时又进一步加剧了这种贫困、冲突、饥荒与落后，严重影响区域的稳定与发展。

(3) 国际政治因素。

尼罗河沿岸国家在解决流域内水冲突的议题上缺乏全流域范围的水资源管理机构，虽然沿岸国家先后发起成立了各种组织，加入了各种倡议，由于流域国家至今仍怀疑埃及在这些组织与倡议中的操纵与形成过度的影响力。尼罗河流域各国互不信任，并存在长期不稳定的局面。例如，苏丹在 2011 年因内战分裂成两个国家，埃塞俄比亚与埃及、埃及与苏丹、厄立特里亚、埃塞俄比亚之间均存在历史遗留问题(Brunnée and Toope, 2002)。这也让尼罗河流域的水资源冲突变得格外复杂。这些矛盾一方面构成水资源冲突的原因，另一方面水资源冲突又加剧了这些矛盾。

大国政治在尼罗河流域的投射也让特定的水资源管理利用呈现错综复杂的态势。中东和北非历来被视为世界大国的殖民地与利益争夺的赛场。在埃及阿斯旺大坝的兴建过程中，美苏扮演着重要角色。冷战期间，美苏在阿拉伯民族内部的不断争霸中将兴趣点转向了阿斯旺大坝的建设。美国故而提出与英国一同向埃及提供 2.7 亿美元的贷款，为阿斯旺大坝建设提供资金，以换取埃及领导人纳赛尔在解决阿以冲突中的领导作用。在此过程中，纳赛尔积极寻求中立位置，在美苏之间周旋合作，试图扩大埃及与阿拉伯人的利益。1955 年 9 月，纳赛尔以捷克斯洛伐克作为中介与苏联进行了军火交易，触怒了美国。同时，美国为埃及这个中立国提供诸多援助惹恼了土耳其、伊拉克等传统盟国。最终，美国最终决定撤回向阿斯旺大坝建设提供的资金。1956 年 7 月 19 日，美国国务院宣布对大坝建设的援助不可行。同年 6 月，苏联以 2%的利息向埃及提供 11.2 亿美元资金用于阿斯旺大坝建造；并于 1958 年再度为阿斯旺大坝项目投入资金，大坝最终在苏联的支持下完工。大国政治的介入让水资源项目的背景更加复杂化，其他沿岸国家容易将建设此类水利项目的埃及看作某一大国势力在流域的利益代言人，从而让走出殖民时代的沿岸国家对其更加不信任。

4.3 水事件典型案例

4.3.1 从阿斯旺大坝到复兴大坝的三国争端

埃及、苏丹、埃塞俄比亚作为尼罗河流域的三个主要沿岸国家，在跨境河流水资源的分配问题上产生了诸多不可调和的矛盾，留下了一系列历史问题。这三个国家之间围绕跨境水资源的冲突可以追溯到英国殖民统治时期。

1. 冲突产生的原因和焦点：1959 年《尼罗河水域协定》

尼罗河流域水冲突肇始于殖民地在英国统治之下彼此间或与英国达成的水资源分配协议，在殖民地相继独立后引发矛盾冲突。殖民时期的英国与当时在非洲殖民的其他欧洲国家(如法国等)签署了多项关于尼罗河水资源使用与分配的协议。1929 年，刚独立不久的埃及与英国殖民下的苏丹签署了尼罗河水协定。该协定规定未经下游的埃及同意，英国殖民下的尼罗河水域不得兴修水利，大大提升了埃及对尼罗河水资源的控制权。这一原则在后来的历史发展中被埃及继承，埃及认为自己是遵循国际法原则“国家继承”来坚持 1929 年条约中的水资源配额，而流域内其他国家并不予承认。其他国家认为，1929 年协定中，殖民国英国仅考虑了埃及与苏丹的发展，而忽略了其他流域国家与地区。而埃塞俄比亚认为 1929 年协定签署时，埃塞俄比亚方面仅仅为了换取英国对其独立的承认与支持，在其交换协议中放弃了其在尼罗河上可能改变尼罗河流动的开发建设(Swain，1997)。因此，埃塞俄比亚于 1941 年拒绝承认 1929 年协定相关规定的有效性。

1959 年，埃及和苏丹重新谈判，并签订了《尼罗河水域协定》(1959 Nile Waters Agreement)，重新确认埃及、苏丹对尼罗河水资源利用的配额——埃及每年享有尼罗河流域水资源约 555 亿立方米，苏丹每年享有 185 亿立方米。然而，在实际使用中，苏丹的配额远低于 185 亿立方米，大约在 10 亿—16 亿立方米/年之间浮动(Omer，2007)。根据这一协定中“555 亿立方米”配额的规定，埃及日后在各种国际场合坚持这一分配百分比，认为这是其外交政策的底线。这一协定被认为对苏丹并不公平，虽然苏丹和埃及在当时仍处于友好关系中，但苏丹也已经开始寻求水资源利用上的扩展，比如单方面修建水坝。而埃塞俄比亚则扮演了埃及在 1959 年协定中的反对者。埃塞俄比亚认为埃及在 1929 年与 1959 年协定中均享有特权，而埃塞俄比亚对尼罗河的利用则不得不受到埃及的控制，这侵犯了埃塞俄比亚的主权。

苏丹由于长期没能分享到各项协议承诺的水资源配额，在与埃及交好的同时，寄希望于埃塞俄比亚可以分配其水电利用，因而逐渐支持苏丹，这一点又引发埃及的不满。由于尼罗河的主要水源（约90%）来自青尼罗河，而青尼罗河又发源于埃塞俄比亚，上游降水丰沛的埃塞俄比亚与下游干旱缺水的埃及成为水资源冲突的两级。埃及对水资源的高度依赖使其与埃塞俄比亚之间的矛盾不断升级。

2. 阿斯旺大坝与大埃塞俄比亚复兴大坝的建设

埃及、苏丹、埃塞俄比亚的三国水资源关系涉及两座大坝——阿斯旺大坝与大埃塞俄比亚复兴大坝。

（1）阿斯旺大坝。

阿斯旺大坝又称阿斯旺高坝（Aswan High Dam），长3 880米，高111米，于20世纪60年代至70年代在埃及阿斯旺的尼罗河之上兴建，耗资约10亿美元，使用建筑材料体积达4 300万立方米。阿斯旺另外有一座1898年至1902年由英国殖民者兴建的阿斯旺低坝，在提高水资源利用率方面取得一定成功。为了更好地防控洪水，增加灌溉，发展水电，阿斯旺高坝的建设呼之欲出。历时十余年，阿斯旺大坝于1971年建成并投入运营，是一项集灌溉、航运、发电为一体的综合利用工程。阿斯旺大坝解决了尼罗河流域依靠河水自然泛滥灌溉的问题，调节了丰水期与枯水期的水量，改写了埃及农业灌溉的历史；同时，大坝带来的丰富水电也为埃及工业发展提供了电力支持，被视为推动埃及工业化计划的关键，对埃及经济和文化产生了重要的影响。

不过，阿斯旺大坝虽然在解决埃及防洪灌溉、优化水资源配置、启动埃及的工业化进程方面功勋卓著，也带来负面影响，尤其对尼罗河流域脆弱的生态环境系统造成一定影响。由于大坝将河流一截为二，一方面阻挠了尼罗河定期泛滥带来的泥沙在下游堆积成肥沃的土壤，致使下游土壤更加贫瘠；另一方面也造成其上游垃圾漂浮，水质污染。尼罗河的源头——维多利亚湖——是作为世界上鱼科最丰富的湖泊之一，此威胁也导致湖泊不断萎缩，污染增加，鱼类种群减少；大坝的兴建会改变库区附近的气象、地质条件，可能会带来气候变化，也可能会带来地震等地质灾害。大坝建成后，尼罗河两岸的土地由于缺乏河水冲刷，导致土壤盐碱化日趋严重，威胁到可耕地面积的增加与维持。此外，对大坝库区的原住民进行移民是一项费时费力的艰巨工作。此外，阿斯旺大坝从计划建设至建成，自始至终都成为大国政治国际影响力的角逐场。由于埃及在阿拉伯世界的特殊战略地位，美苏双方在阿斯旺大坝的建设问题上都表现出了兴趣。美国将埃及作为阻止共产主义在中东蔓延的桥头堡，但最终因埃及与苏联的军火交易以及与中国建交等问题停止向埃及援助大坝建设，埃及最终在苏联的支持帮助下完成了建设。

(2) 复兴大坝。

大埃塞俄比亚复兴大坝(Grand Ethiopian Renaissance Dam，GERD)的建设是在阿斯旺大坝的刺激下应运而生的，它与埃及阿斯旺大坝的建设有相似的发展社会经济的初衷，并寄希望于提升埃塞俄比亚预防干旱与饥荒的能力，其建成也成为埃及与埃塞俄比亚等尼罗河沿岸其他国家之间水资源利用配额冲突的导火索。大埃塞俄比亚复兴大坝位于埃塞俄比亚境内青尼罗河流域贝尼山古尔-古玛兹州，毗邻苏丹边境，是埃塞俄比亚、苏丹、埃及三国之间国际关系的重要环节。同时，大坝的建设还寄托着埃塞俄比亚人的国家主义和民族主义情结。1991 年，埃塞俄比亚人民革命民主阵线(Ethiopian People's Revolutionary Democratic Front)攻克首都亚的斯亚贝巴，建立政权。人民革命民主阵线希望创造国家共同意识，将境内 80 多个民族团结在一起，大坝便在这样的国家主义背景下得以建设。复兴大坝的建设被宣称为埃塞俄比亚民族独立的象征。埃塞俄比亚当局甚至以民族主义为由动员人民缩衣节食，节省出建坝的巨额费用；另外从中国获得了 30%左右的资金(The Economist，2011)。

2008 年，埃塞俄比亚提出要在青尼罗河上建造大坝的计划，遭到埃及反对。2011 年，"阿拉伯之春"波及埃及；4 月，埃塞俄比亚开始在青尼罗河上建设大埃塞俄比亚复兴大坝。埃塞俄比亚领导人认为复兴大坝会如同埃及建设阿斯旺大坝一样，将会是埃塞俄比亚社会经济发展的重要组成部分。对此，埃及坚决反对，认为复兴大坝建成后威胁到埃及的水资源安全，导致其水资源配额每年减少 200 多亿立方米(Kimenyi and Mbaku，2015)。2012 年，埃及、苏丹、埃塞俄比亚三国共同评估大坝对下游产生的影响，但是埃及和埃塞俄比亚均未签署于 2014 年 8 月 17 日生效的《联合国非航行用国际水道法公约》(Abdelhady et al.，2015)。2015 年 3 月，埃及、埃塞俄比亚、苏丹三国领导人签订《尼罗河协定》(Nile Agreement)，同意在不损害各自利益的条件下开展水资源合作。然而，埃及担心大坝建设导致尼罗河水量减少，希望枯水期不进行蓄水，最终只能寄希望于拖延水库蓄水的最长期限，而埃塞俄比亚则希望缩短水库蓄水期限，双方争执不下。尽管在此期间专家委员会的技术谈判始终持续，但最终协议没有达成任何具体成果，谈判于 2018 年 4 月最终破裂。

2017年12月，埃及呼吁世界银行作为第四方调停人介入调查与仲裁，保护埃及的水资源安全，埃及认为复兴大坝不仅会导致供水困难，还会造成环境问题。2018年1月，埃塞俄比亚方面正式拒绝世界银行进行仲裁的提议，希望将对话保持在三个国家的级别，拒绝第三方组织干涉。2018年7月26日，复兴大坝项目经理西莫格努·贝克莱(Simegnew Bekele)受枪击意外死亡，引发埃塞俄比亚系列抗议活动。贝克莱在大埃塞俄比亚复兴大坝工程作为民族主义向心力的象征，该枪击事件导致了对埃及的敌视。其间，埃及曾以战争威胁态度强硬的埃塞俄比亚，但由于国内动荡，故而只停留在外交辞令上。埃塞俄比亚方面自始至终强调会将大坝的影响降至最低，但对于工程信息拒绝分享，引发埃及担忧，但埃塞俄比亚认为工程技术细节涉及国家安全，不应向埃及公开。

3. 水坝争端悬而未决

2019年9月，埃及总统在联合国大会上再度强调大埃塞俄比亚复兴大坝问题，希望国际组织介入，反对埃塞俄比亚建坝，企图将问题国际化。2019年11月，在世界银行调停下，埃及、埃塞俄比亚、苏丹三国恢复对话，承诺履行2015年的《尼罗河协定》。三国均同意世界银行与美国以观察员身份介入复兴大坝的建设，并同意派驻代表以观察员身份出席世界银行和美国的水利部长级会议上的四次技术性政府会议。各方同意在2020年1月15日前完成一项协议，并将出席2020年12月9日和1月13日在华盛顿举行的两次会议，对协议履行进展进行评估与支持。2020年2月，尼罗河流域国家、美国和世界银行代表在华盛顿举行关于埃塞俄比亚复兴大坝的会谈，三国发表声明称谈判取得具体进展。谈判协议的签署，包括大坝的阶段性填筑计划，以及与填筑计划相吻合的处理干旱、长期干旱、干旱年份的具体程序。2020年2月23日，埃及总统称谈判取得成功，三国于2月下旬运行大坝，并在2月底前签署最终协议，然而埃塞俄比亚认为美国起草的草案设置了更有利于埃及的蓄水条件，是1959年协定的延续，因此拒绝签署协议。2020年6月，在非洲联盟的干预下，埃塞俄比亚接受指导性的协议，但拒绝签署协议。埃塞俄比亚对国际组织调停始终抱有敌意，如果第三方干预旨在缓解尼罗河下游的干旱，那是否意味着埃塞俄比亚接受这样的条款等于承认干旱是由上游的埃塞俄比亚自身造成的，在这一点上埃塞俄比亚始终不愿意承担责任，试图将责任全流域化。

4.3.2　约旦与以色列水资源冲突

以色列是约旦河流域内水资源冲突的重要因素，以色列和流域内其他国家不仅存在自然资源（包括水资源）的争夺，更在宗教、民族、移民、历史遗留问题等方面发生剧烈冲突。

1. 约旦与以色列水资源冲突

约旦地处约旦河流域下游，属于干旱、半干旱气候区，水资源匮乏且开发不可持续，居于流域弱势的一方。气候变化引起降水减少，进一步导致约旦地表水的流失，例如气候变化使扎尔卡河流域（Zarqa river basin）径流量、地下水补给量均显著下降（Abdulla, et al., 2009）。气候变化导致约旦河流域中度、重度、极端干旱天气期间延长，其百分比在未来将显著增加。在这种日趋严峻的气候条件下，高蒸发量与低降水量并存，约旦在约旦河流域沿岸的土地盐碱化严重（Ammari, et al., 2013）。与此同时，约旦的淡水需求量远大于其所能供应的水资源，加上周边国家持续不断的冲突，大量的难民涌入，又加剧了这种需求的增长。严重的地表水与地下水污染加剧了水资源的短缺。由于工业废水与生活废水的不当处理，以及化肥与农药的滥用，约旦河流域越来越受到盐碱化与其他农业径流污染的困扰。过度取水造成地下水的盐碱度与其他污染物浓度不断提高。并且由于约旦河所有沿岸国家都向约旦河排放农业径流与未经处理的废水，其水污染进一步加剧跨境水冲突问题。面对上述挑战，约旦通过与邻国共享河流与含水层、水资源贸易来维持本国需求，因此在水资源上严重依赖境外供应（Schyns, et al., 2015）。另一方面，上游国家以及约旦周边邻国却通过对跨境水资源的开发利用进一步消耗了约旦的水资源。对于约旦而言，约旦河与雅莫科河的水资源都被上游国家以色列与叙利亚消耗殆尽，与以色列、叙利亚共享水资源的局面导致三国之间一直呈现紧张态势。

约旦目前的用水需求已经超过其有限的可再生水资源。对此，约旦试图努力提高灌溉效率，并鼓励农民种植水资源节约型作物，然而农业用水需求仍持续增长，在2000—2010年期间增长了38%（Scott, et al., 2003; Alqadi and Kumar, 2014）。这种高增长率是由人口迅速增长引起的，这不仅包括人口自然增长率走高，还包括定期大量涌入的难民（Schyns, et al., 2015）。2014年，约旦的难民主要来自叙利亚，约占该国总人口的10%，这还没有包括尚未正式登记的难民。由于叙利亚、伊拉克、以色列、巴勒斯坦之间的冲突从未停息，因此向约旦寻求庇护的难民人数似乎并不会在未来减少。约旦水资源的过度消耗对生态环境也造成影响。由于约旦河沿岸大量使用水资源，其到达死海时已萎缩成一条小河，径流量还不到过去的5%(Hadadin, et al., 2010)，这导致死海水位迅速下降。20世纪70年代以来，死海水位以每年约1米的速度下降。其附近的含水层地下水位也大幅下降(Alqadi and Kumar, 2014)。死海水位每下降一米，附近含水层就会损失3亿立方米淡水，这让约旦全国的地下水位迅速下降，泉水干涸，湿地消失，物种栖息地消亡(Schyns, et al., 2015)。因此，约旦河流域面临着解决水污染与水短缺双重问题，备受跨境水域冲突的困扰与挑战。约旦河的可持续发展迄今为止尚未取得显著进展。

叙利亚、以色列、约旦三国之间尝试过谈判与和解，然而并没有取得多大进展。三国关系受水资源分配影响长期存在冲突与摩擦。1994年，约旦和以色列签署了一项和平条约——《以色列—约旦和平协定》，其中包括水资源分配协议。协议中规定，约旦可从雅莫科河、约旦河中获取额外的水资源(其中从雅莫科河中获取75%的水资源)，以色列同意每年向约旦提供5 000万立方米水资源。以色列与约旦都可以开发其他水资源和水库，如约旦可以利用以色列控制的加利利海的水资源，同时以色列可以利用约旦地下含水层阿拉瓦河谷(Arava Valley)的地下水，并同意在干旱期互相帮助渡过难关。以色列还同意向约旦提供海水淡化技术获取更多水资源(Shmueli and Aviram, 2013)。然而，1999年，加利利海遭遇干旱灾情，原本商定的水资源分配方案落空，尽管约旦与以色列最终达成了水资源分配共识，但是由于以色列与巴勒斯坦以及与黎巴嫩之间爆发了诸多暴力事件，导致以色列与周边阿拉伯民族之间的紧张关系，以色列与约旦之间的关系也受到牵连，依旧处于紧张状态。因此，约旦某种程度上不愿依赖以色列供水，它除了从加利利海获取最小量的水资源，主要依靠约旦河的支流雅莫科河。雅莫科河由约旦、叙利亚、以色列三国共享(Schyns, et al., 2015)。因此，约旦与叙利亚于1987年就分享雅莫科河水资源签署了协议。然而，由于上游的叙利亚修建、运营水坝，上下游国家之间的关系始终处于紧张状态(Gleick, 2014)。2013年12月，以色列与约旦之间达成一项协议，约旦将在红海沿岸的亚喀巴(Aqaba)建造一座海水淡化厂，以色列每年从阿拉瓦南部地区获得3 000万—5 000万立方米水资源，而约旦将从其北部的约旦河获得数量大体相当的水资源。

此外，在水资源极端有限的情况下，约旦不惜选择开采地下含水层的方法来缓解用水紧张。约旦自2009年开始建设Disi水运输项目(Disi Water Conveyance

Project)，造成严重的生态危机。Disi 水运输项目是开发 Disi 化石含水层，从而为安曼地区(Amman region)提供水资源，预防公共供水短缺。然而，这是一个短期、不可持续的解决水资源短缺的方案。Disi 含水层已被证实含有大量放射性同位素，其水质尚存争议(Vengosh, 2009)。总而言之，开采化石含水层的不可再生水资源是一种不可持续的做法，只有少量和低频率的开采才可能是暂时解决水资源短缺的手段。

虽然约旦与以色列之间为和解作出了一些努力，中东的水资源矛盾主要还是根源于以色列对水资源的巨大需求与控制。以色列地处中东沙漠边缘，水资源分布不均，人口密集的南部地区极度缺水，而降水主要分布在人烟稀少、位置偏远的北部地区。因此，以色列对于北部戈兰高地的争夺成为其国家安全战略中不可缺少的一环。

2. 水冲突爆发的核心：以色列国家输水系统

为了解决水资源短缺问题，以色列进行了一项重要的跨流域调水工程——以色列国家输水系统，以开发常规水资源。以色列输水系统的诞生最早可以追溯到自 1922 年英国委任统治时代以来的数个约旦河水资源利用规划与相关事件。以色列国家输水系统(National Water Carrier, NWC)于 1964 年开始建设。这一输水系统是中东地区著名的跨流域调水工程之一，它利用以色列东北部加利利海(Sea of Galilee)作为主要淡水来源，兴修了从加利利地区到以色列南部地区的输水管道。

这一跨流域调水工程，伴随着民族、宗教、大国政治、殖民地遗留问题以及水资源争夺等各种冲突。以色列在英国委任统治时期(1922—1948 年)共有三个与水资源相关的重要事件(文件)：鲁滕贝格特许权、艾奥尼迪斯规划、洛德米尔克规划。它们成为以色列与阿拉伯国家之间水冲突的导火索。

(1) 鲁滕贝格特许权。“鲁滕贝格特许权”是指英国高级专员公署(British High Commission)专员于 1926 年授予一家犹太人所有的“巴勒斯坦电力公司”的 70 年特许经营权，其权利包括对约旦河与雅莫科河水资源加以利用，以进行水力发电。这家电力公司由犹太工程师、商人、政治活动家平哈斯·鲁滕贝格(Pinhas Rutenberg)创立。在这一特许经营权下，若无巴勒斯坦电力公司的许可，当地阿拉伯农民在上游将无权任意使用雅莫科河与约旦河水资源。而阿拉伯人对水资源使用权的申请从未得到该公司许可。

(2) 艾奥尼迪斯规划。“艾奥尼迪斯规划”是指东约旦政府发展主任、英国水文学家迈克尔·艾奥尼迪斯(Michael G.Ionides)于 1939 年提出的规划,包含三点建议。第一,在太巴列湖(Lake Tiberias,即加利利亚海)储存雅莫科河的洪水;第二,将该湖泊中的水资源通过东戈尔运河(the East Ghor Canal)转移,并用于约旦河以东的灌溉;第三,限制约旦河流域水资源在约旦河河谷(Jordan River Valley)的使用。迈克尔·艾奥尼迪斯所做的对约旦河流域的水资源与灌溉潜力的研究与规划建议,成为后来联合国巴勒斯坦分区计划的主要参考。然而,当时的约旦河与雅莫科河尚在巴勒斯坦电力公司管辖之下,艾奥尼迪斯规划很难得以实施,并且遭到全球犹太复国主义支持者的抗议。由于渴望吸引大量犹太移民在"应许之地"复国,利用约旦河流域的水资源来支援内盖夫沙漠与巴勒斯坦南部地区成为犹太复国主义者最大的心愿,而艾奥尼迪斯的研究认为当地自然可用的水资源不足以维持犹太人的家园和犹太移民的目的地,艾奥尼迪斯规划无疑破坏了他们的复国理想。

(3) 洛德米尔克规划。"洛德米尔克规划"是指 1944 年由美国土壤保护专家沃尔特·洛德米尔克(Walter Lowdermilk)提出的水资源开发计划,对后来的以色列国家输水系统具有重要意义。洛德米尔克由当时的美国农业部委托前来约旦河流域进行调查,据说,以色列所采用的先进节水技术给洛德米尔克留下深刻印象。在洛德米尔克规划中,约旦河盆地约有 180 亿立方米的水资源可用于灌溉;一条运河将把地中海与死海连接起来;另外,将成立一个类似田纳西河流域管理局的机构,以全面控制与当地水资源有关的所有活动。除了巴勒斯坦与东约旦现有的 180 万阿拉伯居民之外,这一规划还承诺能够为 400 万犹太新移民提供充足的水资源供给与就业机会。该规划受到犹太复国主义者的热烈欢迎,双方随即签订合同。美国派詹姆斯·B.海斯(James B.Hays)作为主工程师来执行合同,该规划最终在犹太人的控制下施行,不愿服从的阿拉伯人被转移到幼发拉底河、底格里斯河河谷附近。

以色列独立后,该地区又出现过海斯规划和麦克唐纳规划两份对水资源分配产生过巨大影响的规划,同时也被看作以色列国家输水系统诞生的重要原因。

(1) 海斯规划。"海斯规划"是指在"洛德米尔克规划"的基础上,美国派詹姆斯·B.海斯作为主工程师来执行合同所诞生的水资源规划方案。1948 年,以色列成为独立国家,而约旦王国开始控制犹地亚(Judea)和撒马利亚(Samaria)地区的水资源。同年,海斯规划开始实施,加利利海的水资源补给不再只依赖约旦河上游,而开始接收雅莫科河一半的水资源。以色列新政府为争夺该地区水资源,在海斯规划后又制定出一些新的符合自身利益的规划,使犹太人与阿拉伯人之间的水资源冲突不断加剧。

（2）麦克唐纳规划。“麦克唐纳规划”诞生于第一次中东战争后。以色列人为了避免阿拉伯人获得对约旦河与雅莫科河的控制权，于第一次中东战争期间摧毁了鲁滕贝格（Rutenberg）的巴勒斯坦电力公司。第一次中东战争导致巴勒斯坦难民流离失所，大量难民迁移至约旦河谷东部。为了安置这些巴勒斯坦难民，约旦政府与联合国救济和工程处（The United Nations Relief and Works Agency，UNRWA）委托英国顾问默多克·麦克唐纳爵士（Sir Murdoch MacDonald）研究制定针对约旦河流域的水资源规划。这一规划史称“麦克唐纳规划”（MacDonald Plan）。该规划完成于1951年，与艾奥尼迪斯规划类似，它要求将雅莫科河流入加利利海的多余水资源存储起来，并在山谷两侧修建运河，以此达到引约旦河谷水资源灌溉河两岸的目的。然而，阿拉伯人对该规划中的加利利海储水建议感到不安。

随着以色列在第一次中东战争后的不断发展，其城市、工业、农业用水的需求激增，以色列国家水务公司Mekorot规划的输水系统已无法满足需求。在修建以色列国家输水系统的过程中，以色列又与周边国家爆发了水资源冲突。1952年，以色列成立水资源规划组织（Water Planning Corporation），开始有计划地设计供水、排水系统。1953年，以色列企图挖掘一条水渠，引加利利海的水资源至该国人口稠密的城市及农耕地区。此时约旦与叙利亚之间正在缔结邦格规划（Bunger Plan），这一规划希望在雅莫科河上建造一座水坝与两座水力发电厂，为约旦和叙利亚提供水电；并在雅莫科河汇入加利利海之前，引水灌溉约旦领土。为此，以色列与约旦、叙利亚之间爆发了激烈的军事冲突。这一军事冲突最终在美国的介入调停之下暂时得以缓解。美国派遣大使前往冲突地区调停矛盾，并制定了“约旦河谷统一用水规划”（又被称为“约翰斯顿规划”）。“约旦河谷统一用水规划”以美国治理的范例——田纳西河流域管理局的工程发展规划为蓝本，由美国查斯·T.美因咨询公司（Chas. T.Main Inc.）设计。这一规划得到约旦河沿岸所有国家水资源技术委员会的批准。1956年中东爆发了苏伊士运河危机，大大加剧了阿拉伯国家与以色列之间的冲突对立。这种对立情绪随即波及“约旦河谷统一用水规划”的实施，该规划内容立刻遭到阿拉伯国家联盟的反对。阿拉伯国家中，只剩下约旦承诺遵守规划，以色列也承诺遵守规划。作为回报，美国为以色列的输水系统提供了资金，并为约旦阿卜杜拉国王运河项目也提供了类似资金（Sosland，2007）。以色列的输水系统作为“约旦河谷统一用水规划”的附加成果在重重矛盾交织中终于登上了历史舞台。

1953年9月，以色列开始修建输水系统，将约旦河上游加利利海的水资源用一条长达300千米的输水管线转移至南部干旱的内盖夫沙漠，并修建了许多泵站与水库，将位于海平面以下220米的加利利海水资源提升至海拔152米处，最终形成一个覆盖了大部分全国人口密集区的巨型输水系统。最终，以色列全国输水系统于1964年正式投入运营。建成以来，输水系统让以色列得以从北部的加利利海将水资源输送到人口密集的地区，以及干旱的以色列南部，解决了以色列水资源分布极度不均的问题。这条输水道连接了许多地区性的水利工程，让以色列的供水系统连成了网络，有利于国家统一调配利用水资源。以色列自此成为约旦河水资源的主要用户。输水系统也让以色列迈入了工业与后工业经济时代，逐渐摆脱对农业经济的依赖，实现了经济结构上的重大转变。

输水系统还促进了以色列其他节水技术的发展，为这些技术更好地发挥作用提供了支持。为了降低对农业经济的依赖，提高农业灌溉效率，以色列引入了滴灌技术。到了20世纪80年代，以色列通过引入大规模的城市污水回收，进一步减少了农业饮用水的使用。2000年，以色列政府决定推进海水淡化技术，这一决定得益于以色列经济从国家主义转向新自由主义，国家自来水公司的权力被打破(Feitelson and Rosenthal, 2012)。此外，1999—2001年的极端干旱气候加速了推广海水淡化技术的决定(Gilmont, 2014)。全国输水系统的输水管道同时合并了以色列境内的海水淡化厂与地下水网，优化了以色列水资源配置，尤其是南部干旱地区的灌溉(滴灌)用水与市政用水。

然而，以色列全国输水系统的建成虽然缓和了以色列国内的用水冲突，却破坏了约旦河流域的生态环境。由于大量使用加利利海水资源，致使加利利海流入约旦河的淡水总量减少了80%，因此，约旦河在流入死海时已经成为一条小河，水量只有原先的10%，大大加速了死海枯竭的进程。此外，以色列全国输水系统占用了过多约旦河流域的水资源，对其他流域内沿岸国家造成了影响，受到其他沿岸国家的指责与抗议。叙利亚、约旦、黎巴嫩等认为以色列过度分流加利利海的淡水资源，导致这些国家的淡水补充难以为继，沿岸居民的水权受到侵犯，也因此爆发了地区冲突。周边国家为了阻止以色列过多占用约旦河水资源，尝试截取约旦河，减少流入以色列的水资源，进而破坏以色列全国输水系统。在此过程中，叙利亚企图将戈兰高地上约旦河的重要支流——巴尼亚斯河改道，激发了以色列捍卫水安全的决心，也成为1967年第三次中东战争的导火索。战后，以色列牢牢控制了巴尼亚斯河，占据了戈兰高地及约旦河西岸。

4.4　水冲突争端解决机制与方案

4.4.1　尼罗河流域协调机制的发展

尼罗河沿岸国家在解决流域内水冲突的议题上致力于成立与加入跨流域组织与倡议，发展多边对话与技术论坛，召开正式与非正式会议，共同致力于矛盾与冲突的解决，各国(尤其是流域内大国埃及)作出了相当程度的努力。回顾历史，尼罗河流域最早的正式合作可以从1967年Hydromet项目开始追溯，这一项目基于对大湖区的水文气象测量让尼罗河沿岸一些国家开始进行合作，当时的沿岸国家成立了水务部长理事会来监督项目，并由技术委员会担任指导委员会。Hydromet项目最后也在1992年由另一个领域协调机制TECCONILE继承。20世纪80年代以来，在一些西方国家与国际组织的介入与推动之下，尼罗河流域局势趋缓，各国进一步展开水文、气象研究，进行水合作，推进一体化进程。尼罗河流域主要的区域协调机制有UNDUGU、TECCONILE(促进尼罗河流域发展和环境保护技术合作委员会)、2002年尼罗河会议、NBI(尼罗河流域倡议)等。

(1) UNDUGU组织。其主旨是促进经济、社会、文化、技术联结，建立尼罗河流域经济共同体。该组织同时也接受个人名义(尼罗河沿岸居民)的加入。UNDUGU(斯瓦希里语中意为“兄弟情谊”)组织是1983年在埃及的强烈要求下成立的一个极具影响力的尼罗河流域信息分享平台。它不仅承担专业知识与信息分享的功能，也是尼罗河全流域综合解决水资源问题的协调平台。埃及成立这一平台背后蕴含着“自力更生”与“非洲相互依存”的寓意，受到一些沿岸国家的支持与好评。其主要成员为埃及、刚果民主共和国、苏丹、乌干达、布隆迪和卢旺达。埃塞俄比亚与肯尼亚作为观察员加入了这一组织。不过，这一组织也被认为受到埃及的控制，而有损组织的公正性；同时，针对埃及的过度控制，也有观点认为这种控制存在积极的一面——即，在霸权控制下流域国家可以实现由相互支配关系向相互合作关系的过渡，以及主导国家提供了流域内一些公共产品，方便了弱国“搭便车”(Paisley and Henshaw，2013；Zeitoun and Warner，2006)。

(2) TECCONILE委员会(促进尼罗河流域发展和环境保护技术合作委员会)。

该委员会是在 UNDUGU 的基础上进行重组产生的机构，致力于技术合作，旨在通过全流域合作确保公平分享水域，以全面综合、可持续的方式为尼罗河流域的发展作出贡献，重点放在水质和环境治理方面。委员会成立于 1992 年 12 月尼罗河沿岸国家负责水资源事务的各个部门在坎帕拉（Kampala）举行的会议，随后，1993 年，各国水资源事务部长批准成立了“促进尼罗河流域发展和环境保护技术合作委员会”（the Technical Cooperation Committee for the Promotion of the Development and Environmental Protection of the Nile Basin, TECCONILE），其目标是大力发展与水资源管理相关的基础设施、技术、能力建设，将相应的国家总体规划与尼罗河全流域行动计划相结合。委员会的成员包括埃及、苏丹、卢旺达、坦桑尼亚、乌干达、刚果民主共和国，埃塞俄比亚与肯尼亚拒绝作为正式成员加入。这两个国家不满埃及在其中的主导地位，认为委员会的合作框架没有解决公平分配水资源的根本问题（Paisley and Henshaw, 2013）。委员会的主要成就是制定了一个囊括尼罗河全流域参与的《尼罗河流域行动计划》（the Nile River Basin Action Plan），以及组织了流域沿岸国家间的年度会议“2002 年尼罗河会议”。但是，从结果与成效上来看，这一合作框架在治理与决策上是近乎无效的。虽然它促进了流域内信息与数据的共享、沿岸国家之间的技术与政策合作，但其政策与国际条约并没有在流域内被真正执行，行动计划也没有落地，其资源与资金也不能有效与项目衔接到位，因此并没有从根本上缓和沿岸国家间的矛盾（Brunnée and Toope, 2002）。

(3) 2002 年尼罗河会议。2002 年尼罗河会议（the 2002 Nile Conferences）是尼罗河沿岸国家通过召开会议来促进沿岸各国之间合作的形式之一，核心是解决尼罗河水冲突中遇到的技术性问题。这一系列非正式会议作为尼罗河流域各国的“对话论坛”，在流域内各个国家不同地点轮流召开，一直延续到 2002 年，故而被统称为“2002 年尼罗河会议”。“2002 年尼罗河会议”得到加拿大国际开发署（the Canadian International Development Agency, CIDA）、联合国开发计划署（UNDP）、世界气象组织（the World Meteorological Organization）的支持。2002 年尼罗河会议囊括流域内所有国家，促成各国直接而公开地探讨，并在实践中逐渐走向全面讨论和全面合作。会议不仅针对当下急需解决的水冲突问题进行探讨，还会以更加纵深的形式纳入制度与立法层面的讨论，并且对社会各界开放，参会者同席而坐、提交论文、参与讨论、共同起草联合声明。从参与面与开放性的角度来说，这一系列会议为流域组织“公开对话”起到了示范性作用，是尼罗河合作组织发展史上创新性的尝试。

(4) NBI 倡议(尼罗河流域倡议)。该倡议是尼罗河流域沿岸国家从冲突对立到交流磋商,以及从双边水关系走向全流域多边合作的转折点,奠定了尼罗河流域较高层面的区域对话、信息共享的国际法律框架基础。1999 年 2 月 22 日,尼罗河沿岸 9 个国家发起"尼罗河流域倡议"(the Nile Basin Initiative, NBI)。这 9 个沿岸国家分别是埃及、苏丹、埃塞俄比亚、乌干达、肯尼亚、坦桑尼亚、布隆迪、卢旺达与刚果民主共和国。此外,厄立特里亚作为观察员也加入倡议组织。NBI 的组织结构包含尼罗河部长理事会、尼罗河技术咨询委员会与尼罗河秘书处,其中尼罗河部长理事会(Nile-COM)是 NBI 最高政治和决策机构,由 NBI 成员国水资源事务部长组成,主要职责包括:批准年度工作计划和预算;确保 NBI 项目活动顺利实施;确保成员国政府以及外部支持机构和非政府组织的捐助;根据尼罗河技术咨询委员会的建议任命和终止执行主任的服务;实施 NBI 所有政策与政治性决策;批准尼罗河技术咨询委员会任命的其他高级职位等。尼罗河技术咨询委员会(Nile-TAC)主要负责向 Nile-COM 提供有关尼罗河水域管理和发展事宜的技术支持和建议,作为 Nile-COM 与发展合作伙伴之间、Nile-COM 与秘书处之间、NBI 的计划和项目之间的对接平台,监督 NBI 规划的项目活动等。尼罗河秘书处(Nile-SEC,即尼罗河证券交易委员会)是 NBI 的执行与技术部门,由所有 10 个成员国共同管理,总部设在乌干达恩德培(Entebbe),负责 NBI 整体方向的制定,牵头流域合作与水资源管理项目。NBI 寻求以合作的方式开发尼罗河资源,分享社会经济效益,促进地区和平与安全,其愿景是通过公平利用尼罗河流域水资源,实现社会经济的可持续发展。NBI 实施了包含全流域层面的共同愿景计划(SVP)和辅助行动计划(SAP)的两个尼罗河流域战略行动计划,并促成乌干达、坦桑尼亚、肯尼亚三国于 2003 年签订《维多利亚湖流域可持续发展议定书》(Protocol for Sustainable Development of Lake Victoria Basin),致力于在保护维多利亚湖水域的生态资源方面展开全面合作。NBI 极大地促进尼罗河流域合作,并成功地让一些流域内国家接受国际法与国际惯例。

NBI 是尼罗河流域走向全面合作的最重要一步。一方面,NBI 为尼罗河相互敌对的国家提供了一个缓解紧张氛围的对话平台。在 NBI 出现之前,由于流域各国之间缺乏互信,谈论尼罗河水资源是一个"禁忌",尼罗河水域不受任何法律管辖,流域内单边开发水资源的行为泛滥,是世界水冲突的热点。NBI 的成立为尼罗河沿岸各国提供了和平对话的基础，例如，“预先通知”(prior notification)是管理国家与国际水道相关国际法的一般准则，它要求沿岸居民向其他沿岸国家提供具有重大损害风险的现有用途或其变更的预先通知，以及相关的技术信息，并且还要求沿岸国家就任何新用途或现有用途的变化相互协商。埃塞俄比亚最初认为“预先通知”是对其主权的侮辱。由于埃塞俄比亚仅仅地处尼罗河上游，没有使用整条河流的需求，埃塞俄比亚最初不愿意对下游的苏丹与埃及“预先通知”。在NBI的努力下，埃塞俄比亚最终承认了“预先通知”(Paisley and Henshaw, 2013)。甚至以NBI为基础，尼罗河流域的合作嵌入非洲一体化合作，NBI在基础设施与能源方面积极参与了非洲大陆区域一体化的进程。另一方面，NBI被认为依然存在埃及过度控制的问题。这一点始终是阻碍尼罗河流域水合作机制发展的重要因素，各国对埃及在其中的主导作用均感到不满，始终在寻求签署新的合作协议。

4.4.2　中东国家水资源利用与管理技术的推广

1. 海水淡化技术

海水淡化(Seawater Desalination)也被称为海水脱盐，是一种去除海水中多余盐分和矿物质的淡水加工工序。海水淡化可以不受时空、地域、气候变化限制实现淡水资源的开源增量，为市政与农业等部门提供用水支持，同时也可以生产食盐。海水淡化技术广泛流行于中东地区，为这些水资源极度匮乏的国家提供了宝贵的淡水资源。常见的海水淡化技术包括蒸馏、膜处理、结冰、地热脱盐、太阳能脱盐等。同时，海水淡化技术需要消耗大量能源。2016年，海水淡化仅占中东供水量的3%，但总能耗竟占到5%，需要雄厚资金作为支持。由于中东地区国家大多富含化石能源，比较富裕，为这种技术的推广提供了土壤(Sanders, 2009)。世界上70%的海水淡化厂位于中东。例如，沙特阿拉伯运行着世界上最大的海水淡化厂，产生了世界上20%的淡化海水。但对于贫困的国家来说，这种技术依旧可望而不可即。目前，以色列约40%的淡水来源于海水淡化技术。其中以色列阿什克伦海水淡化厂还创造了世界海水淡化价格的最低纪录，成为一种值得效仿与借鉴的模式。由于海水淡化技术的推广，以色列逐渐走出缺水国家行列，海水淡化技术甚至让以色列从一个缺乏农业用水的国家变成农产品出口国。以色列还将海水淡化得到的淡水输送到其他国家。随着技术本身的发展，海水淡化的成本仍在不断降低，其建造周期不断缩短，可以成为一种推广普及的水资源管理利用技术。

尽管海水淡化技术某种程度上被视为解决水资源短缺的一种有效手段，维护了中东地区的和平稳定，但这种技术依旧具有局限性。海水淡化过程中，水脱盐技术非常昂贵，并且需要耗费大量能源，会造成一定空气污染与其他自然资源的浪费。海水淡化后的高浓度盐水——“卤水”——在排放后会造成水污染。海水淡化处理厂的大规模作业也会改变海域的盐度、温度等，对海域生态带来不可估量的影响。另外，对于没有海岸线的内陆国家而言，海水淡化技术并不能得到使用。

2. 水资源循环利用与再生水推广

对现有水资源进行循环回收，加工成为再生水资源，是目前中东各国的重要节水措施之一与必然选择。约旦是水资源循环利用的先驱，其政策是增加用于灌溉目的的废水的再利用百分比（Bahadir，et al.，2016）。因为农民没有其他水源，往往依靠废水来灌溉农作物。水资源循环利用有许多优点，它有效减少了对化肥的使用与对淡水资源的需求。然而，很多人对污水灌溉生产出来的食物心存顾虑。对此，提高污水处理的质量成为中东地区水资源可持续循环回收的关键因素，中东地区各个国家对处理过的污水用于食品生产有严格的规定限制，通常包括常规水参数，例如 PH、浊度、粪大肠菌群和残余氯等。为了确保人类健康，必须妥善管理污水灌溉，选择最佳灌溉方法和设备，提高水质，适当排水，定期监测土壤与农产品，安全、可持续地实现水资源循环回收。

以色列是中东地区实现水资源循环利用的主要国家，有三分之二的污水经过净化后主要被用于灌溉农作物，并于 1972 年制定了“国家污水再利用工程”计划，强调城市污水必须被循环利用一次（Bahadir，et al.，2016）。以色列通过升级现有废水收集系统，修复、升级现有废水处理厂，建设新处理厂，建立适当的标准，农民教育等措施，在社会、环境、技术、经济等方面获得较大的收益。以色列约有 90%左右的废水得到循环利用，成为再生水资源。1969 年，以色列在特拉维夫南部建造了 Shafdan 污水处理厂，成为以色列最具代表性的水资源循环利用案例。Shafdan 污水处理厂每年约处理 1.3 亿立方米的污水。这些污水在统一处理后成为再生水资源被广泛运用于内盖夫沙漠的农业灌溉。为了拓展再生水的利用，1984 年，Kishon 污水处理厂宣告成立。该污水处理厂极大缓解了当地农忙时期的用水困难，平均每年向当地农业部门供应 2 亿立方米的再生水资源。

3. 农业滴灌技术

滴灌技术是一种将定量的水与肥料以液滴的形式输送到植物根部的灌溉方

法，最早由以色列人发明，并于1959年在以色列第一次得以应用。滴灌技术可以有效控制灌溉与施肥的模式，降低肥料、养分、水的流失，有效控制水土流失与杂草生长。滴灌压力低，因而成本低于其他如海水淡化、污水循环利用等灌溉方式，非常适用于经济欠发达国家。滴灌技术既科学合理地保证了作物的水分、养分供给，又能将有限的水资源最大程度地合理利用。然而，滴灌技术也存在着一些问题，比如设备维护与管理成本大，前期投入大等。

滴灌技术在中东、北非地区颇受欢迎。中东的市场区域主要包括沙特阿拉伯、阿拉伯联合酋长国、卡塔尔、科威特、以色列、土耳其、伊朗等；北非的市场区域主要包括阿尔及利亚、摩洛哥、埃及、苏丹等。以色列在滴灌技术的使用上位居前列，其农业灌溉技术经历了早期的大水漫灌与沟灌、20世纪50年代开始发展喷灌、60年代依赖滴灌技术等几个阶段，已完成农业用水革命。以色列每年大约有70%—75%的用水配额是用于农业滴灌，超过80%的灌溉土地以滴灌实现，这让以色列耕地单位面积耗水量大幅下降，在保持农业用水总量基本不变的条件下，耕地面积得以大幅增加，大大提高了用水效率与农业产值。由于滴灌技术的成熟，以色列的农业人口占总人口比重也在不断下降，从原先的60%下降到了约3%。约旦同样在滴灌技术上积极采取措施，使其经济不再依赖受气候变化影响显著的自然资源。约旦在20世纪50年代末至80年代后期开展了几个卓有成效的灌溉项目，到了20世纪90年代，农业在其经济中的重要性显著下降。2007年，约旦的农业就业人口仅占就业总人口的3%，经济规模仅占约旦GDP的2.8%。虽然农业仍是主要用水大户，但约旦1997年开始全面实施的水需求管理战略，以及开始更多使用废水处理，大幅度减少了农业用水量。

4.5　未来展望

4.5.1　尼罗河流域水冲突解决的经验与未来

1. 国际组织等第三方参与及多方审查

第三方参与，尤其是世界银行和联合国开发计划署等国际组织对尼罗河沿岸国家的合作[如“尼罗河流域倡议”(NBI)的发展]起到了至关重要的作用。尼罗河沿岸各国作为发展中国家，均缺乏资源与资金来实施“尼罗河流域行动计划”，因此国际组织的帮助与支持便显得十分重要。这一点上，世界银行、联合国开发计划署、加拿大国际开发署在协调捐赠、资金筹集、促进尼罗河流域合作方面发挥了主导作用。尤其是世界银行在非洲区域的斡旋，直接促进了NBI的发展，搭建了尼罗河流域共同对话的平台，促使各国以全流域思维、以谈判而非冲突的形式来解决流域内的水问题。

同时，第三方参与对流域内合作机制的审查也颇为严格。世界银行、联合国开发计划署、加拿大国际开发署均参与了"尼罗河流域行动计划"的审核，并向尼罗河发展委员会介绍了审查结果、项目定义、捐赠联合体的成立事宜。严格的多方审查让尼罗河流域的区域合作机制可以在更科学、更贴近实际的基础上得以运行，防止资源与资金的无效利用以及合作机制滋生腐败，对水合作机制内的霸权主义也有一定的遏制作用。

2. 流域内合作框架创新及共同愿景

尼罗河流域的经验向世界展示了一种全流域合作背景之下解决水冲突问题的可能性。尼罗河流域大多数国家是自殖民地独立而来的，伴随着强烈的民族主义以及北非国家特有的"尼雷尔原则"(即殖民时代缔结的条约若在之后两年内重新谈判失败，则该条约将失效)，这些国家在水合作上存在难以弥合的分歧。尼罗河沿岸各国坚持抵抗1959年《尼罗河水域协定》中对有利于埃及的部分，包含后殖民时代主权独立的民族国家对霸权主义的反抗，它们希望自己的国家发展规划不受埃及方面的监督、审查，坚决要求分享尼罗河水资源，这种独立自主的主权意识在水资源问题上的彰显就造成北非的水冲突解决的困境(Metawie，2004；Kimenyi and Mbaku，2015)。因此，NBI可以说是一个划时代的流域合作的创新之举。

NBI尽管始终存在财政上的困扰，但是它的成立与运行为尼罗河流域水合作留下了宝贵的经验。一方面，NBI致力于以全流域的合作框架协议取代过去国与国之间的双边条约，将尼罗河流域各个国家纳入全流域机制，共享水资源，这是尼罗河流域水资源合作的一种全新模式。另一方面，尼罗河的水资源合作也是各个国家基于共同愿景暂时放下矛盾的一种尝试，进一步从意识形态上走向了流域一体化。它不单纯着眼于条约条款中的"水资源共享"，不再只是关注各国分配水资源的百分比，而是更关注全流域内的"利益分享"，通过合作来实现符合流域内全民利益的更大利益。NBI曾提出过一个全流域利用管理水资源的"共同愿景计划"(the Shared Vision Program，SVP)，其中包括增加各方交流与参与、设置针对水资源专业人员的可持续管理培训、促进区域电力市场发展等内容，这些都是尼罗河流域合作机制带给全人类解决跨境水冲突的宝贵经验。

3. 争议与质疑

对 NBI 也存在不少质疑。第一,上下游各国对权利与义务的理解存在根本分歧,NBI 无法从中调和。第二,尼罗河沿岸地区一些解决方案是不可持续的,例如在沙漠中开发新定居点、种植高耗水农作物、维持水库高水位等。这些做法的初衷是捍卫“水安全”。然而,埃及和苏丹所理解的“水安全”是保持殖民时代条约中规定的水资源分配,这与其他沿岸国家所认为的“水安全”——尼罗河流域更平等的水资源分配——是矛盾的。第三,NBI 在谈判过程没有体现充分的包容性,大多数情况下只覆盖尼罗河沿岸国家政府官员、世界银行、联合国开发计划署、加拿大国际开发署的代表等,很少有其他利益相关方出席谈判,公众参与的机会不多。由于缺乏公众支持,其谈判成果也较不公开,在执行时各方都有所动摇。第四,苏丹、南苏丹、埃及近期都经历了国内政局动荡,无暇给予尼罗河水资源问题更多必要的关注(Paisley and Henshaw, 2013)。

鉴于 NBI 经常面临财政上的紧张,一些国家无法如期提供资金,尼罗河流域问题需要综合考量流域内人类发展水平,纳入国际援助。尼罗河流域存在普遍的贫困问题,因而甚至对 NBI 总部地点存在争议。由于国际组织的总部设立地都会相应创造大量就业机会以及产生各种资源共享合作,各国都希望总部设在自己国家,最终导致 NBI 总部与其他办事处分散在不同国家,大大削弱了组织的协调性与效率。民族主义的影响也对尼罗河流域水冲突的解决产生了阻碍作用,各国在民族主义的话语与叙事下对各自的权利、义务、目的存在不同侧重点的理解,导致流域内的对话合作始终存在基础性障碍。未来尼罗河的水治理合作模式,应呼吁各国放下民族叙事,真正从全流域、全民众的角度来合理分配水资源,积极纳入全流域民众参与。随着新技术的突破,互联网的发展,这种更为扁平、公开的流域治理模式似乎存在越来越多的可能性。

4.5.2　约旦河流域水冲突解决的经验与未来

1. 双边合作

目前双边合作仍然是约旦河流域比较普遍有效的水资源合作治理模式。尤其存在于以色列与巴勒斯坦之间。1993 年巴以双方签订的《奥斯陆协定》强调了公平供水的重要性,是巴以在解决水冲突问题上的一个良好示范。不过,巴以双方依然对山区含水层的水井展开了争夺，并时有冲突发生。不过，巴以双发均能在水资源利用政策上协调政策，共同应对流域内水资源的利用与管理，相互提供技术支持与政策互补。不过，受制于在宗教、民族、历史、地理、政治等方面的因素，约旦河流域国家在多边合作上尚未取得显著进展，没有形成较为完善的跨流域协调机制。需要进一步参考其他流域国家在解决类似问题上的治理经验，加强双边合作，寻求国际组织的技术、资金等支持，控制人口规模与增长速度，制定严格的水资源法律法规，最大程度实现水资源循环利用，促进流域水资源的协同利用。

2. 水资源相关技术的普及

面对水资源短缺，约旦河流域各国积极普及推广水资源相关技术。尤其是以以色列为代表的干旱国家，凭借对海水淡化、滴灌、水资源循环再利用等技术的掌握与普及，从一个贫水国变为一个农产品出口国，其沙漠面积也在日益缩小。这一水资源治理经验证明，重视水资源技术的研发与资金投入，不仅可以解决自身问题，还能够向其他缺水国家输送水资源相关技术。不过，水资源相关技术也带来一些负面效应。例如，海水淡化技术带来了环境污染隐患。由于80%的海水淡化是距海岸线10千米内的海域生产的，所产生的高盐度废水（卤水）也被排放到近海，造成海洋盐碱化，对近海生态环境，尤其是海洋生物对高盐度的承受能力，造成巨大挑战。对此，在水资源相关技术的共同开发与管理方面，各国应加强合作，共同应对这些技术潜在的风险。

第5章　东南亚水资源冲突与解决

5.1　东南亚自然与社会概况

东南亚大陆由中南半岛和马来群岛两大部分组成，土地面积约为450万平方千米，其中位于中南半岛上的东南亚国家包括越南、老挝、柬埔寨、泰国、缅甸和马来西亚，位于马来群岛的国家则包括马来西亚、新加坡、文莱、印度尼西亚、东帝汶和菲律宾。印度尼西亚、马来西亚、菲律宾、泰国、新加坡、文莱、柬埔寨、老挝、缅甸和越南十国组成了政府性国际组织“东南亚国家联盟”(Association of Southeast Asian Nations，简称“东盟”)。

中南半岛有三条主要水系，第一是源于中国境内青海唐古拉山的澜沧江，在流经西藏云南、从西双版纳出境后被称为湄公河，先后流经缅甸、老挝、泰国、柬埔寨、越南五国，以4 909千米的总长度位居世界第九，是亚洲最重要的跨国水系；第二是贯穿缅甸的“缅甸第一大河”伊洛瓦底江，河流全长2 714千米，流域面积43万平方千米。第三是发源于中国境内唐古拉山脉、流入缅甸并注入马达班湾的怒江，全长约2 400千米。

相对中南半岛而言，马来半岛河流资源欠缺。半岛西临印度洋安达曼海和马六甲海峡，南临新加坡海峡，东濒泰国湾和南海，具有西部河流短、东部河流较长的特点。绕半岛的水体包括暹罗湾、南海(与文莱相对)、柔佛海峡(与新加坡相对)、马六甲海峡(与印度尼西亚的苏门答腊相对)及安达曼海。

本章将重点分析由于水资源分布引起的两大国际争端：一是澜湄流域的水资源利用开发冲突，以及由此引起的“水坝博弈”问题；二是淡水资源缺乏的新加坡与其供水国马来西亚间长期的供水冲突。

5.1.1 澜沧江—湄公河流域社会经济概况

澜沧江—湄公河流域（下文简称“澜湄流域”）总面积达 79.5 万平方千米，占东南亚全境面积的 38%，是东南亚的粮仓和经济命脉（Food and Agriculture Organization, 2011）。澜湄流域流经国家及各国所占比例分别为中国（21%）、缅甸（3%）、老挝（25%）、泰国（23%）、柬埔寨（20%）、越南（8%）（MekongRiver Commission, 2005）。其中，中国、缅甸地处上游，占总流域面积的 24%。湄公河下游包括越南、泰国、老挝和柬埔寨，面积占总流域面积的 76%，水量占流域总水资源量的 82%。

澜湄流域总人口基数庞大且不断攀升。截至 2018 年底，澜湄流域人口超过 6 000 万，其中老挝、泰国、柬埔寨和越南分别有 520 万、2 310 万、1 300 万、1 870 万人（Mekong River Commission, 2010）。流域内总体人口密度较小，但区域分布极不平衡，呈现上游地区人口稀少、中下游人口密集的格局。在下游流域中，越南与泰国分别占流域总人口的 51% 和 37%。湄公河直接影响的人口分别占柬埔寨、老挝、泰国和越南的 90%、97%、37% 和 20%，因此各国对湄公河的依赖程度各异（Mekong River Commission, 2010）。

经济发展方面，该区域的经济发展不平衡，区域内贫困人口基数较大；如表 5.1 所示，缅甸、老挝和柬埔寨贫困问题尤为突出。值得关注的是，第一产业在这三个国家的经济中都占重要比重，因此对水资源的依赖程度较高。

表 5.1 澜湄流域各国经济概况（2017 年）

国　家	按国家贫困线标准贫困率（%）	GDP（百亿美元）	GDP 增速（%）	农、林、渔、牧业增加值占 GDP 比例（%）
中　国	3.1（2017 年）	1 223.8	6.9	7.9
越　南	9.8（2016 年）	22.4	6.8	15.3
泰　国	8.6（2016 年）	45.5	3.9	8.7
老　挝	23.4（2012 年）	1.7	6.9	16.2
缅　甸	32.1（2015 年）	6.7	6.8	23.3
柬埔寨	17.7（2015 年）	2.2	7.1	23.4

资料来源：世界银行（2019）。

5.1.2　澜湄流域水资源分布与利用状况

澜沧江—湄公河是贯穿东南亚的河流，也是亚洲最重要的跨国水系（Mekong River Commission，2018）。该河流"一水二名"，在中国境内称为澜沧江，从云南省西双版纳勐腊县出境后改称湄公河。学界一般将该河分为两条河段讨论，即上游澜沧江河段和中下游的湄公河河段。澜沧江河段发源于中国青海省玉树藏族自治州的杂多县，自北向南流经青海、西藏和云南三省区，主干流总长度为 2 139 千米。湄公河经老挝境内的孔恩（Khone）瀑布流入低地，流经老挝首都万象，这一河段的特点为干流河谷较宽，且弯道较多（黄杰，2013）。湄公河下游于越南胡志明市以南省份流入南海，这一河段称为九龙江河段，孕育了沿线的九龙江平原一般称为湄公河三角洲。湄公河三角洲面积约 4.95 万平方千米，是东南亚地区最大的平原，以土地肥沃、人口密集为特征。

澜沧江—湄公河水能资源丰富，每年向南海排放约 4 750 亿立方米的水量，达到 1.3 万立方米/秒，在世界盆地中排名第 8（Botkosal，2009），人均水资源量较高。全流域水能理论储量为 5 800 万千瓦，其中上、下流域分别占 2 800 万千瓦和 3 000 万千瓦（International Rivers，2019）。然而，该流域的水资源开发利用程度较低：目前河段上游的澜沧江流域内干流主要用于航运和以水电为代表的水能资源开发，多数支流主要用于灌溉及工业供水；河流下游则主要用于农作物灌溉和渔业。

表 5.2　澜湄流域面积、流量国别概况

国　家	境内流域面积（平方千米）	境内干流长度（千米）	多年平均流量（立方米/秒）
中　国	16.5	2 139	2 140
缅　甸	2.4	234	300
越　南	6.5	229.8	1 660
泰　国	18.4	850	2 560
老　挝	20.2	777.4	5 270
柬埔寨	15.5	501.7	2 860

注：缅甸与泰国的境内干流长度包括缅老、泰老界河段长度。

澜湄流域有两大显著的水文特点：第一，水资源的时空分配不均。湄公河流域各国对年均径流量贡献分别为：中国 17%，缅甸小于 1%，老挝 41%，泰国 15%，柬埔寨 19%，越南 8%。受东南亚季风气候影响，湄公河的水流量在枯水期和丰水期差异极大。丰水期为6月至11月，枯水期为12月至5月。每年水流量达46万立方米，其中75%在7月至10月间流经三角洲，对农业灌溉起关键作用。枯水、丰水两季的开始与结束时间、河流流量和洪水泛滥区域的年际变化也很大，水位季节性循环导致大量的水流在洞里萨湖和湄公河之间往复流转，孕育了当地丰富的生态环境。值得注意的是，虽然上游国家仅贡献约18%的水量，但枯水期约有36%的水流量来自中国境内，因此河流上游的水资源利用与开发对下游国家的水量调节的影响显著，直接影响以渔、农业为支柱产业的下游国家的民生及经济发展（Hecht，2019）。第二，湄公河主干流多激流与瀑布，航运能力差。由于湄公河在旱季及雨季的流量变化显著，而且主干流激流及瀑布密布，其航运能力较差，仅下游550千米可通航。因此，相较其他国际主要河流而言，湄公河流域更适合通过建造水坝开发水能。然而，该河流被认为是全球开发程度最低的跨境河流之一，其原因与国家发展现状及目标、地缘政治、环境、能源、粮食安全和公共健康等多维度的因素相关。

5.2　东南亚水资源利用与冲突

5.2.1　澜湄流域水资源开发冲突

澜湄流域水冲突的产生主要源于三大因素：第一，上游国家的水能开发活动将影响湄公河的水文水情、生态环境、农业灌溉、居民用水等方面，并给下游国家的农业、民生、经济可持续性带来影响等。第二，国际水资源的合作管理和开发受地缘政治影响显著。例如，由于中国是区域内综合实力最强的国家，下游国家认为上游建坝将进一步增强中国的相对实力和在区域水治理中的话语权，因此对中国开发水能持反对态度。第三，美国、日本和韩国等流域外国家的介入、湄公河沿线各国间水能协调机制的效力不足使这一冲突更加复杂。随着未来该区域的经济发展加速，各国对电力的需求相应上升，该区域的环境压力增加，针对水资源利用与开发的博弈也将加剧。

1. 水资源利用状况

澜湄流域的水资源开发活动以兴建水利堤坝为主要形式。自20世纪60年代起，以柬埔寨和越南等流域内国家开始在越南中部高地和柬埔寨上游开发水利资源，同时美国、日本和法国等国，以及联合国“亚洲及远东经济委员会”（Economic

Commission for Asia and the Far East，ECAFE）等国际机构陆续开发下湄公河的水电、导航、灌溉和防洪功能。但直到 2006 年，柬埔寨、老挝和泰国政府批准中、越、泰、马四国的公司就 11 个干流水坝建设项目开展勘探，湄公河主流水能资源开发才得到突破性进展。目前湄公河全线已建成 241 座大坝，已有 29 座在建，另计划建造 91 座大坝（World Wildlife Fund，2018）；其中，老挝计划在 2020 年前落成 84 个水坝项目。

位于湄公河上游的中国、老挝的开发强度较大。老挝是湄公河流域国家中建坝行为最为积极的国家，也是下游水坝的主要贡献国（参见表 5.3）。国际河流组织（International Rivers，2014）指出，截至 2014 年，中国已经在澜沧江建成功果桥、小湾、漫湾、大朝山、糯扎渡和景洪等 7 个水坝，另有 21 个待建项目。对于中国而言，水力发电具有廉价、高效且环保的优点，是替代传统煤炭发电的有效途径。自然资源相对匮乏的老挝则希望通过发展水电出口促进经济增长，使国家转型成为“东南亚发电中心”。

表 5.3　澜沧江—湄公河下游主要水坝建设情况

大坝名称	所在国家	建成年份	最大发电量（千瓦）	蓄水量（万立方米）
Pak Beng	老挝	2022	123 万	87
Luang Prabang	老挝	2030	141 万	90
Xayaburi	老挝	2019	126 万	49
Pak Lay	老挝	2030	132 万	108
Sanakham	老挝	2024	70 万	81
Pak Chom	泰国—老挝	待定	107.9 万	74
Ban Koum	泰国—老挝	2030	187.2 万	133
Lat Sua	老挝	2023	68.6 万	13
Don Sahong	老挝	2019	24 万	2.9
Stung Treng	柬埔寨	待定	98 万	211
桑伯尔	柬埔寨	2020 后	260 万	620

资料来源：Cosslett and Cosslett，2014。

湄公河下游流域的水坝多位于支流。泰国于 20 世纪 60 年代集中建设众多水坝，利用季节性流量差异灌溉农作物和发展水电。老挝和柬埔寨近年来加速大规模的水资源开发。老挝致力于发展其巨大的水电潜力，以促进国家经济增长和减贫，扩大灌溉农业，并通过大湄公河次区域①开发框架下建设的区域输电网出口水电，满足区域能源需求。柬埔寨已经对湄公河三角洲的部分地区和洞里萨湖盆地（两个湄公河流域内灌溉农业潜力最大的片区）进行开发，而这类开发项目与洪水管理和排水紧密相关（Mekong River Commission，2015）。目前下游流域有近 60 座在使用中的大中型水电大坝，另有 20 多座在建。

根据世界自然基金会（World Wildlife Fund）估算，现有项目仅开发了湄公河下游水能潜力的 10%（World Wildlife Fund，2018）。预计下游的 11 座水坝全部建成后，其总发电量将达到 9 400 兆瓦。研究预测，沙耶武里（Xayaburi）、洞萨洪（DonSahong）和北奔（Pak Beng）三座大坝对跨境水流、民生和环境带来较大影响；如果所有计划项目落成，湄公河流域的生态系统将受到一定扰动。截至 2008 年，湄公河上水坝的储水量不足流域总流量的 2%，但预计到 2030 年这一比例将增加至 20%。

表 5.4 澜沧江—湄公河沿线各国开发项目情况

	2009 年已有项目		2020 年前计划项目	
	项目数量	预期装机容量（千瓦）	项目数量	预期装机容量（千瓦）
老 挝	16	322 万	84	17 572 000
柬埔寨	1	1 万	13	5 589 000
中 国	4	880 万	4	6 400 000
缅 甸	4	31.5 万	—	—
泰 国	7	74.4 万	—	—
越 南	14	420.4 万	3	2 699 000

资料来源：Ringler，2001；Mekong River Commission，2009；Lower Mekong Hydropower Database。

澜湄流域的水坝建设一直是争议和冲突的焦点。支持者称建坝有助于蓄水，在旱季可以释放更充足的水源用于灌溉；同时，加强水电生产可以保障能源安全，满足经济发展日益增长的能源需求，水电生产本身也能产生经济效益。反对者则关注水电站建设可能带来的环境影响，认为上游国家收获利好的同时，下游国家将

① 大湄公河次区域（GMS）是指澜湄流域的六个国家，包括中国、柬埔寨、越南、老挝、缅甸、泰国。1992 年，在亚洲开发银行的倡议下，澜湄流域内的六个国家共同发起了大湄公河次区域经济合作（GMS）机制。

承担灾难性的环境后果，不利于区域的可持续发展。

信息不对称也会导致建坝对生态影响的质疑。下游国家认为在上游建坝不仅破坏生态环境，还会危及柬埔寨低洼地区、多产的洞里萨湖以及作为越南水稻主产区的湄公河三角洲。2010年初，中国西南地区遭遇干旱天气，湄公河的水位创历史新低，渔获量下降，灌溉农业、畜牧业、生活用水减少，导致位于河道下游水域的国家无法获得足够的水源以灌溉农作物。同时河流运输受阻，一定程度上波及贸易和旅游业。对此，中国首次公开了漫湾、景洪两座湄公河干流大坝的旱季水文资料，并邀请了湄公河国家代表参观景洪大坝。并在2010年泰国的湄公河委员会国际会议上发表《中国西南地区旱情以及湄公河干流水位下降成因分析》的发言。会上，联合国环境规划署环境政策与执行部主任易卜拉欣·蒂亚乌表示，水坝或者水电站通常不会成为气候干旱的诱因，但期望澜湄流域内政府间以及各机构间加强信息共享和开发合作。

2. 澜湄流域水资源冲突

澜湄流域水电发展的核心问题是可持续发展问题，涉及各国经济发展的目标冲突、权衡水电发展和其他与水有关行业（如渔业、农业）的关系以及人与自然的关系等问题。围绕水资源利用问题产生的冲突主要源自三方面。

第一，由于导致生态环境问题的原因多样，既包括自然气象因素、也包括社会经济因素，既可能是区域诱因，也可能是全球扰动，难以直接归因于单个水利开发项目，流域各国之间对于流域开发导致的生态环境、社会经济及文化的各方面利益损失的归属和责任承担问题是湄公河水资源冲突的关键所在。并且，即使在责任方界定清晰的情况下，对于生态环境的损失，由于度量技术方法的限制，其量化的合理性和准确性更是争议的主要焦点。

第二，跨国水资源开发争端涉及投资方、承建方、东道国政府、民间组织、依赖水资源为生的社群等多个利益相关方，各种利益之间既有统一的方面，更多的是相互之间利益的冲突，如直接项目建设中的利益分配问题、大坝蓄水与下游用水之间的水资源分配冲突、经济收益与生态环境损失之间的冲突，短期水电收益与长期流域可持续发展之间的冲突，因此投资者需要平衡多方迥异的利益诉求。

第三，地缘政治及国家实力差异使利益冲突问题更为复杂。以中国为例，澜沧江作为湄公河的上游河段，集中了干流总落差的91%，使中国处于流域水资源开发的主动和优势地位。同时，下游国家经济欠发达，开发能力薄弱，普遍对中国开发澜沧江存在忧虑。此外,各界对水资源开发的效益和存在争议。首先,下游国家认为建坝所带来的效益,例如水电生产、防洪、灌溉、生活用水供给、航行等,均集中在上游国家,而潜在的生态影响则由下游国家承担。其次,据湄公河委员会(2011)的测算,水资源开发效益估计在32亿—60亿美元之间,而对捕捞渔业的预计造成20亿—130亿美元的潜在损失(Mekong River Commission, 2011)。由此可见,水资源开发冲突虽然表现为环境影响问题,但实际上远远超过环境和水文学范畴,已经上升到国际水政治(Hydro-politics)问题。

3. 水资源冲突原因

湄公河委员会在《流域开发战略(2016—2020)》(*Basin Development Strategy*)中指出,人口增加、经济增长和气候变化是流域面临三大重要威胁,也是造成跨界水冲突的主要原因。首先,澜湄流域人口过多、贫困率高使其成为世界上电力需求最高的区域之一。其次,未来随着越南、老挝和缅甸经济结构调整、城镇化进程加速和人口增长,对水力资源的需求将大幅提升;此外,流域内频繁的水资源开发活动(如建坝、水电站等)对水资源管理和分配提出新挑战,从而进一步加剧水冲突问题(International Centre for Environmental Management, 2010)。再次,气候变化将影响整个澜湄流域的自然生态系统和农业,从而加剧满足不断增长的人口对资源日益增长的需求的挑战(Hoanh et al., 2003)。湄公河水电开发的冲突涉及国家利益、环境影响、产业发展等多领域,其主要包括社会经济因素、自然环境因素、国际政治因素。

(1) 经济社会因素。

经济社会因素体现为五个方面。第一,下游国家人口密集,城镇化进程加快。据湄公河委员会(Mekong River Commission,简称“湄委会”)预测,至2060年澜湄流域的总人口数量将增加20%,达到8 300万人,对粮食、水资源和能源的需求都将大幅提升。

第二,澜湄流域内国家多为发展中国家,经济发展水平落后,长期面临基础设施薄弱、贫困问题等,依赖农业与渔业等耗水产业的支撑。缅甸、老挝、柬埔寨的交通基础设施发展水平滞后,许多道路建设标准低于东盟地区基准(卢光盛、金珍,2015)。按各国的贫困线标准评估,缅甸、老挝和柬埔寨的贫困问题尤为显著(参见表5.5)。贫困人口依赖水资源和农业收入,对外部环境风险的抵御能力差,因此尤其关注水资源冲突,尤其是上游话语权较强、经济相对发达的国家水资源开发活动带来的影响。气候变化带来的洪涝灾害将主要影响下游国家的农业收入。同时，流域内各国的资源禀赋、经济发展水平、支柱产业差异显著，发展水平滞后的国家对外部资金、技术的依赖性强，造成各国发展目标差异显著、流域内各国竞争激烈，难以协调次区域经济一体化政策，因而造成水资源协调机制难以发挥作用。

表5.5　澜湄流域各国人口概况(2017年)

国　家	国家总人口(百万)	城市人口占比(%)	城市人口增速(%)
中　国	1 386.4	58	2.7
越　南	95.5	35	3
泰　国	69.0	49	1.8
老　挝	6.9	34	3.3
缅　甸	53.4	30	1.7
柬埔寨	16.0	23	3.3

资料来源：世界银行(2019)。

第三，流域内国家经济发展促使能源需求走高，加上国际能源市场价格动荡、传统发电方式带来的温室气体排放问题加剧，各国亟须开发水电等可再生能源。具体而言，流域内国家均处于从农业国向工业国转型的阶段，近年来经济增长加速，对能源的需求不断增加(见表5.6)。据亚洲开发银行预测，尤其是泰国和越南两国的电力需求增长极大。然而，这些国家在利用资源发展经济的同时，面临如何平衡生态与实现可持续发展的重要课题。以柬埔寨为例，该国依托制造业发展实现经济高速增长，日益上升的能源需求凸显加强国家能源安全的必要性。柬埔寨境内生产和从邻国进口的水电将有效缓解这些问题。

第四，中国处于澜湄流域上游，水电开发是与下游国家间水资源矛盾的主要焦点。首先，湄公河近半位于中国云南省，由于西部能源供给及发展的需求，我国自1995年起在湄公河上游进行水电开发活动，下游国家与我国经贸的紧密往来使得水资源的利用与分配涉及经济、自然与政治方面因素，急需多方面的协调和平衡。其次，由于周边国家对中国的认知影响次区域合作的深化，湄公河流域国家难以形成“区域意识”，影响了各方参与合作的诚意和力度。面对中国的快速发展和实力的相对上升，湄公河流域的国家一方面乐见中国发展，以便在合作中“搭便车”推动本国经济的发展；另一方面，同时由于这些国家在领土面积、人口数量、国家实力等方面与中国存在显著差距，又对中国怀有戒备心理。

第五，区域内国家利益诉求差距大，加上各国此前已就建坝问题产生摩擦，难以形成区域“利益共同体”来协同管理湄公河的水能开发（见表5.7）。由于河流的跨边界性质，域内水电开发活动造成的生态影响不受主权边界限制，水电开发项目磋商、施工的过程也成为各国政治、经济利益博弈的角逐场。由于各流域国所处的地理位置不同、社会经济发展水平的差异，各国对流域开发的目标冲突的本质是各国主权和国家利益的需求矛盾（陈丽晖、李红、何大明，2003）。在湄公河流域内，上游国注重水电开发，而下游国注重灌溉、航运和渔业。由于地理位置和经济发展程度不同，流域内六国在水资源诉求方面存在结构性差异。当前，流域内的各种利益攸关方有着不同的利益诉求或关注点。首先，流域内上、下游国家在水能开发与环保问题上持不同的利益诉求和政策主张。中国、缅甸注重水能资源开发，缅甸的重点是航运，泰国和越南关心农业灌溉和水量调配，柬埔寨则关注渔业资源的开发利用。其次，流域内水、能源、环境和食物等要素间的关系复杂，在同一国家内，利益相关方的关注点和诉求也不尽相同，使水电开发冲突进一步复杂化。开发的过程涉及湄公河流域各国政府、区域合作组织、国际投资者、民间组织等利益相关方。例如，国际投资者以水电开发带来的经济利益为出发点，而东道国的民间组织则多关注项目对环境、民生带来的潜在负面影响。由此，非政府组织成为制造舆论压力和影响政府决策的重要力量，当地居民的态度成为水电项目成败的影响重要因素。

表5.6　2020年澜湄流域电力供应需求预测

国　家 （地区）	2020供应需求 （GWh）	年增长 （%）	2020年人均需求 （kWh）
中国云南省	91 689	5.5	2 188
泰　国	328 429	6.3	5 349
老　挝	4 438	8.5	822
柬埔寨	5 720	12.1	511
越　南	169 428	9.7	2 123
缅　甸	16 400	6.8	360

资料来源：亚洲开发银行（2003）。

表 5.7　澜湄流域各国对水资源的关注点

国家	河流区位	主要关注点	关注原因
中国	上游	水电开发，以满足经济发展带来的能源需求	经济高速发展，人口增长导致增加粮食和能源需求，水力资源发电是低成本、高效且环保的解决方式 澜沧江流域占云南省面积的1/4，是国家能源开发的重点区域
缅甸	上游	关注湄公河水电开发，满足本国经济发展的能源需求	
泰国	下游	关注湄公河水流调配，保障水资源充足，以满足本国经济发展需求	湄公河支流水流的季节性显著，影响经济落后的东北部水资源安全
老挝	下游	关注湄公河水电开发，在满足本国经济发展的能源需求的同时，通过水电输出来带外汇收入	老挝是世界上最贫穷的国家之一，且作为没有出海口的"陆锁国"，希望通过水力发电换取外汇收入
柬埔寨	下游	关注湄公河水文状况变化，及其对洞萨里湖生态、渔业和农业的影响	洞萨里湖区是该国重要经济命脉
越南	下游	关注湄公河水文状况变化，及其对湄公河三角洲生态、渔业和农业的影响	湄公河三角洲是该国重要的粮食产区和经济命脉

资料来源：陈丽晖、曾尊固、何大明(2003)。

(2) 自然环境因素。

湄公河上游的建坝活动将带来日益凸显的跨境影响，可能给流域内生态系统和生物多样性造成潜在影响。

生态方面的潜在影响包括：第一，改变天然水文过程。由于水电开发的目的是蓄水发电，尤其是高蓄水容量的大型水坝通过人为调节影响枯水、丰水两季的水流量。以老挝沙耶武里水坝为例，其蓄水容量约为2.25亿立方米，这种蓄水能力能调节旱季用水量，但人为调节可能严重影响下游生态和自然水文，大坝建筑也会减少湄公河三角洲冲积体积。此外，也有研究表明，重新调节水流量带来一定益处，如减少湄公河三角洲盐水入侵的问题，并保障足够的航深，提高河道通航能力(L.哈斯、V.丰基奥、唐湘茜，2011)。第二，大坝建设有可能拦截泥沙，水坝有可能长期阻碍富含营养的泥沙向下游输送，将影响下游平原和湿地的生态环境，并转化为对农业资源的影响。例如，大坝拦截沉积物流动使湄公河三角洲成为流域内侵蚀率最高的片区。第三，大坝将对泥沙输送、鱼类洄游通道造成一定的影响，在流域管理机制不健全的情况下，将对渔业和农业生产造成一定的干扰。目前湄公河主流大坝建设涉及1 800万居民的生产与生活，其中70%是农民和渔民。相关研究指出，老挝建造的栋沙宏大坝坐落在鱼类洄游集中度较大的河段，将改变湄公河的生态系统和珍稀鱼类品种。大坝建成后将对湄公河渔业将产生较大影响；沙耶武里水坝和水库可能会影响 23 至 100 个物种，包括 5 个濒危物种。

与此同时，气候变化进一步加剧水文开发对澜湄流域的水流量、洪灾频率、河岸生态等的影响。据湄公河委员会及文献（Mekong River Commission，2018；Hecht et al.，2019）预测，气候变化带来的环境影响包括：(1)流域内平均气温升高 0.79 摄氏度；(2)由于雨季降水增强，区域内平均年降水量增加 200 毫米，增幅达 13.5%；(3)洪灾强度加大，而且持续时间延长，具体而言，全流域洪水风险增强，包括上游山洪暴发更频繁，以及湄公河干流下游洪水泛滥程度加大；(4)流域南部和东部农业干旱期延长；湄公河下游区域旱灾加剧；(5)海平面上升及盐水入侵等其他影响。

并且，基础设施薄弱使得澜湄区域气候变化问题带来更为严重的危害。澜湄国家地处自然灾难多发地带，随着该区域人口急剧增长，域内国家普遍面临防灾救灾基础设施建设滞后、贫困人口集中在边远山区等安全性较差地区等问题，带来严峻的人居环境治理难题（于宏源、汪万发，2019）。此外，气候变化和水坝发展进一步加深柬埔寨、越南两国渔民的脆弱性，削减农业产值的同时也驱使农民离开农村进入城市，成为澜湄流域居民迁徙的重要因素。

(3) 国际政治因素。

澜湄流域的水资源开发与利用问题是各国间冲突的“主战场”，其背后涉及更广泛、更复杂的国家经济、外交、安全战略议题。与此同时，地缘政治格局也不断变化，使得水资源冲突的相关分析进一步复杂化。

第一，区域国家间协调机制不足、绩效较低。湄公河下游流域涉及 4 个国家共 13 个省份，这些地区在协调共同解决气候变化、干流建坝的潜在影响方面并未开展足够的区域合作。欧洲议会在报告中指出，澜湄流域内针对水资源的协调机制效力有限。中国主导的“澜湄合作机制”聚焦贸易促进和共同开发基础设施，并未设置专门板块来管理水资源；而湄公河委员会成员缺乏有效的实施机制，且中国、缅甸不在湄公河委员会成员国之列，限制了组织在水资源治理方面的效力（European Parliament，2019）。

第二，流域外国家介入使地缘水政治格局更为复杂。美国、日本和韩国等澜湄流域外国家均加强了在经济、社会发展和区域合作等方面的介入力度，一方面借澜湄流域各国经济快速发展，增加本国在东南亚的贸易和投资；另一方面企图制约中国在流域内日益增长的影响力。

表 5.8　美国、日本、韩国涉澜湄流域合作和水资源开发的活动

年　份	事　　件
1991	日本在其政府开发援助中专设“湄公河次区域开发”项目
2003	12 月，日本与东盟十国举行首次特别首脑会议，承诺未来三年为湄公河五国的开发和基础设施建设提供 15 亿美元援助；同时，日本公布《湄公河地区开发的新观念》
2007	日本公布《日本—湄公河地区伙伴关系计划》，倡导通过援助、贸易、投资“三位一体”的开发援助模式，推进日本与湄公河五国的伙伴关系，强化日本在该地区的政治经济影响力
2009	美国同湄公河流域国家召开首届“美国—湄公河下游国家部长会议”，启动“湄公河下游倡议”； 日本牵头的“日本与湄公河流域国家峰会”在东京开幕； 韩国政府于 2011 年启动“韩国—湄公河国家外长会议”机制，提出通过促进韩国和东盟、湄公共同体的合作，协助该区域创造“湄公奇迹”
2010	美国在“湄公河下游倡议”（Lower Mekong Initiative）框架下组建“湄公河下游之友”（Friends of Lower Mekong）网络，将湄公河下游五国以及日本、韩国、澳大利亚等美亚太主要盟友纳入成员国，旨在加强成员国间的政策协调与合作，通过外交战略、加大经济资源投入牵制中国在该区域实施周边战略
2009—2012	美国向湄公河下游国家提供超过 2 亿美元的援助，用于推动卫生、教育、环保和基础设施等领域的合作； 日本承诺在未来三年向湄公河下游国家提供 5 000 亿日元的政府开发援助，用于经济发展、环境保护、基础设施、民生改善等一揽子援助计划；2012 年对该计划续资 6 000 亿日元，用于支持未来三年湄公河下游地区的发展
2013	日本—东盟特别峰会期间，日本分别向越、缅、老三国提供了 960 亿日元、630 亿日元和 104 亿日元的政府开发援助
2015	2015 年 7 月 4 日，日本首相安倍晋三在与湄公河区域国家首脑会议上表示，将在三年内对澜湄流域五国提供 7 500 亿日元（约合 374 亿元人民币）经济援助

资料来源：USAID、中国社会科学院日本研究所；根据公开信息整理。

由表 5.8 可见，以美、日、韩为首的域外国家主要通过经济和发展援助介入澜湄地区事务，且多集中在水问题和下游国家。同时，近年来这些国家在流域的介入规模和强度上显著增长，政府开发援助大幅增加，机制化、网络化合作加强，合作路径不断更新。尤其值得注意的是，流域外的美国、日本等国及众多国际组织都推出了水资源开发合作战略，造成相关机制呈现重复、竞争甚至冲突并存的格局，进一步增加水资源开发中政治博弈的复杂性。日本、美国等相继加深在澜湄区域的介入度，均有政治、经济因素。日本在地理上远离澜湄地区，但却长期积极介入该地区事务。日本受重建经济、强化安保体制两大“俯瞰地球仪外交”战略推动，谋求强化与湄公河五国的合作关系，并增强其在该地区的经济影响力，并且意图强化自己在该地区经济、政治关系中发挥主导作用，确保经济利益，同时牵制中国在该地区影响力的提升(卢光盛、金珍,2015;常思纯,2018)。针对日本对湄公河次区域合作的介入,次区域国家的态度各不相同。常思纯(2018)指出,总体而言,湄公河国家普遍持欢迎态度,主要由于日本的援助和投资可以助推各国的经济发展及转型,同时部分与中国存在争端的国家希望借由日本的介入平衡中国在本地区的影响,以此争取本国利益最大化。与此同时,湄公河五国长期奉行"大国平衡"战略,在重视与日本加强经济合作的同时并未参与对日本牵制中国在澜湄地区影响力的行动。日本的介入一方面干扰了流域内部的合作进程,使各国间的合作机制更加复杂,另一方面导致区域内部事务国际化,使域外利益因素介入到区域争端中,不利于争端解决(王庆忠,2011)。随着中国"一带一路"倡议的推进,域外国家在介入澜湄流域的重点也由"牵制中国"转向经贸合作。

5.2.2 马来西亚—新加坡供水冲突

1. 水资源利用状况

新加坡是一个面积600平方千米的岛国,2018年国内人口为563.8万人(Statistics Singapore, 2018)。北隔柔佛海峡与马来西亚为邻,南隔新加坡海峡与印度尼西亚相望,毗邻马六甲海峡南口,由于国家地理位置、基础设施等问题淡水供给不足成为长期困扰新加坡的问题。新加坡四周环海,而且岛上没有大型河流或湖泊,国内淡水资源十分匮乏。并且新加坡于1965年从马来西亚独立,建国初期新加坡的基础设施尚不完善。尽管降水相对充沛,但国内没有足够的集水区和净水系统用以有效收集和利用雨水资源,同时城区水灾频发、河流污染严重,导致新加坡的淡水几乎全部依赖进口。在此背景下,新加坡向地缘关系紧密、历史渊源深厚的马来西亚寻求供水水源——由于新加坡与马来西亚南部的柔佛州相邻,柔佛州成为新加坡主要供水源。据统计,新加坡每日淡水消耗量约有一半来自马来西亚(Segal, 2004),其余则来自国内的蓄水池。新加坡每天从柔佛河抽取生水,并把处理过后的1 600万加仑净水以每千加仑50仙(Sen)①的价格返销给柔佛州(Singapore Ministry of Foreign Affairs, 2014)。这一价格仅为新加坡净水处理的部分成本。然而,两国之间的用水供求关系频频被马来西亚作为两国外交博弈中的"水牌",当两国有纷争时,马方常以断水相威胁。由于受制于马方的水源,新加坡的供水至今

① 仙(Sen)是马来西亚最小的货币单位,100个仙为1令吉。

未能达到自给自足，尤其是远未能满足国内需求，居民用水依然依赖外部供水。这种高度依赖为本国的水资源安全带来风险，也加剧了居民用水的脆弱性。

2. 水资源冲突的发展

新马供水尽管有 1961 年、1962 年的两份供水协议与 1990 年的补充协议等条款约束和规范，但两国间的政治、经济博弈给供水协议的执行带来不确定性和风险。新加坡自 1965 年脱离马来西亚独立后，水供应便成为两国冲突的焦点，新加坡面临马来西亚随时可能在未事先预警的情况下切断水源供应、提升水价等风险。

纵观新马供水冲突的历史，新加坡向外部"求水"的历史最早可追溯到 1927 年，当时柔佛允许新加坡免费抽取柔佛地区的淡水。作为回报，新加坡向马来西亚提供达到进口量 12%的经处理净水（Singapore Ministry of Foreign Affairs，2019）。新加坡独立后，两国分别于 1961 年、1962 年签署供水协议（见表 5.9）。1961 年协议规定新加坡在 2061 年前有权每天以价格 0.01 美元/千加仑的价格从柔佛河获得 2.5 亿加仑的原水。根据两份供水协议，双方有权在协议生效 25 年后（即 1986 年和 1987 年），重新调整水价，但两国当年均并未提出修改水价。究其原因是马来西亚担心提高水价后，新加坡会相应提高返销柔佛净水的水价，同时可能削弱新加坡在马来西亚投资的积极性。此外，马来西亚生产的是不可直接饮用的自来水，还需要向新加坡购买净化后的水，因此两国在水供应关系中属于相互依存的共生关系。

表 5.9　新马供水协议及主要内容

年份	协议名称和内容
1927	新加坡市议会（Singapore City Council）和柔佛苏丹（the Sultan of Johor）签订协议。根据协议，柔佛州将从 Sungai Pulai 向新加坡免费供应生水；该协议于 1961 年废除。
1961	新加坡与马来西亚签订首份供水协议，有效期至 2011 年。协议规定：新加坡有权每天从马来西亚 Pontian、Gunung Pulai 两个水库，以及地不佬河（Tebrau）、士姑来河（Skudai）抽取 40 万立方米淡水，价格为 0.03 林吉特/千加仑。协议双方可在 25 年后可调整价格。
1962	新加坡与马来西亚签订第二份供水协议，有效期到至 2061 年。协议规定：新加坡有权每天从马来西亚柔佛河抽取 115 万立方米生水，价格为 0.03 林吉特/千加仑。协议双方可在 25 年后调整价格。
1990	新马双方签订补充协议，协议有效期到 2061 年。协议允许新加坡在双溪灵谷河（Sungei Linggui）上筑坝；此外，新加坡有权每天从柔佛河抽取多于 1962 年协议规定的水量，超出标准的水量价格计算公式为：①由新加坡国内水价与进口水价价差减去成本；②高于柔佛州居民水价 15%。

资料来源：新加坡外交部（Singapore Ministry of Foreign Affairs）。

新马供水问题一直与两国的经济利益和地缘政治等因素息息相关。新加坡独立后，两国关系一度十分紧张。1997 年，马来西亚曾威胁将终止向新加坡供水。1998 年金融危机期间，马来西亚希望通过新加坡以金融贷款的形式支持本国货币，作为回报，新加坡建议马来西亚保证向新加坡长期供水。然而，马来西亚最终未接受贷款，谈判转向新马共同开发土地等其他议题。1998 年至 2003 年间，上述谈判框架下逐渐纳入更多项目，成为“一揽子计划”，双方同时就水价调整问题开展阶段性协商。其中，马来西亚提出提高向新加坡供水的价格。对此，新加坡坚称马来西亚在 1987 年决定不调整水价后（1962 年水协议中规定），已经失去审核调整水价的权利，因此两国任何一方都不能单边改变水协议中规定的原水和处理水的价格。

进入 21 世纪后，马来西亚多次改变其在一揽子项目上的谈判立场，其中包括多次提出要求修改供水协议，在谈判期间不断提高供水价格。2001 年，新加坡总理李光耀和马来西亚总理马哈蒂尔就新马一揽子争端解决达成初步协议，但在水价方面存在异议——马来西亚提议从 2000 年 8 月起实施的每千加仑 45 仙（0.6 令吉），增至 2001 年 2 月的每千加仑 60 仙，而新加坡仅愿意支付 0.45 林吉特/千加仑，并以违背新马分家协议和供水协议为由拒绝进行谈判。2002 年 9 月，马方提议供水价格升至每千加仑 6.25 林吉特。

2014 年，有报道称马来西亚总检察署已批准地方政府提高对新加坡供水价格，预计柔州政府将在年内提高原水价格，同时柔州政府将在年内推行“零度水供依赖”计划，通过铺设更多水管以提升滤水站容量，本州用水能够自给自足，不需要向新加坡购买过滤水，但这项提案并未付诸实际行动。目前双方就水价的谈判仍未有实质性进展。2018 年 6 月 25 日，马来西亚总理马哈蒂尔接受新加坡亚洲新闻台采访时表示，马来西亚供给新加坡的水价过低，价格至少应提高 10 倍，暗示有意提升水价。对此，新加坡外交部 25 日作出回应，敦促马来西亚遵守 1962 年达成的供水协议，重申马来西亚切断新加坡的供水有违联合国授予汲取水资源的权利。2018 年，新马两国就位于柔佛海峡西边、靠近新加坡大士（Tuas）的海域主权问题爆发争端。随着外交争端愈演愈烈，水价冲突协议陷入僵局。

3. 水冲突的原因

马来西亚—新加坡供水冲突的实质是资源匮乏型发达国家与发展中资源供给国间的政治与经济博弈。

第一是经济因素。新马两国于 1987 年对供水价格协商实际上是国家利益的博弈。2014年新加坡外交部发言人尚穆根(Kasiviswanathan Shanmugam)称,如果马来西亚在1987年审查并修改供水价,新加坡将相应改变对马的投资决定,例如否决1990年开发柔佛河的重要项目——建造金额超过3亿美元的灵谷(Linggiu)大坝项目。该项目将增加柔佛河供水量,保障柔佛州和新加坡在旱季供水安全。而正是因为马来西亚放弃审查水价,新加坡才在此基础上采取"使马来西亚获益"的行动。水资源问题与经济利益的相互牵制使马哈蒂尔在2018年"喊话"新加坡,计划提高水价,并有意与新加坡重启关于供水价格的讨论。2018年5月,马来西亚宣布取消尚未开工的吉隆坡—新加坡高铁项目,继供水冲突后两国关系再次紧张。新加坡外交部前常任秘书比拉哈里(Bilahari Kausikan)认为,马哈蒂尔此时提出提高水价实际上是在施展"牵制战术",以期正式通知取消隆新高铁项目时,能要求新加坡豁免或降低其需要赔偿的违约金。

第二是地缘政治因素。由于新马两国历史渊源深厚、地缘相近,新加坡在20世纪初与马来西亚柔佛州签订供应淡水的协议;但是后期随着新加坡工业化进展、经济起飞和人口迅速增长,对淡水的需求日益扩大,而其岛内的水资源有限,由此加深了新加坡对马来西亚淡水资源的依赖。反观马来西亚,虽然其经济不如新加坡发达,但自然资源丰富。因此,分析普遍认为马来西亚利用不对称的依赖关系以中断供水为要挟,迫使新加坡在两国间涉及领土、经济等各领域的争端中做出让步。

5.3 水事件典型案例

5.3.1 老挝沙耶武里水电站建造争议

沙耶武里水电站(Xayaburi Dam)位于老挝北部城市沙耶武里以东约30千米,总投资超过38亿美元。该巨型水电工程是湄公河下游计划建造的11座干流大坝中进展最快的项目,计划于2019年投产。沙耶武里大坝的预期发电量达到1 285兆瓦,是继沙耶武里洪沙坑口电站(装机容量1 878 000千瓦)之后的第二大电站项目。老挝政府计划将大坝水电站超过95%(1 225 000千瓦)的电力出售给泰国,以换取外汇收入;其余60 000千瓦满足国内用电需求。该项目每年将为老挝政府贡献40亿基普的收益,其中包括18.9亿特许权费、13.7亿分红、6.37亿税收。2010年9月,老挝政府向湄公河委员会告知建设计划,成为首个执行《湄公河协定》中委员会"通知、事前协商与协议程序"的项目,之后湄公河委员会就沙耶武里大坝开发提案与成员国开展为期6个月的事先咨询程序。

大坝从提案伊始便饱受争议。湄公河沿线国家的环保团体和公民组织警告建造大坝将破坏湄公河的生态系统，并影响近6 000万人的生活。柬埔寨和越南担心修建大坝将影响其农田灌溉和捕鱼；泰国也反对老挝修建大坝，认为其建造方案未经审核，程序不透明，信息公开也不彻底，并向曼谷行政法庭提交了诉讼。由于受到国际社会的广泛批评，老挝政府多次推迟了大坝的动工时间。项目前期建设于2012年上半年展开，但很快由于柬埔寨和越南的抗议而暂停。虽然该项目饱受争议，并在湄公河委员会机制下被越、泰、柬三国叫停，但老挝政府依然开启这一工程。

5.3.2 柬埔寨深化水电开发合作

电力紧张是柬埔寨发展面临的主要问题之一。该国依靠邻国老挝供电，每年约15%的电力(约12亿千瓦时)仍须从老挝购买，而电力紧张造成的高电价也给柬埔寨吸引外国投资带来巨大障碍。

中国水利水电建设集团公司承建的栋沙宏大坝位于老挝、柬埔寨边境北河两千米处的栋沙宏(Don Sahong)，是老挝在下湄公河干流上的第一座水坝。由于非政府组织如世界自然基金会、国际河流组织等预计大坝建造将毁损水系生态、影响当地渔业，2014年12月湄公河委员会在对该大坝计划举行公众磋商咨询时即遭到柬埔寨、越南的强烈反对(方晶晶，2015)。2015年2月，柬埔寨首相洪森表示将“推迟由中国企业兴建的水坝工程”，并表示该决定并非由于非政府组织的压力，而是由于柬埔寨已经摆脱了缺电状态，新增水坝将会使发电量过剩(澎湃新闻，2015)。2017年1月，柬埔寨首相洪森决定放弃长期以来对老挝大坝所持的反对立场，在社交媒体上公开表示“在审时度势后，柬埔寨对此开发项目无异议”，同时对老挝“承诺向该项目附近的柬埔寨省份提供较低电价”表示感谢。部分媒体认为，柬埔寨当局立场转变的原因包括两方面：第一，柬埔寨与中国的利益日益重合、两国关系转好，此举也是当局对中国对其大量援助的积极回应；第二，老挝同意以低价向柬埔寨售电，符合柬埔寨的国家利益。

近年来，柬埔寨在中国企业投资的推动下建造了多个水电站，以提升发电量，满足本国经济发展所需。据柬埔寨中国商会电力企业协会的数据，截至2017年底，柬埔寨全国供电量74亿度，同比增长11.9%，国内发电65.51亿度，自主供电率已达88.5%;其中,中资已投产7个项目共11座水电站、1座火电站,总装机达到173万千瓦,全年发电量55.75亿度,占全国发电量的85%。其中,规模最大的项目是中国华能承建的"桑河二级水电站项目"。该项目是柬埔寨迄今为止最大的水电工程,也是中柬最大水电合作项目。水电站采用"中国技术+中国设备+中国标准+中国管理"的全链条"走出去"模式,建造费达7.81亿美元。股权方面,中国、柬埔寨、越南各占51%、39%和10%的股权,并将由中企运营40年后移交柬政府。电站大坝全长6 500米,为亚洲第一长坝。该项目已于2018年12月17日投产,以40万千瓦的总装机容量占柬全国总装机容量的近20%,对加快湄公河流域水电资源开发的意义重大,被誉为柬埔寨的"三峡工程"。洪森充分肯定了中国企业对柬埔寨水电资源开发的贡献,认为该项目让柬埔寨民众用上了安全、稳定、清洁的电力资源,保障了柬埔寨在电力方面的独立性和安全性,同时增加了就业机会,对于改善柬埔寨民生、加快国家经济发展具有重大意义。

5.4　水冲突争端解决机制

5.4.1　澜湄流域水资源开发协调机制

目前,澜湄流域开发已经形成三个层级的合作机制:第一类国际组织机制,包括亚洲开发银行(Asia Development Bank)推动的"大湄公河计划"(Greater Mekong Subregion Economic Cooperation, GMS)、联合国开发计划署和日本支持的"新湄公河计划"。第二类是次区域合作机制,即由东盟发起的"东盟—湄公河流域开发合作计划"。第三类是流域内国家发起的机制,例如由泰国提出的"黄金四国计划"和中国推动的"澜沧江—湄公河合作机制"。这些机制的范围、关注点和成效虽然各不相同,但共同目标都是协调区域内的水治理,消除区域内国家的贸易和投资障碍,促进各成员国的经济发展。虽然澜湄流域已经形成多层级水管理机制,但域内国家的关注点和利益诉求差异较大、各国间的水资源治理协调机制不足,依然存在河流开发无序、水冲突频繁的现象,而域外国家介入使水资源冲突的地缘政治更为复杂。近年来,随着中国牵头的澜湄合作机制深化,区域国家的对话显著加强,在水资源方面从冲突逐步走向合作。

1. 国际组织推动的机制:联合国"亚洲及远东经济委员会"

联合国是最早发起湄公河区域合作机制的国际机构。其于1947年成立"亚洲及远东经济委员会”(ECAFE),旨在协助东南亚发展。1952年该委员的一项研究指出湄公河水电和灌溉发展具有巨大发展潜力,从而掀起了湄公河下游国家水资源开发的热潮。1957年9月,该委员会法律专家草拟宪章草案、设立协调委员会(Coordination Committee),湄公河下游国家再次在曼谷召开预备委员会(Preparatory Commission)会议。预备委员会最终通过法规,成立“湄公河下游调查委员会”。委员会由下游四国的代表组成,并得到联合国的投入和支持。1957年末,委员会邀请联合国技术援助署(UN Technical Assistance Administration)派专家队来曼谷考察。建议所有水电项目开发前应优先考虑水文影响的数据收集,并基于此开展为期五年的研究项目。这一项目后被湄公河委员会采纳,成为其“第一个五年计划”。

2. 次区域合作机制

由于澜湄流域主要区域交通不便、经济发展较为滞后,加之地缘战略地位重要,自20世纪90年代起该地区的经济开发开始引起国际社会的关注。迄今,地区内已经形成三大合作机制:一是1992年在亚洲开发银行的倡议下,由澜湄流域六国组成的“大湄公河次区域经济合作”机制(ASEAN Mekong River Basin Development Cooperation);二是1995年由湄公河下游泰、老、柬、越四国在1957年成立的湄公河下游调查协调委员会基础上产生的湄公河委员会(Mekong River Commission);三是1996年东南亚国家联盟(ASEAN)成立的“东盟湄公河流域开发合作”机制。值得关注的是,东盟湄公河流域开发合作机制的主要目的是促进流域内国家的经济合作,未针对湄公河水资源管理提出专项计划。

时永明(2016)指出,上述三个机制都不是“纯粹的澜湄流域合作组织”。首先,湄公河委员会是以下游国家为核心,上下游进行对话合作的组织。其次,东盟湄公河流域开发合作的主要目的是提高湄公河流域越、老、缅、柬的经济水平,加速东盟经济共同体的建设,同时促进东盟与中国的经济合作;日、韩的加入使它又成为了东亚十三国合作的一部分。再次,“大湄公河计划”机制虽然由流域六国组成,且从2002年起形成峰会合作机制,中国也曾将其作为参与并推动湄公河次区域合作的主渠道,但该机制难以摆脱早期形成的以项目合作为主导、亚洲开发银行作为参与方和出资方的模式。且由于日本将参与湄公河合作视为与中国进行地区主导权的竞争,以至于该合作机制近几年在推动地区基础设施建设等方面难以更有效地发挥作用。

(1) 亚洲开发银行推动的机制——“大湄公河次区域经济合作机制”。

亚洲开发银行于1992年倡导发起“大湄公河次区域经济合作机制”,成员国包括中国、柬埔寨、老挝、缅甸、泰国、越南六国;其中,中国云南和广西两省区政府参与具体合作活动。亚洲开发银行担任大湄公河计划经济合作机制的发起者、秘书处和主要融资方,负责日常事务的协调,召集会议并动员资金。大湄公河计划合作机制的宗旨是通过促进区域基础设施一体化和跨境人员流通,加强各成员间的经济联系并消除贫困,以此促进次区域的经济和社会发展。该机制已形成领导人会议、部长级会议的合作架构,成为该区域重要的经济合作机制之一。七大重点合作领域涵盖交通、能源、信息通信、环境、农业、人力资源开发和旅游。其中,由于水资源管理并不在大湄公河计划合作机制框架内,围绕湄公河水资源的直接合作倡议主要在“环境”合作领域中展开。以“大湄公河计划核心环境规划项目”为例,其“核心环境规划项目二期(2012—2016)”主要关注保护生物多样性和减贫、应对和缓解气候变化以及能力建设。2018年2月六国环境部长共同批准一项五年环境议程,将投资超过5.4亿美元的重点项目促进绿色投资、增强环境合作,其中9 800万美元用于生物多样性和生态保护,从而帮助大湄公河次区域实现可持续增长。

(2) 河流流域内政府间合作机构——“湄公河委员会”。

湄公河委员会是现阶段湄公河水资源的主要开发和管理机构,成员国包括柬埔寨、老挝、越南和泰国四国,其中,中国和缅甸是对话国,该机构的功能经历了从单独的洪灾治理到更综合和多角度的对水资源的开发利用的转变。委员会前身为联合国亚洲及太平洋经济社会委员会(ESCAP)于1957年发起的“湄公河下游调查协调委员会”。泰国、老挝、柬埔寨和越南四国于1995年4月在泰国清莱签署《湄公河流域可持续发展合作协定》,湄公河委员会正式成立。根据该协定,各国将共同管理水资源,致力于流域的经济发展,以减少区域贫困、提高人民的生活水平。各国的重点合作领域包括湄公河流域综合开发利用、水资源保护、防灾减灾和航运安全等。1996年,中国和缅甸成为湄公河委员会对话伙伴(中国外交部,2018),迄今已与湄公河委员会连续开展21次对话。湄公河委员会的发展合作伙伴还包括日本和澳大利亚等。

湄公河委员会由理事会、联合委员会和秘书处三个常设机构组成。其中,理事会由各成员国派1名部级官员参加,有权作出政策性决定,每年至少举行1次理事会会议。联合委员会由各成员国派1名厅级官员参加,具体执行理事会作出的决定，每年至少举行两次联合委员会全体会议。设在老挝万象的秘书处向理事会和联合委员会提供技术和行政性服务，负责湄公河委员会日常工作，并接受联合委员会的监督。

湄公河委员会通过政策沟通、利益相关方协调、宏观规划和技术评估等措施促进流域内国家开展对话和协商。其职责包括：(1)为已建和拟建的项目提供独立公正的意见；(2)促进湄公河沿岸国家水电项目协作研究；(3)提供可持续评估和战略发展建议；(4)鼓励对话，加强政府、私营部门、民间团体及各利益相关者间的沟通；(5)增进并鼓励形成伙伴关系；(6)促进成员国的参与度，通报水电决策过程。在水电开发方面，湄公河委员会建立"通知、事先咨询和统一程序"(PNPCA)，倡导成员国就湄公河及其支流上的基础项目建设(尤其是对下游居民和环境造成跨境影响的项目)开展协商。根据委员会的规定，湄公河流域尤其是干流修建水电项目的活动必须得到湄公河委员会四个成员国一致同意。此外，湄公河委员会促进各成员国的利益相关方(包括政府、民间组织、私营开发商等)之间的对话，共同评估干流大坝的建设提案的长远影响。例如，2009 年湄公河委员会进行"干流大坝战略环境评价"(Strategic Economics Assessment)，通过经济发展、社会公平和环境保护三方面系统评价大坝对不同利益相关方成本和收益的影响及其区域分布。中国于 1995 年开始与湄公河委员会建立司局级正式对话机制，围绕湄公河水资源利用，在水利、电力、环境、交通、能源等方面与成员国开展广泛对话。

并且，湄公河委员会的合作重点也在不断转变。2010 年 4 月，湄公河委员会首届峰会在泰国华欣举行，泰国、柬埔寨、老挝和越南的政府首脑出席会议并致辞，会议发表了《湄公河委员会华欣宣言》，承诺建设"一个经济繁荣、社会公正和环境良好的湄公河流域"，湄公河委员会在其中发挥的关键作用是促进和协调水资源以及相关资源的可持续管理和发展。具体而言，委员会未来的工作重点包括批准和实施以综合水资源管理为基础的《流域开发战略》以及加强对洪水、干旱和海平面上升等灾害的有效控制等。2014 年 4 月，第二届湄公河委员会峰会在越南胡志明市举行，会议发表《胡志明市宣言》，重点讨论气候变化背景下的水资源、能源和粮食安全。2018 年 4 月，湄公河委员会第三届峰会在柬埔寨暹粒举行，会议发表《暹粒宣言》，提出进一步加强合作的优先领域，其中加强区域机制合作成为重点之一。

同时，国际评价普遍认为湄公河委员会机制效力有限。限制其效力的原因主要包括三方面：第一，委员会延续以下游国家为核心，上下游进行对话合作的模式，流域内最大的经济体中国一直未正式加入。第二,由于委员会建立的水资源协商和协调机制不具备强制性,其对流域内的非法开发约束效力极小。尤其在湄公河下游水电开发建设热潮的背景下,委员会因无法调和成员国之间关于水电开发的争端而在国际上受到诟病,出资方提供资金也大幅减少。第三,由于委员会大多数的运行资金来源于美国、欧盟国家、澳大利亚、日本等域外国家,委员会给域外国家介入区域事务提供了平台,因而在性质上缺乏自主独立性,易受域外大国的介入和影响。

3. 国家间推动的合作机制

(1) 中国政府推动的机制——“澜沧江—湄公河合作机制”。

“澜沧江—湄公河合作机制”(简称“澜湄合作机制”)是2014年11月中国国务院总理李克强在缅甸内比都出席第十七次中国东盟领导人会议时提出的。2016年3月,澜湄合作首次领导人会议在中国海南举行,宣告澜湄合作机制正式启动。澜湄合作机制的成员国包括中国、柬埔寨、老挝、缅甸、泰国、越南,有政治安全、经济、社会文化“三位一体”的总体框架(卢光盛,2017),其中水资源是合作的重点。此外,中方宣布设立澜湄合作专项基金,支持六国提出的中小型合作项目。这一新生机制倡导的互联互通、产能合作、跨境经济合作、水资源合作、农业和减贫合作五大优先合作方向,对加强澜湄流域各国就水资源管理进行对话意义重大。

澜湄合作机制具有两大特点。第一,是迄今为止次区域六国共同参与的唯一水资源治理平台,标志着中国更为深入地参与到跨境水电开发和水资源管理合作中。第二,与湄公河委员会、大湄公河次区域经济合作机制等现有合作机制相比,澜湄合作机制更强调开放、包容性、经济贸易合作和利益共享。此外,对于中国而言,澜湄合作机制是响应“一带一路”倡议的重要机制之一,而东南亚国家是“一带一路”建设的重点合作对象、推进“区域互联互通”的关键区域和投资目的地,因此,澜湄合作机制框架下的水资源协同管理与经济发展更息息相关。

目前,澜湄合作机制水资源管理框架尚在规划中。根据《澜沧江—湄公河合作五年行动计划(2018—2022)》,澜湄合作机制近期的工作重点之一是规划六国水资源共同治理机制,具体包括:一是加强水资源可持续利用顶层设计和水资源政策对话,定期举办澜湄水资源合作论坛;二是推进澜湄水资源合作中心建设,使之成为支撑澜湄水资源合作的综合合作平台;三是促进水利技术合作与交流,开展澜沧江—湄公河水资源和气候变化影响等方面的联合研究,组织实施可持续水资源开发与保护技术示范项目和优先合作项目；四是加强水资源管理能力建设，开展该领域的交流培训与考察学习；五是发展和改进对澜湄流域各国开放的水质监测系统，加强数据和信息共享；六是加强澜沧江—湄公河洪旱灾害应急管理，实施湄公河流域防洪抗旱联合评估，就早日建立应对澜沧江—湄公河紧急洪旱灾害信息共享沟通渠道开展联合研究；七是共同制定《水资源合作五年行动计划》；八是开展水资源生态养护合作，推动建立澜湄流域生态养护交流合作机制，共建野生鱼类增殖救护中心，以加强鱼类多样性、鱼类数量和鱼群巡游等信息共享，促进在水产养殖能力建设等方面的渔业合作。此外，中国水利部和云南省政府已落实澜湄合作机制的倡议，于 2018 年 11 月举办首届澜湄水资源合作论坛。该论坛旨在打造水资源政策对话、技术交流和经验分享平台。来自澜湄合作六个成员国政府部门、科研机构、学术团体、企业以及相关国际组织就水资源可持续开发利用与保护、洪旱灾害管理、水—能源—粮食纽带关系、水资源管理国际合作等议题进行交流（人民日报，2018）。

中国在下游建坝活动中承担投资方和承建方的角色。湄公河流域内各国对水电项目的需求很大，中国国有企业凭借技术优势和多年合作经验，在湄公河流域承建了建设项目，并在大型项目中持有股份。20 世纪 90 年代前，湄公河下游国家的大多数水坝都由政府投资，主要资金来源于世界银行与亚洲发展银行；而目前大多数水坝建设项目已成为商业项目，据估测，中国公司承包了大约 40%的湄公河委员其他成员国的干流支流水文工程，其中包括 11 座干流大坝提案中的 4 座，分别位于老挝的北滨、芭莱、夏那康以及柬埔寨的桑伯尔。

当前中国在国内和湄公河下游的水电开发项目受到外界的大量关注。而中国已连续 15 年向有关国家提供澜沧江汛期水文数据，中国在澜沧江进行的水电梯级开发“调丰补枯”作用明显，为下游国家防洪抗旱发挥了重要作用。

有学者认为，因为中国资金、技术雄厚，引领的澜湄合作机制将降低域外大国通过资金渠道介入澜湄地区事务的可能性，因此域外国家各自成立相关机制，以制衡澜湄合作机制的作用。

(2) 域外国家推动的机制：美国“湄公河下游倡议”、日本“湄公河首脑会议”。

“湄公河下游倡议”（Lower Mekong Initiative，LMI）是 2009 年由美国国务卿希拉里·克林顿提出的机制，成员国包括位于湄公河下游的柬埔寨、老挝、泰国和越南四国。该机制的核心内容是向柬、缅、老、泰、越等湄公河五国提供财政和技术协助，帮助这五国提高在基础设施建设、确保粮食安全、环境和水资源、能源安全、教育培训和卫生等领域的地区合作能力。2012 年 7 月在柬埔寨举行的第四届“湄公河下游倡议”参与国外长会议上，美国国务卿承诺在 2013—2014 年间向湄公河五国提供 5 000 万美元的援助资金。“湄公河下游倡议”的环境和水资源管理是五大“支柱议题”之一，由越南和美国共同主持，通过促进倡议伙伴国之间的对话和信息交流，鼓励各国出台自然资源管理的政策和行动计划。这一支柱议题主要从三方面提高澜湄流域的水资源可持续性，即减少水灾害；保障水资源安全，包括增加获得安全的饮用水和水净化设施，并提高用于粮食生产和能源产出的水生产力；保护自然资源，增强相关管理。尽管该倡议在湄公河流域的影响范围较小，但仍被视作美国遏制中国在澜湄区域影响力整体战略的一部分。

除了美国外，日本、韩国、印度等域外国各自与湄公河流域国家建立了不同层级、形式的多边合作机制。例如，日本早于 2003 年便与泰国、缅甸、越南、柬埔寨、老挝首脑举行“日本—湄公河首脑会议”，并持续推动该会议的定期化和机制化；2018 年日本更是将与湄公河五国的关系提升至“战略合作伙伴关系”，并通过共同文件《东京战略 2018》，将湄公河次区域定位为亚洲新兴市场的中心，认为该区域的未来发展前景巨大。印度于 2000 年启动“湄公河—恒河合作倡议”，是印度为加速推行“东向”政策（Look East Policy）、与东盟国家深化合作采取的重要举措之一；此外，印度计划建设“湄公河—印度经济走廊”，打造一个陆地与海运的综合连接网络，促使印度和东南亚快速增长的新兴市场有效连接（中国商务部，2013）。韩国则通过举行“韩国—湄公河国家外长会议”确定合作机制。虽然上述合作机制的重点并不在水资源合作上，而大多聚焦经济和基础建设合作，但这些多边机制都为域外大国介入湄公河水资源活动提供了平台。

5.4.2　新马供水冲突的解决方案

在新马供水冲突中，由于新加坡对马来西亚水资源的依赖度较大，当新马发生冲突而波及供水问题时，敏感性和脆弱性主要体现在新加坡方面。因此，保障淡水供应和可持续再生已成为威胁新加坡国家安全和发展的关键问题。为减少对外部供水的依赖，新加坡当前的解决方案包括“对内节能建能”，即通过控制用水量、扩建集水区、海水淡化和生产新水等措施提高自给率，以及“对外开源”两大战略，同时制定了在 2060 年达到水供给自给自足的目标。据新加坡国家供水局（National

Water Agency)介绍,该国已开发出多样化的淡水来源,目前四大淡水来源分别为国内集水、进口原水、新生水和淡化海水。其中,雨水收集和进口原水占用水总量的 75%,其余 25%为新生水和淡化海水。这些战略主要包括:

一是新加坡水资源收集再生系统。新加坡采取的战略是先发展以水资源管理为主的城市基础设施建设,即建设并不断扩大集水区(water catchment),通过土壤植被及河流网络来滞留净化雨水,提高雨水水质,便于循环和进一步利用。由于新加坡地处热带雨林气候区,降雨量较大,水库和蓄水池能有效收集雨水,可以显著提高其供水自给率。新加坡在建国初期仅有 3 个水库和蓄水池,蓄水能力为 3 110 万立方米,其后国家不断扩建、完善雨水收集工程,使集水区面积不断增加,目前已达到国土面积的 60%,并计划扩大至覆盖国土面积的三分之二。新加坡国内的蓄水设施规模、技术均位于世界前列,例如位于新加坡东部的勿洛蓄水池(Bedok Reservoir)是目前世界上唯一采集城市居民区雨水的现代化集水工程,蓄水容量达到 1 280 万立方米,而 2008 年落成的滨海堤坝位列全球五大供水工程。

二是海水淡化技术。作为岛国,新加坡四周的海水资源丰富,海水淡化成为新加坡获取淡水的途径之一。流入新加坡岛内湖泊的海水被围堤截住,作为进一步淡化的水源。目前新加坡共有五个已建成或计划建造的海水净化厂。首座落成的海水淡化厂是位于大士的"新泉"(Sing Spring)淡化厂,于 2005 年 9 月投入使用,每天生产淡水 3 000 万加仑,是本区域规模最大的反渗透技术海水淡化厂之一。第二座淡化厂大泉(Tuaspring)于 2013 年竣工,每天将为新加坡提供 7 000 万加仑食用水。而占地 3 公顷的"滨海东"海水淡化厂。该厂预计 2020 年完工,是新加坡,也是全球首个可同时处理海水和淡水的双模式海水淡化厂,可在多雨时期处理来自滨海蓄水池的淡水,旱季则主要淡化海水。与此同时,新加坡公用事业局(Singapore Public Utility Board, PUB)计划推进海水淡化的应用率,第五座海水淡化厂将建在重工业密集的裕廊岛。裕廊岛上共有约 100 家石化及其他化工企业,每天的用水量高达 4 600 万加仑,约占新加坡总用水量的 10%,但目前仅有不到 20 家企业使用海水制冷,其余主要使用新生水。因此,政府希望通过在岛上建厂以推动更多企业改用海水制冷。此外,新加坡政府计划开发应用盐度处理技术将临海河流纳入集水区,从而将集水区面积进一步扩展至国土面积的 90%。预计到 2060 年,淡化海水将满足新加坡至少 30%的供水需求。

三是新生水(New Water)技术,即对污水进行回收、过滤、再生的再循环处理,生产可供饮用的水。该技术结合污水处理和水源利用，经过处理获得的新生水在各项指标上都优于目前使用的自来水，且清洁度至少比世界卫生组织规定的饮用水标准高50倍，而售价却比自来水便宜至少10%。新生水技术在近年内发展迅猛，已成为新加坡重要的淡水来源之一。自2002年勿洛新生水厂作为第一座新生水厂落成后，新加坡先后完成四座新生水厂的建设。为保障再生水的生产，国内建设有完善的排水处理系统，使居民废水得以100%排入废水管网，输送到供水回收厂，经过处理后成为新生水。预计未来新生水生产成本降低，有望进一步缓解国内的供水问题（经济日报，2010）。

第四，采取融合公众教育、基础设施、可持续城市设计的多维度水资源管理策略，促进水资源可持续发展。其一，政府成立专业性水资源统筹管理部门"新加坡公用事业局"。2001年新加坡政府对水务管理进行改革，成立法定机构"环境和水资源部"，并将公用事业局划归其管理。公用事业局从环境部接管与环境相关的水务职能，成为专业化的水务管理职能部门，实现对水资源的全方位规划管理。公用事业局成立由50名专家组成的高级水资源管理技术中心，为事业局的各项决策提供专业研究和发展支持，将有关环境的考量与新技术的开发应用纳入水资源的开发与管理。其二，新加坡公用事业局于2006年推出"ABC水资源计划"，通过融合蓄水设施、城市空间和人居环境，把可持续用水的理念结合到城市、人居环境、亲水空间等设计中。该计划包括A、B、C三大模块，其中："A"指"活跃"（active），旨在在水体边打造集宜居的生活、活动及休闲为一体的社区空间，并通过政府鼓励市民参与并共享；"B"指"美丽"（beautiful），提倡将水环境打造成观水、戏水的可亲水活力空间，将水体与公园、居住区和商业区等城市设施的发展融为一体；"C"指"清洁"（clean），即通过对水源的系统管理、公民提供用水教育等，促进城市、人、水资源的关系有机结合，打造更可持续的用水生态系统。

第五，新加坡对外拓展新供水来源国，以减轻对单一供水来源国过度依赖带来的风险。1989年12月提出涵盖新加坡—马来西亚柔佛州—印度尼西亚廖内群岛的"增长三角"经济开放区设想，希望可以从廖内群岛获得淡水资源。1991年6月，新加坡和印度尼西亚达成协议，规定双方在淡水的供给和分配方面进行为期50年的合作。新加坡与印度尼西亚的萨利姆集团合作开发岛上的水资源，可每天将从廖内群岛中的民丹岛（Bintan）抽取1.21亿加仑淡水，价格为每立方米1美分；此外，新加坡计划建设5个大坝和净水处理厂（王虎、王良生，2010）。

综上所述，新马供水争端的表面是在水价，实质是经济发展程度较低的国家（马来西亚）和发达经济体（新加坡）在资源、经济合作与博弈中牵制后者的一张“水牌”。在供水冲突中，新马双方的利益诉求点也十分明确：马来西亚着眼于提高现行协议中规定的偏低的水价；而新加坡关心的是马来西亚是否能够保证长期对它的淡水供应。近年来，随着新加坡在供水技术及基础设施的发展，新加坡的自主水供应已经得到很大的改善，但成本依旧较高，因此，对马来西亚的水资源仍然存在较大的依赖度，新马供水争端可能的解决方案包括新加坡进一步降低供水成本、提高自主供水率，新马基于利益共享达成“最优水价”等等。

5.5 未来展望

5.5.1 澜湄水资源冲突的未来展望

从上述澜湄流域水资源机制分析可以得出几个关键趋势：第一，中国已经与湄公河流域国家建立更为紧密的合作关系，并更广泛、更积极地参与湄公河流域的水资源管理与合作；第二，澜湄流域的合作逐渐由域外大国主导转向域内国家协作；第三，在区域水资源开发合作从冲突走向合作的积极趋势下，流域国家还面临一系列挑战，包括：水利设施建设、水资源管理信息共享程度和透明度、各利益相关方诉求并建立相应的参与机制、澜湄合作等新机制下的合作范围等。尤其是在中国国际话语权、经济领导力提升的背景下，澜湄流域水资源开发的利益相关方管理日趋复杂。

总体而言，澜湄流域水资源开发冲突逐渐从冲突分歧走向互惠合作，但具体的实施机制和合作模式有待商榷。基于以上研究可以得出，为实现湄公河水资源共享的有效治理的关键在于以流域开发利益共享为核心，协调各国的经济发展目标，以及协调各国国内相关方的利益，实现各方利益的最大化。主要包括：第一，联合规划流域水资源开发，基于有利于各国国内生活、生产需求的前提，制定最优科学规划。首先，构建国家、社会、商界和社区成员都能参与的多层次机构，设立代表处或办公室，作为水资源争端的联络和解决争端的执行机构；其次，推进信息共享机制和平台构建。在保障国家安全的前提下加强河流数据以及共享，尤其是关系到基本民生，如枯水季饮用水、农灌用水相关的水文数据。同时，各国应敦促水电开发方评估、公布水基础设施项目的影响，并跟踪监测评估结果；再次，依托湄公河委员会、东盟、澜湄合作机制等平台调动各国学术和政府机构的资源，启动水资源专项合作研究，促进水分配及利用的科学合理性。第二，中国作为位于流域内大国，应在跨境水资源合作中发挥主导作用。首先，可以依托澜湄合作机制、东盟等构建新的对话渠道和合作平台，通过行业协会、科研学会等平台探讨并提出水资源联合利用及开发的方案与建议，不仅减轻中国在湄公河委员会对话机制中缺位的负面影响，而且充分发挥引领者的作用。其次，中国可以考虑结合亚投行、丝路基金，进一步促进与流域内国家在水、能源与粮食安全方面的合作。再次，依托“一带一路”倡议，加大在基础设施建设和经贸领域合作，促进在经济、社会与文化的互联互通，从而推进水资源全面合作。

5.5.2　新马供水冲突的未来展望

新马双方的水资源冲突，既存在水资源等自然禀赋的差异，也有经济发展水平的不同，并且加上历史的原因，从而两国之间既有水资源供需互相依赖的关系，也有历史契约和水价造成的冲突。从近年来两国在水源开发技术、基础设施以及经济发展的趋势看，未来供水冲突的协调可以通过以下几个路径开展。第一是优化供水合作机制，新马双方政府基于利益分享的原则，进一步推进在供水协议期、供水价格方面的协商谈判。马来西亚保证在协议期满后继续向新加坡供水，新加坡适度考虑提高水价，在综合考虑双方国内水价的基础上进行价格调整。第二是诉诸国际法院仲裁。在供水争端中，新加坡和马来西亚的立场均十分强硬。新加坡一贯主张马来西亚在 1987 年放弃重新审议水价后已失去审议 1962 年协议中原定水价格的权力，而且再议水价意味着违反《新马独立协议》，而马来西亚则主张诉诸国际法院仲裁解决。国际法院仲裁无疑将严重损害新马两国之间的政治和经济关系，这对水资源匮乏、依赖于外部供水的新加坡，以及依靠新加坡技术、投资的马来西亚来说都并非最佳结果。鉴于新马之间的紧密联系，未来两国政府间就供水事宜展开正式讨论势在必行，也是两国后续深化合作的基石。

第6章　中亚水资源冲突与解决

6.1　中亚自然与社会概况

中亚一般指位于亚欧大陆腹地的亚洲中部地区，但因为对中亚的定义不尽相同，中亚范围一直难以界定。国际社会对中亚国家范围有着多种界定方式：广义上，中亚包括哈萨克斯坦、塔吉克斯坦、乌兹别克斯坦、土库曼斯坦、吉尔吉斯斯坦和阿富汗；但在苏联时期，出现了一种狭义的定义方式——将中亚定义为在其管辖下的五个加盟共和国，即哈萨克斯坦、塔吉克斯坦、乌兹别克斯坦、土库曼斯坦和吉尔吉斯斯坦，这是迄今为止对中亚最为狭义的界定范围方式，也是最为普遍的定义。苏联解体后，吉尔吉斯斯坦、乌兹别克斯坦、塔吉克斯坦和土库曼斯坦的领导人在塔什干举行会议，宣布中亚地区应当由这四国以及哈萨克斯坦组成。至此，国际社会开始将中亚定义为这五个国家。

本章将分析哈萨克斯坦、土库曼斯坦、乌兹别克斯坦、吉尔吉斯斯坦和塔吉克斯坦等五个国家水资源利用及开发情况、水冲突事件、导致冲突的原因以及现有区域合作机制的沿革、解决方案及其绩效评估。其中，重点对阿姆河和锡尔河的水资源管理和利用情况、两条河流涉及的跨境水资源冲突，以及在水资源管理问题上面临的一系列挑战和困难展开分析。

6.1.1　中亚社会经济概况

中亚地区地广人稀，五国总面积达400万平方千米，2018年总人口约为

7 186 万，人口密度小，且分布不均，同时拥有丰富的资源储藏，这成为中亚国家经济发展对农业以及天然气、矿产等自然资源高度依赖的重要原因。其中，中亚地区是世界上化石燃料和天然气资源蕴藏最为丰富的地区之一，哈萨克斯坦、土库曼斯坦和乌兹别克斯坦拥有着大量石油和天然气资源，土库曼斯坦的天然气储备位居世界第五。哈萨克斯坦拥有着丰富的煤矿资源，吉尔吉斯斯坦、塔吉克斯坦和乌兹别克斯坦则是全球重要的金矿储备国，塔吉克斯坦和吉尔吉斯斯坦的水电资源极为充裕，除此之外，中亚地区还有可观的铁矿、铅矿等矿产资源。因此，开发和出口自然资源是五国主要的产业形态。

农业生产以种植业和畜牧业为主，棉花种植业是乌兹别克斯坦、土库曼斯坦和塔吉克斯坦等国极为重要的支柱产业。中亚五国的经济模式十分类似，很大程度上都依赖农业和自然资源的开发和出口，但五国的经济发展水平却相差迥异。表6.1 显示，哈萨克斯坦和土库曼斯坦人均 GDP 远高于其他三国，吉尔吉斯斯坦、乌兹别克斯坦和塔吉克斯坦的经济水平相对落后。其中哈萨克斯坦的人均 GDP 和中国处于同一水平（中国 2018 年的人均 GDP 为 9 770.8 美元），而经济条件最为薄弱的塔吉克斯坦的经济水平仅稍高于近年来深受动乱之苦的邻国阿富汗（阿富汗2018 年人均 GDP 为 520.9 美元）。

表 6.1　中亚五国经济概况（2018 年）

国　家	GDP（百万美元）	人均 GDP（美元）	GDP 增速（%）	农、林、渔业增加值占 GDP 比例（%）
哈萨克斯坦	170 538.9	9 331.0	4.1	4.2
土库曼斯坦	40 761.1	6 966.6	6.2	9.3
乌兹别克斯坦	50 499.9	1 532.4	5.1	28.8
吉尔吉斯斯坦	8 092.8	1 281.4	3.5	11.6
塔吉克斯坦	7 522.9	826.6	7.3	21.2

资料来源：Data Bank of The World Bank。

6.1.2　中亚流域水资源分布

中亚地区典型的干旱—半干旱气候导致其水资源匮乏。由于中亚深居内陆，距海洋很远，海洋产生的大量水汽难以到达中亚地区，因此形成地区整体干旱的气候特征。干旱的气候使得中亚地区形成大规模的沙漠地形，土地荒漠化严重。据统计，中亚地区超过 80%的人口日常用水紧缺（Porkka et al., 2012）。更为严峻的是，中亚地区不仅水资源总量匮乏，而且水资源的时空分布极为不均。其中哈萨克斯坦、吉尔吉斯斯坦和塔吉克斯坦三国的水资源储备总和占据了地区水资源总量的 80%以上，而乌兹别克斯坦和土库曼斯坦的水资源储备则极度匮乏，土库曼斯坦的水资源储备总量甚至不到地区水资源总量的 5%。

该区域五大流域分别是阿姆河、锡尔河、巴尔哈什-阿拉科尔河、鄂毕-额尔齐斯河和乌拉尔河。其中，阿姆河和锡尔河是水量最大的两条河流，占中亚五国水资源总量的 90%，覆盖 80%的人口，是中亚地区的母亲河。阿姆河和锡尔河两条河流源头不同，阿姆河起源于塔吉克斯坦的帕米尔山脉，于乌兹别克斯坦的穆伊纳克附近注入咸海，而锡尔河则起源于吉尔吉斯斯坦的天山，流经图兰低地注入咸海。中亚历史中有一个重要的概念为"河中地区"，意为锡尔河流域和阿姆河流域之间的区域，"河中地区"是古代欧亚陆路主商道丝绸之路的重要通道。在今天，"河中地区"的地理范围有所改变，包括乌兹别克斯坦全境和哈萨克斯坦的西南部地区。

中亚地区极负盛名的咸海流域曾以物种的多样性和物产的丰富程度著称，是花剌子模文明的发源地。花剌子模文明位于中亚西部，地处咸海南岸、阿姆河下游，于 1142 年成型，又在 1231 年被蒙古帝国灭亡，至今其文明细节仍不可考。咸海流域曾是中亚地区重要的生态系统，目前河流干涸、生态环境极为脆弱。

6.2 中亚水资源利用与冲突

中亚地区水资源匮乏问题十分严重，已经成为当地居民生存、经济发展和国家安全的关键因素。该地区的经济支柱产业是农业，而农作物的产出高度依赖稳定的水资源供给，譬如阿姆河下游的河水对乌兹别克斯坦和土库曼斯坦境内的棉花种植至关重要。水力发电对位于阿姆河和锡尔河上游的国家更是重中之重，在吉尔吉斯斯坦和塔吉克斯坦，水电已经成为当地极为重要的电力能源来源。两国目前都十分重视水电设施建设，试图在阿姆河和锡尔河上游建设更多的水坝和发电站项目。水资源的大量使用和中亚各国对水资源的刚性需求给当地的水资源供给带来了巨大压力，如何平衡上游水力发电和下游农业灌溉成了中亚五国的难题，满足五个国家日常生活的用水需求也是很大的挑战。

6.2.1　阿姆河流域水资源开发与冲突

阿姆河是中亚水量最大的内陆河，在水资源供给中起到了举足轻重的作用。阿姆河流经阿富汗、吉尔吉斯斯坦、塔吉克斯坦、土库曼斯坦和乌兹别克斯坦，其中吉尔吉斯斯坦、塔吉克斯坦、土库曼斯坦和乌兹别克斯坦这四个国家控制着 80%以上的阿姆河水资源。因此，阿姆河不仅仅是中亚地区的重要水资源，也是维系中亚地区国家间关系的重要纽带，各国围绕着阿姆河流域开发产生的水资源冲突十分频繁。

1. 阿姆河地理情况

阿姆河是中亚地区水量最大的河流，全长 2 540 千米，流域面积约 30.9 万平方千米，年平均水流量 736 亿立方米，年平均蓄水量 240 亿立方米。阿姆河的年流量大小与该年气候条件紧密相连，每年随着气候的干燥程度浮动。1947 年，阿姆河的年水流量仅有 528 亿立方米，1969 年，阿姆河的年流量也曾一度达到 963 亿立方米，阿姆河水流量的波动使流域附近地区的水资源供给量十分不稳定，这也导致流域附近的产出随着水资源供给量的变化而发生改变。阿姆河沿岸地区有着明显的大陆性气候特征，夏季燥热、冬季寒冷。流域内山脉大多为东西走向，而海拔从东到西逐渐降低，正是阿姆河流域山峰的这种特殊形态使阿姆河西部的潮湿气团能快速深入山区，并进而促使水分的凝结和高地上的大量降水，山地的年降水量有时甚至可以超过 2 000 毫米。然而，山区附近的平原和山麓降水会相对少很多，平均降水量却只有 100 毫米，平原地区的低降水量使得当地居民尤为依赖阿姆河河水作为日常水资源供给。

阿姆河横跨阿富汗、吉尔吉斯斯坦、塔吉克斯坦、土库曼斯坦和乌兹别克斯坦五个国家，支流较多。水量主要形成于塔吉克斯坦境内(72.8%)，紧随其后的是阿富汗境内(14.6%)和乌兹别克斯坦境内(8.5%)，其水源则主要来源于吉尔吉斯斯坦、塔吉克斯坦和阿富汗境内的冰川和积雪，相较于前者，雨水补给对阿姆河流域的水流量影响十分有限。最终，阿姆河在乌兹别克斯坦的穆伊纳克附近流入咸海。阿姆河流域近 80%的水资源由不同国家的 35 个水库管理，水库总容量超过 1 000 万立方米。

2. 阿姆河水资源利用分析

中亚地区居民对于阿姆河水资源的利用可以追溯到大夏文明时期(Bactrian Civilization，约前 2500—前 2000 年)。在当时，阿姆河是维持大夏文明和其周边所属王国农业活动的核心，在此之后，中亚历史上还有很多王国或城市围绕阿姆河而建立，在古代也曾一度被当作用来隔离波斯和图兰的边界线。阿姆河地区的经济大多以农业经济为主，而农业发展的依托就是阿姆河河水的灌溉。

对阿姆河进行有规模有组织的开发利用始于近代——20世纪的苏联时期，阿姆河为苏联提供农产品、矿产和能源。阿姆河的利用和开发对中亚地区农产品的产出至关重要，因此阿姆河水资源引起苏联的高度重视，政府希望阿姆河可以为地区农业提供稳定的灌溉用水。1950年至1990年间，苏联在阿姆河水利基础设施方面进行了大量投资，修建了水库、灌溉渠、泵站和排水网络。阿姆河大多数支流被苏联改道用于灌溉，以支持草原地区和沙漠地区的棉花、小麦、饲料、水果、蔬菜和大米等农作物种植。在此40年间，阿姆河盆地的灌溉面积扩大了150%，灌溉系统的建设促进了中亚农业的发展，而规模化的农业又为迁移到干旱低地的人口创造了就业机会和收入来源。直至今日，阿姆河流域的经济模式基本上仍以农业经济为主，并依旧使用着大部分苏联时期建设的灌溉网络。

3. 阿姆河有关水资源利用的冲突

近20年来，沿岸国家曾围绕着阿姆河水资源的分配问题爆发过多次摩擦，其中，矛盾主要集中在乌兹别克斯坦和它的上游国家之间。长期以来，乌兹别克斯坦政府一直反对上游的塔吉克斯坦在阿姆河上游建设的罗贡水电站，因为诸如罗贡水电站等设施可能会对乌兹别克斯坦的水资源供给造成负面影响，因此它强烈要求上游国家在建设阿姆河相关的水利工程前，必须先通过乌兹别克斯坦政府和哈萨克斯坦政府的批准。按照塔吉克斯坦的计划，罗贡水电站将成为阿姆河流域最大的水电站，并为其提供冬天的能源供给，然而建造水电站可能致使位于下游的乌兹别克斯坦在农业耕作季时可获得的阿姆河水量大幅度减少。因此，乌兹别克斯坦甚至声称将通过切断其和塔吉克斯坦的多项经贸往来来阻止罗贡水电站的建设。

而土库曼斯坦政府为了应对国内淡水短缺的困扰，计划在卡拉库姆运河和沙漠中建设一系列人工水库，这些水库将从阿姆河引水，该计划必然会对整个区域的生态系统和水资源供应产生影响，建设完成将导致阿姆河流域流经乌兹别克斯坦水流量的大幅减少。此外，全球变暖的趋势以及频发的干旱等严重自然灾害同样催化着各国之间脆弱紧张的局势，阿姆河下游国家的农业正因为自然灾害的侵袭而受到严重影响，这些国家对任何有关阿姆河流域的水利设施建设项目都会保持着关注。

4. 阿姆河水资源冲突的原因

（1）苏联时期的遗留问题。

围绕着阿姆河和锡尔河的跨境水冲突问题可以追溯到苏联时期。苏联对中亚水资源分配的影响十分深远。中亚五国曾有一套解决水资源分配问题的机制，但这个机制的效用有限，因为无论是国家内部还是国家之间的体制都十分混乱，各国对于水资源的分配问题态度往往不明确且杂乱无章，国家只考虑通过控制水资源来掌握经济资源，并借此控制管理当地的社会。在苏联建立之后，中亚地区的水资源管理体制开始统一，一定程度上改善了中亚地区水资源管理的效率。在苏联管控之前，水资源通常由当地的长老和议会来管理，直到苏维埃政府成立后，水资源的管理权被转交至政府手中，开始由政府全权管理。

当时苏联通过建立、扩大中亚的灌溉网络，将中亚地区变成苏联主要的棉花生产基地，因此一度大力发展中亚的农业，苏联也因此对中亚地区水资源的分配管理高度重视。中亚地区的水资源在苏联的管控下首次得到了有规模、有体系的管理。统一管控使得苏联更能够集中实现对水资源相关产业（农业、工业、种植业等）的目标业绩，将中亚地区变成农业生产基地。

然而，苏联对于中亚水资源的管理也带来了不利影响，因为其目的并不是地区利益优先，而是中央政府的利益和对中亚地区的控制优先，意图并非减少缺水地区和富水地区的差异或积极缓解缺水现象，而是通过弱化地区利益，严格控制、分配水资源来大力促进农业发展。从某种程度来讲，正是对于中亚水资源的特定目标导向的管理导致中亚水资源问题在苏联解体后激化。

首先，苏联政府在中亚地区农业的发展问题上追求的一直是产出数量的最大化，这直接造成中亚地区耕地面积的急速扩张，灌溉用水需求的大幅上升。水的需求由 1960 年的 647 亿立方米增加到 1980 年的 1 201 亿立方米（张静、刘磊，2005）。急剧上升的用水需求给当地的水资源带来巨大的压力，中亚地区的水资源储备开始恶化，中亚河流注入咸海的流量从 70 年代起开始急剧下降，在 1982 年、1983 年和 1985 年这三年，阿姆河水甚至一度断流，并未注入咸海，中亚地区的河流被过度使用、水资源储备持续恶化。

除此之外，苏联对于阿姆河流域水资源的管理为中亚各国政治上的矛盾留下了隐患。苏联政府有意在中亚水资源问题上维持一种特殊的平衡，非但没有为中亚地区水资源的合作建立长期且可持续的合作机制，反而加剧了水资源富裕国和水资源紧缺国之间在水资源分配上的分歧和矛盾。苏联解体后，对于中亚水资源的管理模式直接导致在中亚各国之间沟通和合作机制的匮乏。

中亚五国皆长期依赖中央政府的领导和补贴，苏联的解体直接导致中亚五国在包括水资源的一系列问题上的困难。苏联的统一管理削弱了中亚五国水资源的独立管理能力，造成中亚五国如今水资源合作体系难以建立，水资源冲突更趋严重。

（2）复杂的上下游关系。

阿姆河上游水资源丰富、人口稀少，日常用水量远低于上游水资源储备量，但上游国家在化石燃料等常规能源上储备不足，能源消费上长期依赖邻国供给。与此形成鲜明对比的是，下游干旱平原人口密集，往往需要大量的水资源支撑农业生产，而下游沿岸各地则拥有丰富的常规能源储量，阿姆河上下游之间形成一种互补关系，但是关系的维护对于上下游国家来说往往是一个难题。

苏联时期，阿姆河上游的塔吉克斯坦在农业季节放水，为下游地区的农业生产提供灌溉用水。作为回报，下游化石燃料丰富的地区则在冬季向上游地区提供能源，以满足上游的能源需求，这种资源与能源的互补关系形成地区经济的稳定平衡。中亚各国独立后，上游与下游成为了两个独立的国家，由于水资源的易获取性与常规能源的难获取性，上下游之间出现分歧——上游国家每年必须向下游国家支付冬天的能源费用，而下游国家却可以免费使用上游的水资源。因此在独立之后，下游国家对上游国家的掣肘尽显，两者关系逐渐紧张。上游国家迫切希望可以在冬天拥有自给自足的能源，而不是依赖下游国家的供给，因为一旦国家间关系紧张，下游国家可能用切断能源供给的方式作为谈判筹码。

因此，阿姆河上游国家开始选择通过水力发电的方式获取能源。对于上游国家来说，水电是解决冬天能源问题的最好方式，因为水电是一种成本低廉的能源。然而水力发电的缺点是冬季频繁的放水往往会导致下游洪水泛滥，而且上游国家通常会在夏季将水储存在水库里，从而在寒冷的月份里有足够的水力发电能力。该举措让上游国家逃脱了能源短缺的困境，但是剥夺了下游国家水资源的使用权，使其在最需要灌溉用水时无法获得足够的水资源，造成高度依赖农业的下游国家的农业经济、国民用水等问题都受到严重影响，甚至还有可能导致粮食不足。

上游国家对放水周期的控制还导致一系列衍生问题——水电能源的开发需要建造水电站，为了尽可能开发水电能源作为冬季的能源供给，上游国家近年来一直推进一系列大型水电站建设项目，稍后讨论的罗贡水电站便是一个典型案例。这些大型建设项目在大多数情况下会进一步减少下游国家夏季用水的稳定性，因此，下游国家竭力反对这些项目，这些建设项目进一步激化了上下游国家之间的紧张局势。

(3) 人口增长与全球气候变化。

阿姆河流域国家的人口持续增加，从1960年的1 400万增加到2010年的5 000万左右。人口增长最明显的地区就是阿姆河流域沿岸，包括乌兹别克斯坦西南部，塔吉克斯坦南部，尤其是瓦罕山谷，以及阿富汗北部地区。而水资源的储备总量难以增长，甚至正在不断缩减，阿姆河流域人口高速增长给地区水资源分配带来更大的挑战。

根据联合国的统计，在过去的50年里，阿姆河盆地的气温每10年就上升0.1—0.2摄氏度。自20世纪50年代至21世纪初，阿姆河三角洲地区一年中气温超过40摄氏度的天数翻了一番，气温的升高导致重大的环境变化。全球气候变化等因素导致阿姆河盆地冰川的迅速枯竭以及积雪和降雨模式的变化。从20世纪后半叶到21世纪初，人们已经观察到中亚其他地区冰川的大规模融化，许多大型冰川的总退水量达几百米，数以百计的小冰川已经消失。根据联合国的报告介绍，模拟实验和专家评估表明，受全球变暖的影响，阿姆河盆地的水资源虽然预计在未来10至20年内不会发生显著变化，然而，到2050年，阿姆河水资源总量可能减少10%—15%(UNEP, 2011)。

6.2.2 锡尔河流域水资源开发与冲突

同阿姆河一样，锡尔河也是一条极负盛名的跨境河流，河流穿过乌兹别克斯坦、塔吉克斯坦和哈萨克斯坦。锡尔河由中亚东部费尔干纳山谷的纳伦河(Naryn River)和卡拉河(Karadaryo River)汇合而成，并向西北奔涌，直到流入咸海。流经国家之间长期地处于对峙状态，矛盾与冲突频繁。

1. 锡尔河地理情况概述

锡尔河全长2 212千米，若从支流纳林河算起长度可以达到3 019千米，是中亚最长的河流(Britannica, 2019)。关于锡尔河下游的分水岭并没有明确的定义，这是因为锡尔河在费尔干纳山谷(Ferghana Valley)的大部分支流在完全到达下游之前就被引流用于灌溉了。在锡尔河及其支流上分布着许多水电站,其中规模最大的是干流上的吉尔吉斯斯坦境内的托克托古尔水电站(Toktogul Hydropower Station)、塔吉克斯坦的卡拉库姆水电站(Kayrakkum Dam)和哈萨克斯坦的恰尔达拉水电站(Chardara Dam)。

锡尔河为农作物提供着充足的灌溉用水,锡尔河及其支流常年灌溉的土地面积高达 200 万公顷以上。锡尔河的中游地区种植棉花,下游地区种植水稻,农业开发程度过高,大量支流都被用于农作物灌溉,无法汇入咸海,直接导致咸海在 20 世纪后期的萎缩。咸海曾经是世界第四大湖泊,阿姆河和锡尔河都注入咸海。在 1960 年以前,咸海水资源丰富且生态良好;尽管深处内陆,蒸发量极大,但奔腾不息的阿姆河和锡尔河时刻补充着咸海水域的淡水供应,维持咸海水域的盐分平衡,为水中的生物提供了优异的生活环境。苏联早期于咸海的商业捕鱼量每年超过 4.3 万吨,达苏联捕捞总量的六分之一,是渔业生产基地。然而,截至 2019 年,咸海的水域面积较之全盛时期已缩水 90%以上,昔日兴旺的捕渔业消失殆尽。

2. 锡尔河水资源利用情况

中亚地区居民对于锡尔河水资源的利用可以追溯到古代突厥游牧民族时期,在古代,锡尔河流域正是葛逻禄等操突厥语游牧民族活动的地方。据中国历史文献记载,昭武九姓中的石国就建都于锡尔河的支流之上。

与阿姆河的开发经历十分类似,对于锡尔河大规模有组织的开发利用直到 20 世纪的苏联时期才开始。锡尔河被苏联政府认为是发展中亚地区农业的重要支柱。这不仅仅是因为锡尔河长度可观,也是由于锡尔河上下游特有的地形地貌。锡尔河上游主要流经费尔干纳谷地土地肥沃的地区,是粮食和棉花主产区。在苏联时期中央政府重农政策指导下,锡尔河上游成为了中亚重点农业发展区域,导致锡尔河上游灌溉需求旺盛。然而,锡尔河下游对于锡尔河水资源的需求同样巨大,因为锡尔河下游两岸的绿洲土地是哈萨克斯坦境内十分重要的农业牧场,锡尔河是该地区唯一可长期依赖的稳定水源,因此,上下游农牧业对锡尔河河水的极大需求导致水冲突频繁。

3. 锡尔河水资源冲突分析

围绕锡尔河水资源的分配问题,沿岸国家曾爆发过多次摩擦。其中,下游的乌兹别克斯坦和上游的吉尔吉斯斯坦甚至一度发生武装冲突。坎巴拉塔 1 号水电站

(Kambarata-1 Dam)计划由于苏联解体,工程进度一度停滞。直至2008年,在俄罗斯提供援助资金的情况下,项目得以恢复,但因为坎巴拉塔水电站计划可能导致下游国家的经济和环境受损以及可用灌溉流量减少,吉尔吉斯斯坦在建设大坝的过程中遭到下游国家乌兹别克斯坦的强烈反对。2012年,因为担忧吉尔吉斯斯坦执意建设的坎巴拉塔水电站会影响乌兹别克斯坦的农业发展,乌兹别克斯坦总统公开发言警告,表示倘若吉尔吉斯斯坦执意建设坎巴拉塔1号水电站,那么乌兹别克斯坦将对吉尔吉斯斯坦采取军事行动。随后,乌兹别克斯坦在吉乌边境进行军事演习。在2016年春天,因为吉尔吉斯斯坦拒绝了乌兹别克斯坦修复位于吉乌堪萨塞水库基础设施的请求,乌兹别克斯坦军方将装甲车开进了吉尔吉斯斯坦境内,并封锁了吉尔吉斯斯坦边境城市通往堪萨塞水库的道路,双方的对峙状态持续了数月。

除了乌兹别克斯坦和吉尔吉斯斯坦,锡尔河流域的国家都曾因锡尔河水资源利用问题发生过摩擦。比如,哈萨克斯坦和乌兹别克斯坦之间长期互相指控对方违反20世纪90年代中亚国家政府间公平利用锡尔河下游水库的协定。两国之间的冲突更是在哈萨克斯坦计划建造一个水库以保护其南部地区免受锡尔河灾难性冬季洪水的侵袭后达到顶点(Kudryashov, 2008)。乌兹别克斯坦反对该计划是因为这个水库可能会减少锡尔河流经乌兹别克斯坦的流量,这直接导致2004年2月哈萨克斯坦、乌兹别克斯坦之间爆发了关于哈萨克斯坦水库计划和锡尔河盆地水资源管理问题的小范围冲突(Uzhulis, 2004)。

4. 锡尔河有关水资源利用的冲突的原因

与阿姆河相同的是,锡尔河在苏联时期也曾被当作在中亚地区发展农业灌溉用水的重要来源。苏联政府在中亚地区农业的发展问题上,一直追求的是产出数量的最大化,这极大地损害了锡尔河流域的水资源储备和地区生态环境。同时,为了加强中央政府的管控,多边合作机制的基础和通道一直被削弱。

水资源在空间上的不均衡导致水资源冲突频发。其中,吉尔吉斯斯坦和塔吉克斯坦都位于锡尔河流域和阿姆河流域的上游,而哈萨克斯坦、乌兹别克斯坦和土库曼斯坦则都位于阿姆河和锡尔河两大河流的下游。因此,阿姆河流域复杂的上下游关系同样也在锡尔河流域得到体现。苏联解体后,为了寻求能源独立,上游国家开始选择在冬季放水,以便产生水力发电取暖,并在夏季将水储存在水库里,这使得下游国家在最需要灌溉用水时无法获得足够的水资源,导致上下游国家之间的冲突。

诚如前文所述，中亚五国对农业都有着高度依赖，锡尔河流域的农业经济尤为发达。然而，锡尔河流域水资源的利用效率却十分低下。锡尔河流域近79%的水资源由于基础设施的恶化而在运输和储存阶段流失，而发展中国家的这一比例均值为60%(Sharma et al., 2003)。低下的水资源利用效率使得地区用水变得更加紧张。同时，这样的水分损失导致地下水位升高，从而形成大量的涝渍和耕地盐渍化(Savoskul et al., 2003)。耕地盐渍化严重影响下游国家的农业活动，下游国家将耕地盐渍化的原因归咎于上游破旧的水资源运输和储存基础设施。

气候对水资源的供给量也有着很大程度上的影响，气候变化亦是锡尔河流域争端频发的重要影响因素之一。塔吉克斯坦和吉尔吉斯斯坦的官方报告数据显示，1950年至2005年，锡尔河流域不同区域气温的上升幅度在0.3—1.2摄氏度之间(Stucker et al., 2012)。自20世纪50年代末以来，由于气温升高，中亚地区的冰川以每年0.2%—1%的速度融化，这导致塔吉克斯坦和吉尔吉斯斯坦的冰川总量减少15%(Tajikistan, 2008; Kyrgyzstan, 2009)。根据大数据建模在锡尔河流域的预测，随着气温的不断升高，锡尔河每年河流的流水规律会发生很大的改变——河流流量峰值将变大，流速也会更为湍急，河流峰值会在一年当中更早的月份中出现。大数据模型认为纵使锡尔河地区的降水强度会随着气候变化而增加，但锡尔河河水总径流预计在未来50年损失20%(Westphal, 2008)。

6.3 水事件典型案例

6.3.1 罗贡水电站的冲突

1. 罗贡水电站冲突的历史沿革

塔吉克斯坦政府对国内水力发电潜能的重视程度逐年上升，开始大规模设计水力发电基础建设项目。然而，塔吉克斯坦对于水电能源的开发利用引发了与乌兹别克斯坦的冲突，罗贡水电站计划便是其中一个突出的案例。

罗贡水电站计划最早可以追溯至苏联时期，苏联解体后，为了克服其人口和工业经常面临的电力短缺问题，塔吉克斯坦政府便重启在苏联时期位于罗贡地区建造水力发电站的项目计划，这个计划遭到下游国家乌兹别克斯坦的反对。罗贡水电站的建造计划是在阿姆河的一条支流瓦赫什河(Vakhsh River)上建造一个水电站，而瓦赫什河是一条跨境河流，塔吉克斯坦位于河流的上游，乌兹别克斯坦则位于河流的下游。在罗贡水电站计划中，其建设规模较大——按照建设计划，罗贡水电站大坝的设计高度是335米，设计的发电能力为36万千瓦，如果建成，将成为世界上最高的大坝。罗贡水电站的建设计划早在1975年便已确定，但因为种种原因，直到苏联解体，该计划在很长一段时间内一直处于停滞的状态。在苏联解体后的1992—1997年，塔吉克斯坦国内发生了内战，罗贡水电站计划又再次陷入无限期停滞状态。最终在塔吉克斯坦内战结束后，政府选择恢复了这一计划，但由于建设成本太高(约35亿美元)，刚刚结束内战的塔吉克斯坦资金不足，国内经济形势低迷，并无足够资金用以建设大坝。但是，结束内战后的塔吉克斯坦视罗贡水电站为解决国家能源问题的关键，同时赋予了罗贡水电站为塔吉克斯坦国家主权象征的意义。因此，塔吉克斯坦政府决定积极筹备重启建设，为了解决财政上的困难，塔吉克斯坦政府积极通过寻求国际支持和援助来筹集资金。

在苏联解体前，中亚地区包括水资源在内的各种自然资源和能源的分配权都归属于苏联，在20世纪70年代，苏联政府建立了中亚能源系统(CAPS)，该系统囊括了哈萨克斯坦南部、吉尔吉斯斯坦、塔吉克斯坦、土库曼斯坦和乌兹别克斯坦这些区域，其初衷是解决中亚地区能源分布不均衡的现象。在苏联时期，中亚能源系统下属的中亚电力系统曾有效地统筹规划整个区域的能源供给——冬季下游国家为上游富水地区供电，以补偿夏季上游国家为下游国家提供的灌溉用水。然而随着苏联的解体，中亚能源系统逐渐失效，尽管在苏联解体后中亚各国依然分享着电力和自然资源，但分享的过程中失去了莫斯科的统一规划和协调，现在中亚各国自身的利益成了它们进行任何合作前的首要考虑因素，这也成了诸多摩擦的起因。

2. 塔吉克斯坦筹建罗贡水电站的利益诉求

塔吉克斯坦是中亚地区水资源最为丰沛的国家，年均降水量高达691毫米；塔吉克斯坦全国10千米以上河流多达947条，总长度可至2.85万千米以上，占中亚河流总长度的60%；除此以外，塔吉克斯坦有1 300多个天然湖泊，总面积705平方千米。该国境内的水资源约占中亚地区水资源总量的30%左右，水资源较为丰富。

塔吉克斯坦丰富的水资源储备保障了国内日常用水和农作物的灌溉。从事农业的劳动力占比约占43%，农业生产耗水量占国家总用水量的91%。除了支撑农业，丰富的水资源储备解决了工业、农业、运输、通信和家庭部门的用电问题。众多的水电站能够供给95%以上的全国电力消费。更重要的是，塔吉克斯坦国内水力发电的潜能未被充分开发，塔吉克斯坦的水电潜在储量位居世界第 8，仅次于中国、俄罗斯、美国、巴西、刚果民主共和国、印度和加拿大。根据估计，塔吉克斯坦的水电潜力约为 5 270 亿度/年，发电潜力是中亚地区目前总实际用电量的三倍。塔吉克斯坦已开发的水电资源可生产约 170 亿度/年的电力，年发电量仅为国内水力发电潜能的 3.2%。塔吉克斯坦政府对国内水力发电潜能的重视程度逐年上升，开始大规模设计水力发电基础建设项目。

塔吉克斯坦在苏联期间严重依赖中亚能源系统，在中亚能源系统失效中止后，塔吉克斯坦开始面临严重的能源短缺，因此解决能源问题成为塔吉克斯坦政府急切希望建设罗贡水电站项目的核心原因之一。对于塔吉克斯坦来说，冬季能源短缺仍然是塔吉克斯坦的一个严重问题。根据世界银行 2012 年公布的数据，约 70% 的塔吉克斯坦民众饱受冬季电力短缺之苦，每年造成的经济损失估计超过 2 亿美元，约占塔吉克斯坦 GDP 的 3%（World Bank，2012）。据媒体报道，塔吉克斯坦总统在 2008 年和 2009 年因担忧冬季能源短缺而宣布塔吉克斯坦陷入能源危机时，特别强调了建设罗贡水电站的战略重要性（Marat，2010）。塔吉克斯坦的电力短缺通常发生在冬季，因为冬天的河流流量低，传统的小型水电站水力发电很难满足需求，不幸的是低流量恰好与冬天供暖需求驱动的电力需求高峰同时出现，这正是塔吉克斯坦高度需要罗贡水电站的重要诱因。

塔吉克斯坦的天然气和电力供应一直严重依赖邻国（尤其是乌兹别克斯坦），甚至还通过乌兹别克斯坦从土库曼斯坦进口电力。在苏联时期，依靠苏联政府建立的中亚能源系统，塔吉克斯坦可以得到稳定的能源供给。然而，苏联解体后，中亚五国之间的能源体系也土崩瓦解，塔吉克斯坦至今迟迟无法与乌兹别克斯坦和土库曼斯坦达成长期的、多方可以接受的能源合作方案。因此，罗贡水电站的建设更显得至关重要，一方面，它可以缓解塔吉克斯坦的能源问题。另一方面，它影响着乌兹别克斯坦的核心利益，能够成为塔吉克斯坦在能源问题上的潜在谈判筹码。

除了经济方面的考虑，罗贡水电站对于塔吉克斯坦还有极强的政治意义。罗贡水电站有着潜在的战略意义，与塔吉克斯坦的民族自豪感紧密相关。有研究指出，塔吉克斯坦人把他们的水资源看作能够进一步利用的国家财富，将其视为人民的骄傲（Chmielewski，2013）。面对公众长期面临能源短缺问题而日益增长的不满，塔吉克斯坦总统将能源部门的发展作为政府的主要工作重点。除此以外，因为乌兹别克斯坦与塔吉克斯坦的紧张关系，乌兹别克斯坦对于罗贡水电站的反对反而会助长塔吉克斯坦政府和人民对于罗贡水电站的重视程度,增强群众凝聚力,加大罗贡水电站的象征意义。

3. 建设罗贡水电站对乌兹别克斯坦的影响

乌兹别克斯坦身为世界第五大棉花生产国和第二大棉花出口国,是一个典型的农业大国。对于乌兹别克斯坦来说,罗贡水电站会影响当地的农业发展。罗贡水电站的建成将拦截阿姆河下游的河水,而乌兹别克斯坦灌溉耕地需要大量水资源,水资源减少的可能性更使他们坚决反对建设大坝。根据塔吉克斯坦的设想,罗贡水电站水库将在冬天放水,以满足用电高峰,而不是在乌兹别克斯坦需要灌溉的夏天放水,这使乌兹别克斯坦不禁担心农业是否会被损坏,尤其是棉花产业。有关乌兹别克斯坦农业水资源短缺的经济成本的研究表明,罗贡水电站对乌兹别克斯坦农业的冲击可能会使该国的 GDP 下降 2.2%,每年损失超过 6.09 亿美元,并导致 33.6 万名工人失业(Jalilov, 2014)。

乌兹别克斯坦同样有着自己的政治考虑——乌兹别克斯坦政府担心罗贡水电站的建成将让塔吉克斯坦对阿姆河的水资源拥有强大的控制权,塔吉克斯坦将以此为筹码和乌兹别克斯坦在其他领域进行谈判。乌兹别克斯坦认为,一旦大坝建成,塔吉克斯坦拥有自给自足的能源供应,其政府势必将罗贡水电站的能源以及对阿姆河水资源的控制权当作谈判资本,乌兹别克斯坦的地区政治影响力将被削弱。

除此以外,在自然灾害发生时,罗贡水电站有着极大的安全隐患——罗贡水电站的选址位于瓦赫什河上,这块区域的地震风险很高,水电站可能对自然环境带来不可控的危险。乌兹别克斯坦对大坝在发生强烈地震时的安全表示关注,强调一旦大坝被毁,海浪将达到 6—7 米高,150 万公顷的土地将被淹没,这包括下游国家和塔吉克斯坦境内的 700 多个定居点。因此,国际专家和乌兹别克斯坦都建议建造一系列较小的水电站,然而,塔吉克斯坦不愿在大坝高度上妥协。乌兹别克斯坦认为,罗贡水电站的建立不仅赋予塔吉克斯坦控制河流流量的能力,这座在地震活跃地区建造的 335 米高的大坝更是让塔吉克斯坦拥有无时无刻不给各国施加政治压力的工具。

4. 罗贡水电站冲突的影响和进展

针对塔吉克斯坦内战结束后重新建设罗贡水电站的行为,有学者表示,乌兹别克斯坦对该计划的强烈反对的态度对地区安全的确构成了威胁(Blank, 2012)。2010 年,塔吉克斯坦和乌兹别克斯坦的冲突达到顶峰,双方国家领导人公开表达了对于罗贡水电站截然相反的强硬立场。乌兹别克斯坦甚至一度切断了塔吉克斯坦和阿富汗之间的货运通道表示抗议(Bhattacharjee, 2010)。

塔吉克斯坦和乌兹别克斯坦之间关于罗贡水电站的冲突和分歧也影响到了所在地区其他能源项目的开展。其中首当其冲的是中亚和南亚之间拟议的跨境电力贸易项目。该项目被称为中亚南亚输电和贸易项目(CASA-1000)。在亚洲开发银行、欧洲复兴开发银行、伊斯兰开发银行和世界银行等一系列银行和国际机构的牵头下,吉尔吉斯斯坦、塔吉克斯坦、阿富汗和巴基斯坦都达成协议,共同创建中亚南亚地区电力市场(CASAREM)——该计划旨在通过中亚和南亚国家在能源领域的合作,达成地区经济共同繁荣,促进地区的和平兴盛发展。中亚南亚输电和贸易项目是中亚南亚地区电力市场的重要组成部分,该项目将从塔吉克斯坦和吉尔吉斯斯坦向巴基斯坦和阿富汗出口 100 万千瓦到 130 万千瓦的夏季剩余电力,然而,这个计划面临着重重困难。一直备受争议的原因是,塔吉克斯坦政府已经表达过以罗贡水电站作为项目主要能源的强烈意愿,因此,罗贡水电站建成与否成为能否顺利推动中亚南亚输电和贸易项目的关键。乌兹别克斯坦政府对中亚南亚输电和贸易项目同样表示了反对,此外,乌兹别克斯坦预计将会反对任何与罗贡水电站建设计划有关的跨境电力贸易项目。

在塔吉克斯坦内战结束后,俄罗斯和伊朗等国都曾经表达过为罗贡水电站项目融资的意愿,然而这些国家并未提供实质性的行动。除了向他国求援,塔吉克斯坦获得资金的另一个途径是获取国际组织的资金支持,矛盾在于塔吉克斯坦若是想让有资金预算的国际组织参与进来,那么塔吉克斯坦就必须首先打消这些国际组织的顾虑。国际组织担心在介入后会引起位于瓦赫什河下游的乌兹别克斯坦的抗议。这意味着除非下游国家(尤其是乌兹别克斯坦)同意该水电站计划,否则国际组织将无法对大坝的建设提供支持。乌兹别克斯坦对罗贡水电站项目表达了强烈的反对,因为大坝的建成必然改变跨境河流的径流格局,从而影响乌兹别克斯坦的农业灌溉。乌兹别克斯坦坚持任何在上游建设水电设施的计划都应经过国际和独立专家的审查,并且获得下游国家的完全同意。

如今,罗贡水电站建设陷入困境,计划被无限期拖延,但塔吉克斯坦坚持建设和重启罗贡水电站,该项目的重要性使罗贡水电站建设成为未来中亚地区水资源合作能否可持续和稳定发展的关键因素之一。2014 年,应塔吉克斯坦的要求,世界银行完成对罗贡水电站项目建设的评估,表示水电站能够在正常安全的条件下进行建设，对这个饱受争议的水电站的建设表达了支持，这为塔吉克斯坦实施该项目提供了有力的论据。

苏联时期中亚解决水资源分配的模式是采取中央政府统筹规划的模式。苏联解体后，若想有效解决地区水资源管理问题，各个国家必须跳出固有模式的思维方式，充分尊重各个国家的独立主权和不同利益，通过多边磋商达成互利共赢。目前，因为罗贡水电站的建设计划已经波及前文提及的中亚南亚地区电力市场计划，因此，包括亚洲开发银行、欧洲复兴开发银行、伊斯兰开发银行和世界银行等一系列银行和国际机构都希望能够为塔吉克斯坦和乌兹别克斯坦提供一个充分对话、建立互信的平台。然而直到目前，塔吉克斯坦仍未和乌兹别克斯坦就罗贡水电站项目达成一致意见。

6.3.2 坎巴拉塔水电站冲突

1. 坎巴拉塔水电站建设的历史沿革

坎巴拉塔水电站计划包括吉尔吉斯斯坦主张建造的一系列水电站，其中与罗贡水电站相似的是，建造坎巴拉塔水电站的计划最早开始于苏联解体之前。当时的吉尔吉斯斯坦希望在锡尔河上游建造一系列水电站，尤其是在锡尔河上游主要支流的纳林河（锡尔河由纳林河和克拉大罗河汇合而成）上。建造坎巴拉塔水电站的目的是确保吉尔吉斯斯坦拥有足够的电力，并且在自给自足之余还能留下一些电力用于出口。若是按照目前的计划实施坎巴拉塔项目，新的水坝会拦截水流，必将减少下游的水量。

坎巴拉塔项目包括三个部分：大型的坎巴拉塔1号大坝、较小的坎巴拉塔2号大坝以及一系列的小型大坝。根据计划，2号水电站将由三个发电机组成，较小的坎巴拉塔2号大坝已于2010年完成第一组发电机，它的装机容量为20万千瓦。坎巴拉塔1号则最早要到2020年才有可能投入使用，它的设计高度为275米，一旦建成，无论是从高度还是从发电能力方面，坎巴拉塔1号水坝都将成为整条锡尔河上最大规模的水坝，预计每年生产190万千瓦的电力，连同已完工的坎巴拉塔2号大坝，这两座大坝所产生的电力预计能够解决吉尔吉斯斯坦过去十年严重的、尤其在冬季更为严重的能源短缺问题。坎巴拉塔1号大坝和较小的坎巴拉塔2号大坝将使吉尔吉斯斯坦国内经济和民众生活受益匪浅。

坎巴拉塔1号水电站的建设始于1986年，中止于苏联解体之后，直到2009年2

月，俄罗斯政府宣布了价值20亿美元的援助计划，坎巴拉塔1号水电站才得以重新建设。然而，2016年，俄罗斯政府宣布不再资助坎巴拉塔水电项目，对吉尔吉斯斯坦未来水电的进一步基础设施投资被更紧迫的需求所取代。失去投资者后，吉尔吉斯斯坦开始寻找愿意重新启动建设项目并支付全部费用的新投资者，作为回报，吉尔吉斯斯坦将提供联合管理权和未来项目的收入份额。据估算，坎巴拉塔1号水电站项目的总成本估计为7.27亿美元，而吉尔吉斯斯坦承诺的投资回收期超过12年。

2. 吉尔吉斯斯坦建设坎巴拉塔水电站的必要性

吉尔吉斯斯坦作为中亚唯一一个水资源几乎完全位于境内，而非利用跨境水资源的国家，拥有着得天独厚的水文优势。其境内有2 000多条长度达10千米以上的河流，总长度近3.5万千米，河流储量约为7 600亿立方米。据估计，吉尔吉斯斯坦每年统共消耗的水量为100亿至120亿立方米。大约90%的水资源用于灌溉农业，6%用于工业，3%用于居民供水，林业、渔业、能源和服务业共同使用的水占国内总用水量的1%。吉尔吉斯斯坦的水电供应尤为充足，国内发电总额的90%来自水力，长期以来，该国已经视水力发电的资源开发作为其整体经济发展的重心基础。其水电潜力约1 740亿度，装机容量1 980万千瓦。吉尔吉斯斯坦水电潜能有很大一部分等候开发。并且，与周边国家相比，吉尔吉斯斯坦化石燃料储量较少，到了冬季，吉尔吉斯斯坦便面临着严重的能源短缺问题。2009—2010年冬季，吉尔吉斯斯坦部分地区每天被迫断电超过12小时(Kraak, 2012)。国内巨大的水电潜能和能源短缺问题导致吉尔吉斯斯坦迫切渴望完成坎巴拉塔水电站计划。

3. 坎巴拉塔水电站建设对乌兹别克斯坦的影响

乌兹别克斯坦的水资源消费在中亚五国中排名第一，这与其人口基数和农业基础密不可分。乌兹别克斯坦消耗的水资源大多来自吉尔吉斯斯坦，前文提及吉尔吉斯斯坦是中亚唯一一个水资源几乎完全在领土范围内的国家，拥有着极为丰富的水资源，但是开发力度不足，面临着能源危机。乌兹别克斯坦则正好相反——乌兹别克斯坦的境内水资源并不丰富，但拥有着得天独厚的化石燃料资源，因此吉尔吉斯斯坦与乌兹别克斯坦之间存在良好的合作关系的基础，坎巴拉塔水电站的建立则成了两国合作的绊脚石。吉尔吉斯斯坦境内有大约3万条河流和小溪，为地区提供着重要的水资源和水力资源(Janusz-Pawletta and Gubaidullina, 2015)。每年夏季，乌兹别克斯坦需要从位于吉尔吉斯斯坦的中亚最大水库——托克托古尔

(Toktogul)水库——引出灌溉用水,吉尔吉斯斯坦则依赖乌兹别克斯坦的天然气供给,以应对冬季的能源危机。

需要注意的是,这并非一个简单的资源交换的美景。事实上,乌兹别克斯坦往往免费享受水资源,吉尔吉斯斯坦却必须为了能源供给向乌兹别克斯坦支付不菲的能源费用。因此吉尔吉斯斯坦并不满足于完全依赖乌兹别克斯坦的资源,而是寄希望于通过本国的发电设施来缓解能源困境。在缺乏支付乌兹别克斯坦天然气供应的资金,但又亟需能源供电的寒冬,吉尔吉斯斯坦决定冬季放水,以便在农作物的非生长期发电,而托克托古尔水库工作存水和放水周期的改变导致在农作物的非生长期时,费尔干纳山谷开始出现洪灾,居民区和农业用地也因此受灾。而与之相对应的是,集中于冬季的排水导致夏季水库排水量不足,农田发生干旱(Valentini, 2004),而下游的乌兹别克斯坦作为典型的农业大国,受到严重的影响。令乌兹别克斯坦担忧的是,一旦坎巴拉塔水电站计划完工,预计吉尔吉斯斯坦会像调整托克托古尔水库的存水量和放水周期一样,让坎巴拉塔水电站在农作物的非生长期放水发电,从而对下游乌兹别克斯坦的农业活动造成恶劣影响。坎巴拉塔水电站计划规模之大远胜于托克托古尔水电站,坎巴拉塔水电站可能造成的后果更是难以估量。俄罗斯等国家对于坎巴拉塔水电站计划的关注给乌兹别克斯坦施加了更紧迫的政治压力,极大威胁乌兹别克斯坦的地缘政治地位,甚至将影响阿姆河和锡尔河的利用权。

4. 坎巴拉塔水电站冲突的表现和进展

乌兹别克斯坦在靠近吉尔吉斯斯坦边界的托克托古尔水库附近曾进行过多次空降师的军事演习。吉尔吉斯斯坦则在2006年警告说,如果吉尔吉斯斯坦国家的水电设施被破坏,水流将“从地球表面横扫并淹没乌兹别克斯坦的费尔干纳山谷”(Kirsanov, 2006)。2010年8月30日,吉尔吉斯斯坦总统罗扎·奥通巴耶娃(Roza Otunbayeva)亲自前往纳林河,高调地为坎巴拉塔2号水坝和水电站的第一组发电机揭幕,这一举动被乌兹别克斯坦政府视作挑衅。2012年,乌兹别克斯坦总统伊斯兰·卡里莫夫(Islam Karimov)对该地区水资源紧张局势表示担忧。他说:“中亚的水资源问题导致的可能不仅是严重的对抗,甚至可能会引发战争。”同年,卡里莫夫公开发言表态,表示如果吉尔吉斯斯坦执意建设坎巴拉塔1号水电站,那么乌兹别克斯坦将对吉尔吉斯斯坦采取军事行动。

2015年,吉尔吉斯斯坦总理杰米尔·萨利耶夫在塔吉克斯坦首都杜尚别举行的一次国际会议上谈到，吉尔吉斯斯坦和塔吉克斯坦位于阿姆河和锡尔河的上游，为下游国家提供了水资源。而与此同时，下游国家为吉尔吉斯斯坦和塔吉克斯坦提供电力能源。然而，这种关系并不对等，吉尔吉斯斯坦和塔吉克斯坦想要获得下游的电力能源，需要支付费用，而下游的国家在享受上游提供的水资源时却完全不用交费。萨利耶夫希望可以建立一个上游国家向下游国家征收用水费用的政策，这也使得吉尔吉斯斯坦不必建设水电站也可以支付每年高昂的电力消费费用。这个提议有利于两国紧张局势的缓解，也能够真正实现互惠互利，然而，萨利耶夫的提议需要中亚各国领导人通过磋商来形成具体的方案。鉴于吉尔吉斯斯坦和乌兹别克斯坦之间长期紧张的关系，短期之内，双方很难达成共识，无论是坎巴拉塔水电站计划还是萨利耶夫的提议都需要国际多边合作组织的介入和调解。

对于吉尔吉斯斯坦来说，坎巴拉塔水电站项目的继续推进将为这个国家带来很多政治问题。首先，这会恶化吉尔吉斯斯坦和乌兹别克斯坦两国的关系；其次，这个项目对于吉尔吉斯斯坦来说也是利弊参半，吉尔吉斯斯坦是在俄罗斯巨额贷款的帮助下才拥有推进坎巴拉塔项目的能力，然而，身负巨债的处境使得吉尔吉斯斯坦在很多外交领域都受到俄罗斯的压力。俄罗斯方面的退出，吉尔吉斯斯坦一方面需要新的资助方，一方面需要偿还俄罗斯的贷款。项目停滞代表着吉尔吉斯斯坦无法从项目运营中获取利润，偿还贷款，因此，吉尔吉斯斯坦的偿债能力仍然充满不确定性。

6.3.3 咸海生态退化

咸海（Aral Sea）是一个内陆湖，位于哈萨克斯坦和乌兹别克斯坦境内，主要注入的河流是阿姆河和锡尔河。咸海曾经是世界第四大湖，仅次于中亚的里海、北美的苏必利尔湖和非洲的维多利亚湖，面积一度达 6.8 万平方千米。除了中亚五国之外，还有阿富汗和伊朗的部分地区皆为咸海流域。然而咸海的风光并未延续，早在 20 世纪 60 年代，咸海就开始了不停缩小的历程，到了 1977 年，咸海的面积已经下降至原本大小的 10%。到了 1987 年，咸海水位下降，分裂为南咸海和北咸海，南咸海位于哈萨克斯坦和乌兹别克斯坦境内，北咸海则位于哈萨克斯坦境内。2007 年，南咸海又被分为东咸海和西咸海，目前咸海已经大范围干涸，南咸海将不复存在。

近大半个世纪以来，咸海流域总体呈现出流域降水量减少、气温上升的趋势，这些现象在一定程度上影响水供应，是咸海流域国家发生冲突的潜在因素，但并非咸海走向消亡的根本原因。在苏联时期,曾经达成一系列有关咸海水资源分配以及水资源跨境管理的协议,对水资源的保护起到一定的积极作用。但是由于将农业生产目标放在了首位,忽略了水资源可持续发展,在咸海流域的周围大规模布局棉花灌溉项目,并滥用杀虫剂,导致咸海流域的水质和空气都受到污染,当地渔业也受到严重影响。1991 年后,咸海的水资源并未得到及时的治理,中亚五国面临水污染严重、水资源日益短缺的严峻局面。

中亚五国之间的水资源分布不均也是导致咸海困境的原因之一,其中上游国家为吉尔吉斯斯坦和塔吉克斯坦,下游国家则是哈萨克斯坦、乌兹别克斯坦和土库曼斯坦。上游国家水资源相对丰富,但是经济发展水平较低;下游国家则是缺水情况频发,经济却相对发达。苏联执政时期在吉尔吉斯斯坦和土库曼斯坦境内建设的水力发电设施,现在成了那些国家的负担,维护费用、管理费用、运营费用等水利发电设施的支付引发了上下游国家之间的矛盾,关于国家之间供给水资源是否需要收费也曾一度引起争议。吉尔吉斯斯坦于 2001 年 7 月通过《关于吉尔吉斯斯坦境内水相关物品、水资源和水设施的国际使用法》,国际社会对此褒贬不一,乌兹别克斯坦和哈萨克斯坦则认为吉尔吉斯斯坦试图通过售卖水获得利益。

在苏联时期,政府在发展农业时意识到水资源的不足,规划从西伯利亚河远距离输水到中亚以给耕地提供足够的水资源。从 20 世纪 30 年代便开始规划调水项目,于 60 年代至 80 年代大规模开展项目相关研究,在 1984 年宣布正式启动西伯利亚—中亚调水工程,计划调 25 亿—30 亿立方米的水量到咸海流域,然而在动工后,在经过多方面的权衡,在 1986 年工程还未取得实质进展时,通过了《关于停止北西伯利亚河分流调水工作的决议》,停止西伯利亚—中亚调水工程,这在一定程度上影响了咸海。西伯利亚—中亚调水工程在 21 世纪初又一次回归人们的视线,学者开始积极研究该项目技术层面的可行性与对中亚水资源现状可能带来的影响。

6.4 水资源争端解决机制与方案

6.4.1 中亚水冲突现有解决机制

1. 地区多边合作组织

1991 年 10 月 10 日—12 日,哈萨克斯坦、吉尔吉斯斯坦、塔吉克斯坦、土库曼斯坦和乌兹别克斯坦负责水利事务的高级官员在塔什干谈判并最终达成协议,一致同意维持苏联时期对中亚水资源的分配模式和现状。参与方共同意识到在生态日益恶化的情况下，只有合作管理才有助于有效地解决水问题。《阿拉木图协议》在1991年底由原属苏联的11个共和国签署，旨在维持各共和国在各领域的合作。1992年2月18日，中亚五国水资源部长在阿拉木图签署了《关于共同管理、使用和保护国际水资源的合作协定》(Agreement on Cooperation in Joint Management, Use and Protection of Interstate Sources of Water Resources)，该协议的主要目标是在水资源管理领域开展合作，共同利用和保护水资源。协议的第一条规定了水资源的公平利用，以及各国在水资源合理利用和保护上应当负起责任、互相监督(Mosello, 2015)。此外，该协议还要求协议签署方尊重其他国家的领土、水资源和相关利益。

1992年2月，地区性跨国水资源合作对话组织——国际水利管理协调委员会(IWMCC)——成立，后改名为水资源协调国际委员会，又称国际水务委员会(Interstate Commission for Water Coordination of Central Asia, ICWC)。国际水务委员会是一个联合委员会，中亚五国都是其成员，设立初衷是为了促进水资源分配的执行、控制流域企业的活动。作为国际水务委员会的执行机构，阿姆河流域水资源管理协会和锡尔河流域水资源管理协会分别负责监督阿姆河流域和锡尔河流域水资源分配的执行情况。1992年12月5日，委员会决定成立水相关问题科学信息中心(SIC, Scientific-Information Center)，并在1996年发展成为一个独立的执行机构。委员会的其余几个机构中，秘书处于1993年成立，中亚水务部门于1998年设立，协调计量中心于1999年成立。委员会的建议充分体现出中亚五国对该委员会调解地区水资源分配、帮助管理地区水资源的深切期望。

继1992年建立了国际水务委员会之后，中亚五国围绕咸海的水资源保护和管理问题进行协商。1993年，中亚五国建立了咸海流域跨国委员会(ICAB)和国际拯救咸海基金会(IFAS)，这两个机构随后在1997年合并。咸海流域跨国委员会成立的目的是为了解决咸海的水资源和环境问题。2008年，国际拯救咸海基金会被联合国赋予观察员身份。从1995年开始，咸海流域跨国委员会着手制定关于咸海治理的专项计划，截至2010年，基金会已实施两个专项计划。2011年，基金会与联合国、世界银行、欧盟以及一些第三方国家一同制定了第三个专项计划(2011—2015)，计划中投资规模预计超过85亿美元，实施300多个工程项目。在中亚五国的鼎力合作及基金会的推动下，2010年，咸海北部的水域面积开始停止缩减，并有所回升。

2. 地区双边或三边合作协议

除了建立多边合作组织和对话机制，中亚国家还积极通过小范围双边或三边协议的方式就地区水资源管理展开合作。相较于多边合作组织和对话机制，双边或三边协议的优势在于谈判周期更短，协议更具灵活性。1996 年，乌兹别克斯坦和土库曼斯坦就共享阿姆河流域水资源签订过双边协议；1998 年，乌兹别克斯坦、吉尔吉斯斯坦和塔吉克斯坦就共同治理锡尔河签订了三边协议。该三边协议签署的基础是三国间不同的资源需求——吉尔吉斯斯坦能源短缺，但水资源极为丰富；与之相对，乌兹别克斯坦和土库曼斯坦都缺少水资源以进行农业生产。因此，通过合作，塔吉克斯坦向吉尔吉斯斯坦输送煤炭，而乌兹别克斯坦则向吉尔吉斯斯坦输送天然气，位于锡尔河上游的吉尔吉斯斯坦则向下游保障水资源供应和相应的水电资源。在 2000 年，哈萨克斯坦和吉尔吉斯斯坦签订《哈吉关于利用楚河与塔拉斯河流水利设施的政府间协议》，旨在通过协议促使哈萨克斯坦和吉尔吉斯斯坦两国共享楚河与塔拉斯河流上的发电站、水坝等水利设施，共同管理这两条河流的水资源。

3. 国际援助

联合国等国际组织对水资源匮乏且缺乏有效水资源管理体制的中亚一直保持着持续关注，并且从很多方面施以援助。其中最有代表性的机构是联合国开发计划署（The United Nations Development Programme，UNDP）、联合国欧洲经济委员会（the United Nations Economic Commission for Europe，UNECE）、美国国际开发署（United States Agency for International Development，USAID）。

欧盟作为亚太地区水治理行动的重要支持者和行动者，也积极提供援助。联合国开发计划署的宗旨是帮助发展中国家提高其利用自然和人力资源创造物质财富的能力。拯救中亚水资源、帮助中亚缓解水资源问题也是联合国开发计划署的主旨之一。欧盟主要通过向联合国开发计划署提供资金，来支持计划署自身的发展和水项目研究的发展。联合国欧洲经济委员会的任务主要是为亚太地区的水项目提供规范的项目框架，推动中亚地区水治理一体化进程。欧盟试图在政治层面和技术层面对中亚进行援助，帮助缺乏权威性论坛的中亚地区建立一系列的对话框架和机制，并且在中亚国家建立代表团，与中亚国家签署伙伴关系和工作协议，成为中亚地区各国之间的传声筒。欧盟在技术层面的援助则主要是通过资金来推进技术项目的运转，提高中亚地区居民的水资源利用效率，减缓中亚地区的水污染现状，并且帮助开发利用水资源。2015 年，欧盟拨款 710 万欧元，用以支持欧盟、联合国开发计划署、联合国欧洲经济委员会牵头的联合项目——“支持哈萨克斯坦向绿色经济模式过渡”，该项目旨在督促哈萨克斯坦的环境友好化转型，提高水的利用率，推进现代化生态管理系统。2016 年，欧盟向乌兹别克斯坦提供了 1 200 万欧元的资金，用于改善供水并成立商务和投资委员会，这个项目的目的则是向乌兹别克斯坦的地方政府、农场和私营企业传授先进技术，采用现代化的节水装置，并且修复阿姆河流域和锡尔河流域的基础设施。

发达国家对发展中国家的援助推动了中亚地区水资源问题的有效治理，促进国际之间的良性关系发展。美国和欧盟的援助帮助中亚国家建立更完善的灌溉系统，提高了中亚地区人民的水资源利用效率，维修了流域的基础设施，在一定程度上解决了用水问题，提高了沟通和协同效率。对于发达国家自身而言也降低了中亚的不稳定因素向美国、欧洲乃至世界蔓延的可能性。

6.4.2 中亚水资源冲突解决机制的问题

1. 跨国合作组织效果差强人意

中亚地区早在苏联解体前就开始构建围绕水资源问题的跨国合作组织或机制，但在长期的运行中，这些跨国合作组织或机制出现了一些问题。首先，现有跨国合作组织或机制缺乏解决实际水资源管理和分配的经验。在苏联时期，中央政府禁止任何独立的水管理，从而剥夺了地方积累有效管理和解决水冲突经验的机会，这导致了中亚地区围绕水资源问题建立的跨国合作组织或机制在成立之初就缺乏必要的解决问题的经验。长期以来，中亚地区围绕水资源问题的跨国合作组织或机制在方案设计层面和具体执行层面都普遍呈现效率低下、执行力弱的特征。在中亚当下越来越窘迫的用水情况下，由经验缺乏导致的水资源紧缺日趋严峻。

其次，现有跨国合作组织或机制大多聚焦某一专门领域，缺少系统性宏观规划。从历史经验上看，中亚地区的水资源合作组织往往被期望从事特定技术领域的工作，例如收集数据或监测水资源质量。这些组织关心的问题和活动范围有限，大大限制了它们发展更广泛的宏观规划和调停的能力，而针对地区水资源宏观规划和调停恰恰是应对和解决地区全流域的社会经济和环境挑战所必需的工作。例如，国际水务委员会仅关注跨境水资源的分配，却无权协调地区国家的农业和能源问题，而农业和能源领域恰恰是消耗了大量的水资源需求端，协调范围的限制导致机构绩效低下。

同时，围绕水资源问题的跨国合作组织或机制的运转受到地区国家政府自身政治诉求的较大影响。主要体现在三个方面：第一，长期以来，国际水务委员会和国际拯救咸海基金会被指责缺乏透明度，缺乏非政府组织、用水用户协会以及决策过程中其他利益相关方的参与，这两家机构被认为是乌兹别克斯坦国家利益的代言人。该观点的出现是因为国际水务委员会和国际拯救咸海基金会总部都设于乌兹别克斯坦。事实上，很多地区合作机构的总部设在乌兹别克斯坦，这一事实难免引起人们对这些组织是否会偏袒东道国的担忧。第二，这些组织的决定和协议都需要国家的一致同意才能生效，这使得国家利益发生冲突时，组织或机制就会陷入瘫痪状态，这也是很多跨国合作组织的共同问题。第三，围绕水资源问题的跨国合作组织或机制缺少独立的执法权，这些合作组织或机制的官员无法不受限制地进入中亚所有国家。这使有些国家提出合作组织或机制的高级官员访问时必须持有签证等条件，从而一定程度上影响合作组织或机制对该国的检查。更进一步地来说，即使在检查后发现该国存在违规，合作组织或机制也缺乏权力进行制裁。

2. 各国不稳定的内外部环境

行政能力薄弱和局势不稳定是中亚五国普遍存在的问题。中亚国家面临的问题和挑战包括“政权的稳定”和“国家内部的安全”（孙力，2018）。缺乏稳定和高效执政能力的政府会很大程度影响中亚五国国内的水资源管理政策，也会影响地区围绕水资源问题的跨国合作组织或机制的运转和决策。

无论是跨国合作组织或机制还是国家内部政治，俄罗斯对中亚的影响不容忽视。中亚地区的地缘政治局势与俄罗斯紧密相关，而俄罗斯也将中亚地区国家视为维护其自身利益的重要战略中心。“长期以来，俄罗斯一直将中亚视为自己的‘后院’。”（欧洲改革中心，2011）中亚国家根据自身情况和需求制定有效可行的水资源管理政策，但俄罗斯的干预为这一目标增加了难度。此外，虽然外部国家和国际组织长期以来都提供了一系列援助计划或资金，来帮助中亚地区面对严峻的水资源挑战，但这些计划和资金大部分用于咸海危机的处理，却忽视了对中亚地区更为重要，且存在水资源管理挑战的重要河流流域——阿姆河和锡尔河——的长期治理。

6.5 未来展望

6.5.1 推进区域协商进程

解决跨境水冲突，需要利益相关的各个国家的积极配合和长期合作，而这一切都需要各国政府拥有较为高效的政府机构和治理能力，然而，中亚地区最大的问题就是各国国内脆弱的政治环境和地区不稳定的国际政治关系。在苏联解体后，中亚地区的塔吉克斯坦陷入了持续五年的内战；在吉尔吉斯斯坦，国内政治环境持续恶化。伦敦国际战略研究所俄罗斯和欧亚项目主任奥克萨纳·安东尼亚科(Oksana Antoniaco)评论道，20 世纪 90 年代苏联解体后，中亚被视为亚洲最不发达、最落后的地区之一。中亚地区依旧停留在传统社会，没有任何有意义的公民社会促进改革。苏联解体后，中亚五国新政府的组织形式未见显著进展。

最近两年，中亚五国的领导人表达出推动地区水资源议题合作的积极态度。2018 年 3 月 15 日至 16 日，哈萨克斯坦、吉尔吉斯斯坦、塔吉克斯坦和乌兹别克斯坦总统在哈萨克斯坦首都阿斯塔纳会晤，这是四国领导人近十年来的首次峰会，会议中的一个首要议程话题是各国必须通过合作分享中亚地区的宝贵水资源。如何通过国家间合作改善哈萨克斯坦和乌兹别克斯坦水资源匮乏、吉尔吉斯斯坦和塔吉克斯坦电力短缺的问题是四方的共识。自苏联解体以来，水资源一直是这四个国家之间频繁争端的焦点，尤其在人口密集的费尔干纳谷地，局势最为紧张——乌兹别克斯坦、吉尔吉斯斯坦和塔吉克斯坦的边界在这里犬牙交错。后两个国家长期指责面积更大的邻国乌兹别克斯坦消耗了大量的中亚水资源用以灌溉境内的棉花田，乌兹别克斯坦方面则强烈指责吉尔吉斯斯坦和塔吉克斯坦在阿姆河和锡尔河上游修建大坝的计划。2018 年 3 月的会谈虽然没有达成实质性的成果，但是这场时隔十多年的四国会晤，却表明中亚地区的国家领导人在水资源问题上积极解决的合作态度。

6.5.2 发展节水技术与政策

为了应对该地区有限的水资源储备，中亚五国一直希望可以实行产业转型，减少对水资源的依赖。自 1990 年以来，中亚地区的总用水量已经下降，造成这种变化的原因之一是苏联解体后制造业的衰落；在农业方面，为了减少对粮食进口的依赖，乌兹别克斯坦和其他中亚国家已将农业生产从棉花转向更为节水的小麦(European Parliament，2018)。

然而，虽然中亚地区的总用水量在持续下降，但人均用水量还是远高于世界很多地区，这主要是因为中亚水资源的使用效率一直不高。其中，土库曼斯坦是全世界用水最浪费的国家之一，每年人均消耗600万升水。水资源利用效率的低下又加剧了水资源短缺。造成中亚地区水资源使用效率低下的一个主要原因是中亚陈旧的灌溉系统——这些系统大多建设于苏联时期，其中很大一部分灌溉渠运营低下、维护不善。根据世界银行的数据(见表6.2)，因灌溉系统运营不善造成的农业损失在中亚五国中都有发生。在水资源运输过程中漏水频繁。如为土库曼斯坦提供大约一半灌溉地区供水的卡拉库姆运河，在运输途中会损失大约三分之一的水资源。

表6.2　每年因灌溉系统的薄弱管理而造成的农业损失(百万美元)

国　　家	锡尔河	阿姆河	咸海
哈萨克斯坦	206	0	206
吉尔吉斯斯坦	81	0	81
塔吉克斯坦	58	112	170
土库曼斯坦	0	378	378
乌兹别克斯坦	390	529	919
总　　计	735	1 019	1 754

资料来源：世界银行(2003)欧洲和中亚地区环境和社会可持续发展报告。

乌兹别克斯坦在世界银行和欧盟等国际援助下，正在致力于通过提高水资源使用效率、减少水资源浪费。然而，修复该国灌溉和排水基础设施需要投入约230亿至310亿美元(European Parliament，2018)。庞大的资金成本使乌兹别克斯坦在修复该国灌溉和排水基础设施上进程缓慢。除了乌兹别克斯坦，节水措施也是哈萨克斯坦政府2013年提出的“绿色经济”发展计划的核心关注点之一，其中就包括引进更有效的灌溉系统。然而，如同乌兹别克斯坦一样，哈萨克斯坦在更新灌溉系统上同样存在着资金上的困难。除了资金投入问题，中亚地区行政低效也使得任何关于提高水资源效率的政策执行不力。

面对中亚国家低下的水资源使用效率，国际组织不仅通过贷款援助中亚国家更新升级灌溉系统，而且帮助中亚国家设计切实可行的节水政策，以及在执行层面提供监督和指导。

6.5.3 强化国际水资源合作

自中国于2013年提出“一带一路”倡议之后，中亚五国便是最早一批支持“一带一路”倡议的国家。无论是从国家经济，还是地缘政治的角度，“一带一路”倡议都将为中亚地区解决跨境水冲突带来新的机遇。首先，由中国发起并主导的“一带一路”倡议可以在一定程度上解决中亚地区的电力问题。前文已经提到，能源问题一直是中亚水资源共享的一个核心议题。2015年，中国和吉尔吉斯斯坦合作建设的吉尔吉斯斯坦“达特卡—克明”输变电项目顺利竣工。该项目将吉尔吉斯斯坦南北方原本独立的电力系统联为一体，对提高吉尔吉斯斯坦电网独立性和安全性，促进吉尔吉斯斯坦经济社会发展和民生改善具有重要意义。除了电力能源，“一带一路”倡议可以协助解决中亚地区其他领域的能源问题，从而间接缓解水冲突问题。以乌兹别克斯坦为例，中国已经和乌兹别克斯坦达成协议，帮助乌兹别克斯坦更好地利用和开发天然气能源，建设更多天然气管道。

其次，“一带一路”倡议还将推动中亚地区地理和经济上的互联互通。比如，乌兹别克斯坦、吉尔吉斯斯坦和中国三方政府已经达成意向，将合作建设中吉乌国际铁路，增强中亚内部的交通网络；由中方参与建设的中吉乌国际公路已经于2018年通车。中亚地区地理和经济上的互联互通将加强地区国家之间的交流和互信，而良好的交流和充分的互信是解决任何多边问题的首要基础。这些多边对话和合作机制或组织将为中亚国家学习如何进行多边对话和合作积累宝贵的经验，并将这些经验运用到解决跨境水冲突上。

与中国发起的“一带一路”倡议类似，世界银行等国际组织也就中亚地区水资源管理问题促成一系列合作项目。例如，“中亚水和能源项目”（the Central Asia Water & Energy Program，CAWEP）由世界银行、欧盟、瑞士和英国相互合作，旨在促进中亚地区的能源和水安全。中亚水和能源项目与中亚各国政府、国家和区域组织、社会组织以及其他国际金融机构开展广泛合作。主导和维护中亚输电和贸易项目、帮助中亚国家修复气象站和河流水文观测站，从而提高天气预报精度；修复并改造水电站，提高水电站运行效率；提供气候变化适应方案，有效帮助农民提升作物产量等等。由此可见中亚国家面临的危机纵然严重，但已经获得，或是正在获得来自国际组织、友好邻国的支持，联合推进区域水资源公平与可持续的利用与开发。

第 7 章　欧洲水资源冲突与解决

7.1　欧洲自然与社会概况

7.1.1　欧洲社会经济概况

欧洲位于东半球的西北部，北临北冰洋，西濒大西洋，南滨地中海和黑海。欧洲面积位居世界第六，人口密度 70 人/平方千米，总人口位居世界第三，仅次于亚洲和非洲，99%以上人口属欧罗巴人种。全欧洲现有 44 个国家，其中有国际影响力较强的英国、俄罗斯、德国、法国等国；有经济较为发达或中等发达的西班牙、荷兰、比利时、爱尔兰、冰岛、葡萄牙、瑞士、挪威、瑞典、芬兰等国，也有一些地区性小国或综合实力不强的中东欧国家如匈牙利、奥地利、捷克以及巴尔干国家等。

在近现代历史中，欧洲扮演了启蒙的、主导的、领先的角色。坐拥海洋文明的欧洲历来实行重商主义，以促进工商业的大发展。通过强大的海上贸易，开辟了通往全世界的新航路，为资本主义的崛起提供了原始的资本积累。之后又历经工业革命，促进欧洲迅速发展。

即便经历了两次世界大战，今天的欧洲，无论是政治还是经济上，仍然在世界上占据举足轻重的地位。欧洲也是如今人类生活水平较高、居住舒适度较高的大洲之一。根据国际货币基金组织公布的 2018 年全球人均 GDP 排名，排在前 50 的国家中，有 27 个欧洲国家，占一半以上，其中排名前五的全部是欧洲国家。

表 7.1　2018 年人均 GDP 前 50 的欧洲国家

排名	国　家	人均 GDP（美元）	排名	国　家	人均 GDP（美元）
1	卢森堡	114 234	20	英国	42 558
2	瑞士	82 950	25	意大利	34 260
3	挪威	81 695	29	马耳他	31 058
4	爱尔兰	76 099	31	西班牙	30 697
5	冰岛	74 278	32	塞浦路斯	28 340
9	丹麦	60 692	33	斯洛文尼亚	26 234
11	瑞典	53 873	36	葡萄牙	23 186
12	荷兰	53 106	37	爱沙尼亚	22 990
13	奥地利	51 509	38	捷克	22 850
14	芬兰	49 845	39	希腊	20 408
15	圣马力诺	48 946	40	斯洛伐克	19 582
16	德国	48 264	42	立陶宛	19 143
17	比利时	46 724	44	拉脱维亚	18 032
19	法国	42 878			

资料来源：IMF《全球经济展望数据库》2019 年 4 月 15 日。

欧洲的宜居与一体化进程不无关系。由欧洲经济共同体发展而来的欧盟，现有 27 个成员国。根据其宗旨，欧盟旨在打通各成员国之间的国界，让各国在密切的沟通和交往中破除经济和社会发展的种种壁垒，逐步走向协调一致，从而形成一个特色鲜明的超国家政治经济实体。欧洲一体化除了有利于欧洲各国经济发展和国际影响力的提升，更为欧洲社会的安全稳定、风险防控、跨区域治理搭建了平台，建立了机制。欧洲一体化对于本章所探讨的欧洲国际河流治理和水冲突化解，有着极大的推动力和影响力。

7.1.2　水资源分布与利用

欧洲平原广阔，气候湿润，拥有许多适合航行且水流平缓的大江大河。欧洲主要以东北—西南为总分水岭（北乌瓦累丘陵、瓦尔代高地、喀尔巴阡山脉、阿尔卑斯山脉、安达卢西亚山脉为界），大部分河流诞生于此，分水岭以北的河流如维斯瓦河、奥得河、易北河、莱茵河、卢瓦尔河等，向北流向波罗的海、北海；分水岭以南如多瑙河、伏尔加河、第聂伯河、顿河等，则向南或向东流向黑海、里海。

欧洲境内河流主要来源包括雪水补给，如俄罗斯境内的伏尔加河、第聂伯河、顿河等;有的则是雨水补给,如西欧靠近大西洋的河流;以及由雪水和雨水共同补给,如北欧的河流和一些流程长、流域面积大的河流,如多瑙河、莱茵河等。

1. 伏尔加河概况

伏尔加河(Volga River)是欧洲最长的河流,全长3 692千米,流域面积138平方千米,平均流量为每秒8 060立方米,干流总落差256米,流速缓慢,注入里海。伏尔加河全境都在俄罗斯境内,是俄罗斯民族的"母亲河"。它的源头位于特维尔州奥斯塔什科夫区(Ostashkov)瓦尔代丘陵东南的湖泊间,源头海拔228米,从源头至奥卡河口(Oka)为伏尔加河上游,从奥卡河口至卡马河口(Kama)为中游,卡马河口以下为下游。伏尔加河流域居住着6 450万人口,伏尔加河—顿河运河、伏尔加河—波罗的海运河、北德维纳运河将伏尔加河与波罗的海、黑海、亚速海、白海等联通,此外,伏尔加河流域还密布着支流河网,是俄罗斯内河航运的主干道。

伏尔加河建有许多堤坝、水库和水电站,干支流上的水库达到800多座,可开发的水能资源总计电量约1 200万千瓦时。伏尔加河和支流卡马河上已建成11座梯级水电站,总装机容量为1 135.5万千瓦,年发电量为399亿千瓦时。伏尔加河流域有阿斯特拉罕、伏尔加格勒、萨马拉、喀山、下诺夫哥罗德、雅罗斯拉夫尔等城市。流域内机器制造、石油开采、石油加工、石化工业、电力工业、建筑材料和食品业发展水平较高,石油、油页岩、天然硫黄、盐、泥灰岩石、英砂、黏土等储量丰富,伏尔加河流域还是重要的农业区,拥有俄罗斯最大的粮食基地。

2. 第聂伯河概况

第聂伯河(Dnieper river)是东欧第二大河,欧洲第三大河,全长2 285千米,流域面积50.4万平方千米,平均流量为每秒1 670立方米。第聂伯河发源于俄罗斯瓦尔代丘陵南麓。向南流经白俄罗斯、乌克兰,注入黑海。主要支流有杰斯纳河、索日河和普里皮亚季河等。第聂伯河在三个国家的长度分别是俄罗斯485千米,白俄罗斯595千米和乌克兰1 205千米。人们习惯将第聂伯河划分为上第聂伯河和下第聂伯河,上第聂伯河是从源头至乌克兰首都基辅,也就是第聂伯河上游,下第聂伯河是从基辅至河口,其中基辅到扎波罗热(Zaporozhye)为第聂伯河中游,扎波罗热到河口为下游。

第聂伯河对东欧的斯拉夫民族意义十分重大,经过改造,通航里程达2 075千米,主要运输煤、矿石、建材、木材和粮食。自苏联时代至今,第聂伯河已建设了许多水电站和水库,年发电量143.9亿千瓦时。此外,第聂伯河还要给沿途主要城镇如顿巴斯、克里沃罗格、扎波罗热、第聂伯罗彼得罗夫斯克、基辅等供水，河上的不少水库还发展了渔业养殖。

3. 顿河概况

顿河(Don River)位于东面的伏尔加河和西面的第聂伯河之间，是俄罗斯欧洲部分的第三大河，全长 1 870 千米，流域面积 42.2 万平方千米，平均流量为每秒 935 立方米。顿河发源于中俄罗斯丘陵东麓，曲折流向东南，后折向西南，经森林草原带和典型草原带，注入亚速海，上游为从源头至其向东南弯曲处；中游至齐姆良斯克水库(Tsimlyansk Reservoir)的开端，下游则为齐姆良斯克水库。顿河的主要支流有霍皮奥尔河、北顿涅茨河等，其中北顿涅茨河流经乌克兰。

顿河流域也是俄罗斯的主要农业产业带，生产小麦、甜菜、马铃薯、向日葵以及亚麻等，也是世界最大针叶林带所在地。1949 年至 1952 年，苏联建成伏尔加—顿河通航运河和齐姆良斯克水利枢纽，以开发顿河的水资源，顿河干流的通航里程达 1 600 多千米，以运输煤、木材、粮食和金属为主。

4. 多瑙河概况

多瑙河(Danube River)是欧洲第二长河，在欧洲河流中长度仅次于伏尔加河，全长 2 850 千米，流域面积 81.7 万平方千米，平均流量为每秒 6 430 立方米。多瑙河发源于德国西南部，自西向东，流经奥地利、斯洛伐克、匈牙利、克罗地亚、塞尔维亚、保加利亚、罗马尼亚、摩尔多瓦、乌克兰，最后注入黑海，共流经 10 个国家，是世界上干流流经国家最多的河流。从阿尔卑斯山脉的河源至维也纳为多瑙河上游，从维也纳至罗马尼亚喀尔巴阡山脉的铁门峡谷为中游，铁门峡谷以下为下游。多瑙河的支流众多，有的延伸至瑞士、波兰、意大利、波黑、捷克以及斯洛文尼亚境内，主要的支流有上游的伊勒河、因河，中游的萨瓦河、德拉瓦河，下游的锡雷特河、普鲁特河等。多瑙河航运发达，是国际运输大动脉。为连接其他航道，人们先后开凿了多条运河，例如德国修建了莱茵—美因—多瑙运河，把多瑙河和莱茵河两大水系联为一体。

多瑙河流域居住着 8 100 万人口，这条河承载着运输货物、生产水电、供应工业和居民用水、灌溉和发展渔业等方面的功能。由于水量丰富，多瑙河的水电开发比较成熟，沿岸国家纷纷建设水电项目，德国与奥地利边界河段、南斯拉夫和罗马尼亚边界河段都合建了水电站。多瑙河的年发电量远超伏尔加河，年发电量在 1 250 亿千瓦时以上。但多瑙河流经的国家，与莱茵河流经的国家相比，经济发展水平相对滞后，且越往下游走，发展水平相对越低。根据 2018 年全球人均 GDP 排名，多瑙河流经的 10 个国家，能排入前 50 的只有位于上游的奥地利、德国和斯洛伐克，中游国家排名在 60—80 名，而下游的摩尔多瓦和乌克兰排名都在 120 名之外。由于多瑙河中下游没有发达国家，因而除了航运和发电，流域并没有特别发达的产业带。

5. 莱茵河概况

莱茵河(Rhine River)是西欧最重要的河流，也是欧洲的黄金水道，全长 1 320 千米，流域面积 22.4 万平方千米，平均流量为每秒 2 500 立方米。莱茵河发源于瑞士阿尔卑斯山脉的沃德莱茵(Vorderrhein)和亨特莱茵(Hinterrhein)，源头海拔 4 275 米，干流流经瑞士、列支敦士登、奥地利、法国、德国及荷兰 6 国，进入荷兰三角洲地区后分为几支进入北海。莱茵河从源头到瑞士巴塞尔为上游，因位于山区，河谷狭窄，水位落差大。自巴塞尔至德国波恩为中游，内卡河(Neckar)、美因河(Main)和摩泽尔河(Moselle)是中游的主要支流。中游受雨水、融雪等影响，水量较为丰富。波恩以下为下游，流经德国西部、荷兰低地，河流坡度小，水量丰富稳定，有鲁尔河(Ruhr)、利伯河(Lippe)等右岸支流。

莱茵河流域居住着 5 500 万人口，沿线均为发达国家，莱茵河流域也是被开发得比较早的流域。长久以来，莱茵河就是欧洲的黄金水道，到了 19 世纪，更是成为西方工业革命发祥地。100 多年前，莱茵河开始建造水电项目，干流上已有 56 座水电站，总装机容量 476.5 万千瓦，年发电量 116.03 亿千瓦时。①莱茵河流域已形成巴塞尔—米卢斯—弗莱堡、斯特拉斯堡、莱茵—内卡、莱茵—美因、科隆—鲁尔和鹿特丹—欧洲港区共六大工业基地，分别是欧洲和世界的化工、食品加工、汽车制造、冶炼、金属加工、造船和商业服贸中心。莱茵河流域有 50 座中等规模以上的城市，其中有 20 座港口城市，例如巴塞尔、斯特拉斯堡、杜伊斯堡、科隆、阿姆斯特丹、鹿特丹等。

6. 易北河概况

易北河(Elbe River)是中欧主要航运水道之一，全长 1 165 千米，流域面积 14.4 万平方千米，平均流量为每秒 770 立方米。易北河发源于捷克和波兰两国边境附近的克尔科诺谢山南麓，穿过捷克西北部的波希米亚，在德累斯顿东南 40 千米处进入德国东部，在下萨克森州库克斯港注入北海；约 1/3 流经捷克，2/3 流经德国。易北河的支流有伏尔塔瓦河、施普雷河、萨勒河等，捷克首都布拉格、德国首都柏林都在易北河的支流上，汉堡则是易北河入海处的重要河海港口。

---

① 参见中国水利水电出版社网站，http://www.waterpub.com.cn/JHDB/DetailRiver.asp?ID=79。

易北河流域人口 2 450 万(胡苏萍,2011),流域产业主要包括化工业、褐煤矿业、采矿业、制造业和农业,其水电资源主要集中在捷克境内的拉贝河及支流伏尔塔瓦河上。易北河流速缓慢,落差较小,不适合建造高坝大库,不过捷克和德国还是建设了近 300 座水坝。

7. 奥得河概况

奥得河(Oder River)是东欧的重要航道,全长 912 千米,流域面积 11.9 万平方千米,平均流量为每秒 580 立方米,流域人口 1 670 万左右(Aleksandra Ibragimow,2019)。奥得河发源于捷克奥得山海拔 634 米处,向东穿过狭窄的森林谷地后进入波兰,然后流向西北穿过摩拉维亚(Moravia)凹地,在波兰西南部与左岸的尼斯河交汇,合流后成为波兰和德国的界河,最后流入波罗的海。奥得河在捷克境内 112 千米,波兰境内 555 千米,波兰与德国界河 187 千米,主要支流有奥帕瓦河、奥索布沃加河、瓦尔塔河、奥尔谢河、克沃德尼察河等。由于地处波兰和德国边界,在第二次世界大战期间,奥得河在苏军解放波兰、进攻柏林的过程中具有重要战略意义。

奥得河所流经的地方地势平坦,水流平缓,不太适宜兴建大坝。但奥得河有 764 千米的河段可全年通航,这对于波兰运输业的发展意义重大,奥得河同样是德国东部通往波罗的海的货物出口。此外,人们开挖运河,把奥得河和波兰最大的河流维斯瓦河连接,通过维斯瓦河,可以到达白俄罗斯、乌克兰、俄罗斯等国。奥得河沿岸的主要城镇有捷克的奥斯特拉瓦、德国的法兰克福、波兰的弗罗茨瓦夫、什切青等。

表 7.2　欧洲主要国际河流的基本情况

河流名称	长度(千米)	流域面积(万平方千米)	平均流量(立方米/秒)	流域人口(万)	流域国家
伏尔加河	3 692	138	8 060	6 450	俄罗斯
多瑙河	2 850	81.7	6 430	8 100	德国、奥地利、斯洛伐克、匈牙利、克罗地亚、塞尔维亚、保加利亚、罗马尼亚、摩尔多瓦、乌克兰
第聂伯河	2 285	50.4	1 640		俄罗斯、白俄罗斯、乌克兰
顿河	1 870	42.2	935		俄罗斯
莱茵河	1 320	22.4	2 500	5 500	瑞士、列支敦士登、奥地利、法国、德国、荷兰
易北河	1 165	14.4	770	2 450	捷克、德国
奥得河	912	11.9	580	1 670	捷克、波兰、德国

7.2 欧洲水冲突和水事件总体情况

7.2.1 欧洲水冲突和水事件的表现形式

1. 污染水源

在欧洲发生的许多战争都发生了对敌人的水源进行投毒或实施污染的事件，这在古代战争中尤为多见。公元前590年，雅典首席执政官梭伦在率军围困希腊的基拉城(Kirrha)时，将一种叫菟葵(helleborus)的有毒植物根须投入Pleistrus河(该河流经基拉)，同时，他还筑坝切断Pleistrus河，使得城中驻守的士兵饮用河水后"胃痛到身体无法移动"，最终，梭伦在没有遇到抵抗的情况下拿下了基拉城。公元前430年，伯罗奔尼撒战争的第二年，雅典爆发了瘟疫。斯巴达人被指控向比雷埃夫斯(Piraeus)的蓄水池投毒，而比雷埃夫斯正是雅典大部分用水的来源。公元1155年，神圣罗马皇帝腓特烈一世在意大利托尔托纳的战役中，将人的尸体投入该地的供水设施，造成水源污染。1945年，德国战术性使用生物武器，通过下水道污染波希米亚西北部的一个大型水库。1998—1999年的科索沃危机中，北约轰炸塞尔维亚潘切沃的石化厂，理由是怀疑其产品被用于军事，但轰炸造成大量的氨、二氯化乙烯及其他化学物质流入多瑙河。总体而言，随着人类文明程度的提升，向水中投毒和污染水源的不人道做法已很少发生，但却成为民间提出抗议、威胁的手段之一。1973年，一位德国生物学家向德国政府勒索850万美元，并以向供水系统投炭疽杆菌和肉毒杆菌毒素来威胁。2000年，法国黏胶制造厂Cellatex破产关闭，工人要求政府保证为他们安排同等工资的新工作并赔偿失业金，在谈判破裂后，愤怒的工人向默兹河的水道里倒入5 000升硫酸，法国分析家评论这是"前所未有的拿公众健康和环境作为人质的事件"。

2. 切断供水

水是人生存的必需品，也是经济发展的基础资源。在战争中切断敌方的供水，无论在古代还是现代的欧洲战场和冲突中，都时有发生，主要是为了屈人之兵，有时也为了破坏经济。公元前51年，恺撒军队在围困乌克塞洛敦(Uxellodunum)期间，通过破坏泉水，攻击和控制供水系统来迫使高卢人投降。公元6世纪，哥特人围攻罗马，切断了几乎所有的罗马高架供水渠，仅有一条地下供水渠幸免。17世纪，西班牙哈布斯堡王朝计划挖掘运河使莱茵河改道，将莱茵河水引入西班牙控制范围，以此来破坏荷兰的经济，但由于缺乏资金，计划终归于失败。19 世纪初，拿破仑也想通过开挖芬洛(Venlo)到诺伊斯(Neuss)的运河连接莱茵河和默兹河，把巴伐利亚共和国的商贸转移至荷兰，从而为法兰西帝国所控制，计划同样因为缺少资金而搁浅。1992 年，塞尔维亚族人在进攻波斯尼亚和黑塞哥维那的萨拉热窝时，切断了周边山脉向萨拉热窝供水的水源；1999 年，塞族人在北约军队到来前关掉了科索沃的普里什蒂纳的供水系统。2001 年，马其顿和阿尔巴尼亚发生冲突，北马其顿的库马诺沃(Kumanovo)的供水被切断达 12 天，库马诺沃西北的 Glaznja 和 Lipkovo 湖的闸门被破坏。2008 年，俄罗斯和格鲁吉亚在南奥塞梯和阿布哈兹发生短暂的战争，格鲁吉亚宣称俄罗斯军队切断了以上地区的供电和供水。

3. *破坏水利*

毁坝引水，制造灾害，是战争常用的策略，有时为了阻止敌人入侵，有时为了消灭敌人；破坏水利，炸坏管道，有时也是破坏敌人经济或制造紧张局势的手段。近现代以来，随着欧洲河流被水利开发，水库和大坝在战争和冲突中就经常成为敌军袭击和破坏的目标，一些恐怖袭击和恐吓也以破坏大坝为目标。公元前 49 年，罗马内战时期，恺撒军队试图攻占马赛利亚(法国的马赛)。他们试图挖地下通道穿过马赛利亚的城墙，马赛利亚的守军在城墙内侧开挖水体，形成灌满水的盆地，恺撒的士兵一旦挖到城墙，水就会涌入隧道而使隧道坍塌。不过，马赛利亚还是在五个月后被恺撒攻陷。16 世纪，荷兰为了独立，与西班牙抗争了 80 年，荷兰作为低地国家，在阿尔克马尔(Alkmaar)、莱顿(Leiden)等地挖开堤坝制造洪水抵御西班牙军队，成为屡试不爽的战略；1672 年和 1940 年，荷兰人又用同样的方法对付法国皇帝路易十四的军队和纳粹德国的军队。在第二次世界大战期间，各国利用水利设施攻击或阻止敌军，或为了破坏敌国的经济，采取了许许多多轰炸、破坏的行为。例如，1941 年，苏联在莫斯科附近的伊斯特拉(Istra)水库制造洪水阻碍德军推进，而几周后撤退的德军也用这个水库的水来阻挡追击的苏军。1941 年，苏联在基辅陷落前炸毁第聂伯河水电站，目的是不让德军获得电力，而 1943 年德军撤退时，又对水电站设施进行轰炸。据统计，苏联的水电大坝有 2/3 毁于第二次世界大战。在第二次世界大战后期，纳粹德国的水电设施同样遭到盟军猛烈轰炸，德军也用人造洪水的方式对付盟军，例如 1944 年，德国在莱茵河制造洪水，形成 16 千米长、3—6 千米宽、1—2 米深的湖泊，迟滞了美军向莱茵河推进的步伐。第二次世界大战以后，欧洲进入相对和平时期，除了科索沃战争、乌克兰危机等局地战事，毁掉大坝制造洪水的情况不再出现，但对水利设施的恐怖袭击时有出现。例如，1999年，科西嘉岛外的博尼法乔（Cavallo）岛发生炸弹爆炸，使当地供水中断，此举可能为科西嘉岛的分裂组织所为，他们试图把科西嘉岛从法国独立出去；2002年，科西嘉岛的供水公司又遭炸弹袭击，同样为分裂组织所为。2002年，塞尔维亚伯亚诺瓦茨（Bojannovac）的一根供水管道被炸弹袭击，据说是一个阿尔巴尼亚组织所为。2003年，爱尔兰基迪（Keady）的一处供水设施发现一枚炸弹并被清除，据推测是爱尔兰共和军组织所为。2005年，乌克兰第聂伯河上的水电站受到爆炸威胁；同年，阿尔巴尼亚的马尔盖加伊村发生炸弹爆炸，当地供水设施被破坏。

4. 环境与权益纠纷

随着欧洲河流的过度开发和人类的过度利用，河道在经历了工业革命以来近200年的使用，原有的自然环境不堪重负，河道环境、流域生态逐渐恶化，水质不断变差，动植物资源不断减少，灾害和公共安全事件不断出现，严重威胁到流域国家的人民健康和经济发展。一些国际河流的上下游国家因水环境、水资源、水利用问题爆发矛盾，发生抗议、仲裁、诉讼等行为，这类水冲突并非因战争和仇恨而起，而是流域国家在环境治理、资源分配上需要共同面对、共同解决的问题。1928年，奥得河流域发生航运权案，波兰认为奥得河在波兰境内的支流——瓦尔塔河（Warta）和诺泰奇河（Notec）——不适用《凡尔赛条约》规定的奥得河国际管理制度，便与奥得河国际委员会的另外几个成员国——苏联、捷克斯洛伐克、英国、法国、丹麦和瑞典——对簿公堂。当时的国际常设法院判定流经一国以上的水道在管理上应考虑到沿岸国家的共同利益，沿岸国也可享受这些河段的共同法律权利，最终波兰败诉。1932年，荷兰在巴黎、柏林提出抗议，要求德法等国减少对莱茵河的污染物排放。

莱茵河是最先受到欧洲工业革命水污染的国际河流，下游的荷兰则最先受到污染波及，荷兰的灌溉、饮用水都需要在莱茵河获取，而上游带来的有毒物质在莱茵河三角洲沉积，对荷兰的水安全带来严重威胁。由于荷兰抗议的时候正值二战前夕，欧洲经济步入萧条，各国无暇顾及其诉求，直到1950年保护莱茵河国际委员会成立，荷兰的诉求才得到回应。1957年，法国和西班牙发生拉努湖仲裁案，拉努湖（Lanoux）发源于海拔2 100米以上的高地，流入法国境内的卡罗河（Garonne），经西班牙流入地中海。法国计划将拉努湖的湖水分道流向阿贝耶河然后流入大西洋，以便利用流水发电，虽然法国同意引亚里埃奇河水入卡罗河作为补偿，但西班牙还是担心该项目会影响卡罗河水量与环境，并认为法国此举未经西班牙政府同意，违反两国在1866年签订的《贝约纳协定》。两国将此争议交付国际仲裁庭仲裁，国际仲裁庭驳回了西班牙的论点。1992年，匈牙利和斯洛伐克因多瑙河联合建坝的分歧而闹上国际仲裁法庭，成为国际法领域有名的多瑙河水坝案，其背后是因为匈牙利政府认为大坝会破坏多瑙河生态而单方面停止了该项目。近年来，在北欧，流经瑞典、芬兰、挪威三国的托尔讷河（Torne）在环境改善后，三文鱼的数量增加，这一好现象却引起瑞典和芬兰渔民之间的矛盾，原因是瑞典和芬兰各自确定的三文鱼开捕时间不同，瑞典人在仲夏节吃三文鱼是其民族传统，其三文鱼开捕时间比芬兰早一星期，而芬兰的开捕时间要到6月17日。从利润的角度，开捕初期的三文鱼市场价格明显高于后期，这样的时间差势必影响同一区域芬兰渔民的利益。经过芬兰瑞典跨境河流委员会（Finnish-Swedish Transboundary River Commission，FSTRC）的协调，在尊重瑞典习俗的前提下，芬兰同意将三文鱼开捕时间提前一周，此事得以化解。

7.2.2　欧洲水资源冲突的历史沿革

1. 军事战争是古代至近代欧洲水冲突的最主要诱因

纵观欧洲的水冲突和水事件，军事目的无疑是最主要诱因。虽然欧洲面积不大，但民族众多，纷争不断，即便是强大的罗马人、日耳曼人，都没能真正统一过全欧洲。从古希腊罗马开始，城邦之间就频繁发生战争。在漫长的中世纪，欧洲又处于四分五裂的黑暗时期，封建君主、贵族、领主攻城略地，一条并不太长的河流，往往会由很多力量割据，莱茵河沿岸矗立的无数城堡，就是各派势力设立的盘剥来往商船的航运收费口。到了资产阶级革命后，这些新兴的民族国家将战争蔓延到全世界。第二次世界大战结束后，欧洲进入稳定时期，但局部的战事仍然一触即发，同时，恐怖主义也在欧洲蔓延。由于战事频发，水经常变成武器，用来对付敌军。从古代的人造洪水、污染水源到现代的毁坏水电大坝，袭击供水设施，背后都有战争机器和政治在操控。

2. 水污染是现代欧洲水冲突的最主要诱因

欧洲很少发生争夺饮用水的水冲突和水事件，除了个别山地和海边国家缺少淡水，欧洲现有的水资源总体能满足各国的饮用需要，欧洲水资源最大的威胁来自水污染。由于经济发达，人口集中，开发彻底，欧洲河流普遍遭受污染，莱茵河和多瑙河都发生过触目惊心的重大污染事件，1986年，瑞士在莱茵河上游的桑多兹化工厂失火，造成10吨杀虫剂和含有多种有毒化学物质的污水流入莱茵河，污染影响

500 多千米，沿岸各国自来水厂全部关闭。2000 年，罗马尼亚一处金矿污水沉淀池因下雨积水暴涨发生裂口，10 多万升含有大量氰化物、铜和铅等重金属的污水漫出堤坝，流入多瑙河支流蒂萨河，并顺流而下，扩散到多瑙河，导致匈牙利、南斯拉夫等下游国家损失惨重。伏尔加河等一些即便没有重大污染事件发生的河流，也不同程度遭受农业污水的长期危害，情况不容乐观。因水体污染和水环境破坏而引起的抗议、仲裁、诉讼是欧洲常见的水冲突和水事件表现形式。

3. 欧洲一体化是推动欧洲水冲突化解的重要力量

欧洲社会较早地建立了现代政治制度和法律体系，并成立欧盟，这一当今世界范围内堪称区域一体化典范的国际组织。欧盟从最初的经济一体化、市场一体化，发展成为经济货币联盟、政治联盟，并建立起一系列法律法规以及规范性文件。这些法律法规和规范性文件协调了各国不同的法律制度，让成员国的主权一定程度上接受欧盟的管理和限制。在欧盟法律体系优先的原则下，各成员国调整自己的法律，规避可能因法律不同而造成的矛盾和冲突。欧盟的存在和法律体系的完备，成为欧洲化解水冲突和水事件的特长和优势。2000 年，欧盟出台《欧盟水框架指令》(The European Union's Water Framework Directive, WFD)，为欧洲的水资源治理提供统一的参考框架。在欧洲一体化的进程中，一些国际河流都建立了国际保护委员会，例如保护莱茵河国际委员会(International Commission for the Protection of the Rhine, ICPR)、保护多瑙河国际委员会(International Commission for the Protection of the Danube River, ICPDR)等，这些组织正在努力保护并逐渐恢复河流的环境与生态，为避免水冲突的发生起到积极的作用。各国法律意识的增强，也使得一些水冲突、水事件通过委员会协调或仲裁诉讼的途径，以一种相对和平的方式得以解决或缓和，从而避免了暴力和战争。

7.3　莱茵河水冲突及国际治理案例分析

7.3.1　莱茵河流域概况

1. 莱茵河自然地理概况

莱茵河是欧洲继伏尔加河和多瑙河之后的第三大河，虽然长度仅为伏尔加河 1/3 和多瑙河的 1/2，流域面积仅为伏尔加河和多瑙河的 1/7 和 1/4，但却是欧洲水量最丰富的河流之一，平均流量为每秒 2 200 立方米。流域内降水量为 500—2 000

毫米，平均降水量为 1 100 毫米，由于流经发达国家聚集的西北欧，在欧洲河流中占有重要的地位。

莱茵河从源头到瑞士巴塞尔（Basel）为上游，河谷狭窄，河床坡度大，水量丰富，径流系数达 75%。自巴塞尔至德国波恩（Bonn）为中游，内卡河（Neckar）、美茵河（Main）和摩泽尔河（Moselle）是中游的主要支流。右岸的内卡河和美因河的水来自融雪，春末涨水，夏季枯水，左岸的摩泽尔河秋冬多雨，因此中游地区水量较为丰富。波恩以下为下游，流经德国西部、荷兰低地，河流坡度小，水量丰富稳定，有鲁尔河（Ruhr）、利伯河（Lippe）等右岸支流。河口地区年平均流量为每秒 2 500 立方米。

莱茵河具有良好的水流条件，支流众多，又经过人类的世代开发，众多的运河将其和多瑙河、塞纳河、罗纳河、易北河等相连，形成蛛网密布的航运体系。莱茵河是西欧的南北交通大动脉，干流的通航里程为 885 千米，是世界上最繁忙的航道之一，串联起巴塞尔、斯特拉斯堡（Strasbourg）、路德维希（Ludwigshafen）、科隆（Köln）、杜伊斯堡（Duisburg）等一系列主要内陆港口。

2. 莱茵河流域社会经济概况

莱茵河流域面积 22.4 万平方千米，全流域覆盖 9 个国家，干流经过瑞士、德国、法国、卢森堡、荷兰，流域宽度变化较大，从 70 千米到 500 千米不等。占有流域面积最大的国家为德国，有 10 万平方千米，占去整个莱茵河流域面积的近一半；其次是瑞士、法国、比利时和荷兰，分别拥有 1 万—3 万平方千米：以上这些国家占有了莱茵河流域面积的 98%以上，至于奥地利、卢森堡、列支敦士登、意大利，流域面积占比很低（参见图 7.1）。

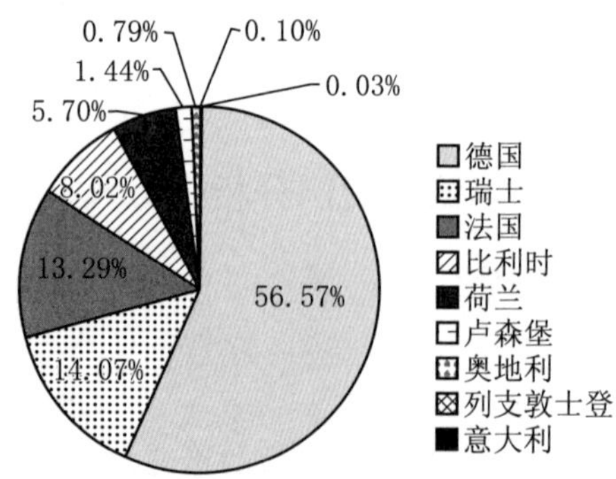

图 7.1 莱茵河流域各国面积占比图

资料来源：根据国际河流法研究网（capacity4dev.ec.europa.eu/）2016 年数据测算。

莱茵河流域人口 5 500 万左右，流域面积最大的德国人口有 3 500 万以上，占 66.37%，其次是瑞士、荷兰、法国，人口在 500 万—1 000 万左右，占 7%—10%，其他国家的人口所占较少（参见图 7.2）。

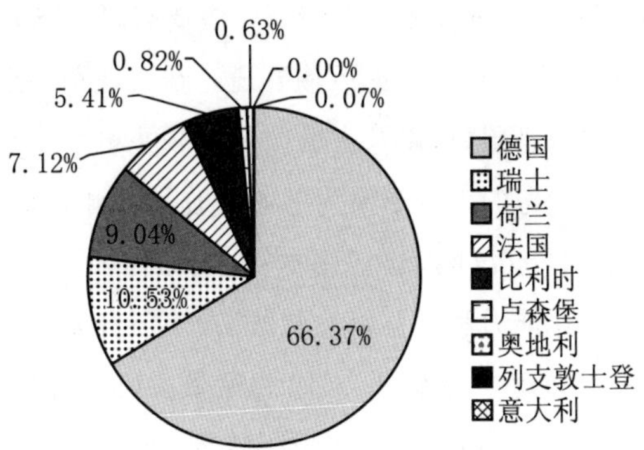

图 7.2　莱茵河流域人口占比情况

资料来源：根据国际河流法研究网（capacity4dev.ec.europa.eu/）2016 年数据测算。

莱茵河流域是欧洲经济最为发达的地区，根据国际货币基金组织 2019 年 4 月公布的 GDP 总量排名来看，莱茵河流域的德国、法国、瑞士、荷兰均进入全球前 20；从国际货币基金组织公布的 2018 年的人均 GDP 排名来看，上述国家也稳居前 30。

莱茵河流域各国对于水资源的利用，主要包括：饮用水、加工业用水、灌溉、水力发电、环境景观用水、渔业用水、航运、污水排放等。由于所处地理位置和产业布局的差异，各国对莱茵河水资源的利用情况略有不同，总体而言，航运、加工业用水和排污是这些国家最主要的水资源利用方式。

表 7.3　瑞士、法国、德国、荷兰对莱茵河水力资源的利用情况

	瑞　士	法　国	德　国	荷　兰
饮用水			√	√
加工业用水	√	√	√	√
灌溉				√
水力发电	√	√		√
环境景观用水	√		√	√
渔业用水				√
航运	√	√	√	√
污水	√	√	√	√

资料来源：《莱茵河流域可持续发展案例研究》（文传浩，2016）。

7.3.2 莱茵河流域开发和发展现状

1. 莱茵河流域的开发

人类自中世纪以来就开始改造莱茵河,其改造的步伐在工业革命后不断提速加快。千百年来,人们对莱茵河实施的改造行为主要有以下方面。

航运:莱茵河自古以来一直是水上运输要道。在工业革命前,由于受河道内天然的悬崖、礁石、小岛等物理阻碍,以及中世纪封建领主的层层设卡盘剥,莱茵河运输一直受到干扰,而19世纪的工业革命为莱茵河航运提出了更为迫切的需求,因为莱茵河驶入了更大吨位的蒸汽船舶,它比木筏、帆船需要更宽的水面和更深的航道。为了提升莱茵河航运能力和效益以发展贸易,1815年,莱茵河沿岸国家在维也纳会议上设立了莱茵河航运中心委员会,以消除莱茵河上自然和人为的不利因素和瓶颈。1816—1916年,莱茵河航运中心委员会制定了许多条约、协定和规划,着手对莱茵河进行提升运输能力的改造,其中最著名的要数图拉工程(Tulla Project)。通过该工程的实施,阻碍运输的障碍物如礁石、岛屿等被铲除,河道被拉直,支流被切断。随后,中下游的普鲁士实施了普鲁士航道工程,莱茵河三角洲的荷兰也建造了新航道并筑起大坝,以利于大型船只进出鲁尔和鹿特丹地区。经过100多年的改造,失去“毛细血管”的莱茵河干流,变成水量均匀的、被水泥和岩石包裹的“航运高速公路”。

排放工业污水:工业文明对莱茵河沿岸的自然风貌进行了大刀阔斧的改造。随着莱茵河运输业的发展,煤炭、钢铁、采矿、冶金化工等企业逐步占据沿线区域。19世纪鲁尔地区成为欧洲最大的烟煤和褐煤基地,采矿业产生的酸性气体和抽取的矿井水被排入周边水体,最终汇入莱茵河,鲁尔地区的大量炼铁厂、采矿场将自然和农业景观变成了工业区;一些大型企业凭借雄厚的实力,瓜分并改造最好的位置来利用水资源并排放废弃物。众多化学工厂在莱茵河流域蓬勃兴起,它们位于莱茵河支流内卡河、美因河、伍珀河、鲁尔河等区域,直接利用水加热或冷却化工产品,并直接倾倒或通过管道排放废水。工业用水恶化莱茵河的水质引起各国政府关注,并作为实施国际治理的缘起。

水电开发:莱茵河的高莱茵河段和上莱茵河段适合建设水电站。1866年,第一座小型水力发电厂在瑞士沙夫豪森镇(Schaffhausen)投产,宣告19世纪90年代大型水利堤坝时代的到来。随后,莱茵费尔登(Rheinfelden)、奥古斯—特维轮(Augst—Wyhlen)、劳芬伯格(Laufenburg)、埃格利绍(Eglisau)等许多地区建设了发电项目，一些化工企业进驻附近地区，利用电力来替代污染严重的煤炭能源。1919年，《凡尔赛条约》准予法国直接控制左岸（阿尔萨斯）以及开发莱茵河上游的水电潜力的正当合法权利。法国除了修建阿尔萨斯运河，也开始规划水电项目。在后来的几十年间修建多个水电大坝，随着水电项目的运行，汽车、铝业、合成纤维和其他能源强化型工业企业借助廉价的水电资源向莱茵河上游发展。如今，莱茵河干流上有56座水电站，总装机容量476.5万千瓦，年发电量116.03亿千瓦时。① 莱茵河支流上还有更多的水电站。水电站的运营，对莱茵河流域产业带的形成提供强大的能源支撑和交通运输保障。

2. 莱茵河流域的发展现状

经过200年的开发和治理，莱茵河成为欧洲的黄金水道，通航里程近900千米，其中大约700千米可以行驶万吨海轮。莱茵河行驶的各国船舶总吨位数超过1 500万吨，年货运量在3亿吨（刘健，1998a）。随着经济的发展和人口的聚集，莱茵河流域形成50座中等规模以上的城市，其中有20座港口城市，例如巴塞尔、斯特拉斯堡、杜伊斯堡、科隆、阿姆斯特丹、鹿特丹等。这些港口有的是海港，有的是内陆港，有的与铁路、公路、航空紧密相连，形成四通八达的水陆空交通网络。

莱茵河流域形成了6个世界闻名的工业基地，分别是巴塞尔—米卢斯—弗莱堡、斯特拉斯堡、莱茵—内卡、莱茵—美因、科隆—鲁尔和鹿特丹—欧洲港区，分别是欧洲和世界的化工、食品加工、汽车制造、冶炼、金属加工、造船和商业服贸中心。世界六大化学制药厂如拜耳（Bayer）、巴斯夫（BSF）、安万特（Aventis）、诺华（Novartis）、桑多兹（Sandoz）和罗氏（Roche）都分布在莱茵河两岸。

莱茵河流域有2 000多万人的日常生活依赖莱茵河及其支流、湖泊的水资源，苏黎世、巴塞尔、斯特拉斯堡、路德维希港、曼海姆、科布伦茨、波恩、科隆、杜塞尔多夫、鹿特丹、海牙等港口城市都建有自来水厂，并成立流域自来水厂国际协会来协调水质保护。

莱茵河流域的农业和林业至今仍在发挥重要作用，莱茵河流域尤其是从康斯坦茨湖到波恩的地带，是重要的葡萄及葡萄酒产区。莱茵河的木材主要用于造船、建房，并用作燃料，由于天然森林曾被大量砍伐，为了应对土壤侵蚀和洪水问题，沿岸各国正在大量植树造林恢复植被。

---

① 参见中国水利水电出版社网站：http://www.waterpub.com.cn/JHDB/DetailRiver.asp?ID=79。

莱茵河流域的旅游业再一次蓬勃发展起来。历史上无数诗人、画家、音乐家赋予莱茵河(主要是中游的河谷地带)神奇浪漫的色彩。但因为水资源污染，莱茵河曾让经过莱茵河两岸的人掩鼻侧目，但随着莱茵河治理的成功，游人又纷至沓来。2002年，延绵65千米的中莱茵河河谷还被联合国教科文组织列入世界遗产名录。

7.3.3 莱茵河流域的水冲突和水事件

从19世纪初的工业化起步至20世纪70年代中期，是莱茵河从清澈走向污浊，从天堂走向炼狱的悲剧过程。首先是为畅通航运和控制洪水而开展的河道改造，改变了莱茵河千百年来的自然外貌；然后是煤炭、钢铁、化工行业的崛起对莱茵河水质造成越来越大的破坏；最后是水利、石油、核能等产业以及城市和人口的增长把莱茵河的生态逼入绝境。短短100多年，莱茵河的自净能力被无数企业排放的重金属、氯代烃类、磷基和氮基化合物压垮；莱茵河鲑鱼、鲟鱼等洄游性鱼类因河床的改变和大坝的建造而失去产卵地；莱茵河流域的大量动植物因栖息地丧失而绝迹。在这个过程中，伴随着许多抗议之声，许多人因为莱茵河环境的恶化，和政府、企业对抗，因而莱茵河的水冲突和水事件，几乎全部围绕着环境而来。美国人马克·乔克(Mark Cioc)在专著《莱茵河，一部生态传记1815—2000》中，对莱茵河遭受污染的过程作了系统的回顾，从中我们辑出了与莱茵河水冲突有关的主要事件。

1. 对图拉工程的质疑

生于1770年的图拉，是莱茵河上游巴登大公国政府雇用的水利工程师，是莱茵河上游的重新塑造者，他提出的“图拉改道工程”(1817—1876)，主要是对莱茵河上游的环形和U形河道进行拉直改造，去除阻挡水流的岩石和小岛，并规划河道的宽度，通过缩短河流长度，加快水的流速，以快速排出洪水。然而，上游水流的通畅虽然减少了上游洪水的发生率，但给下游造成更大的洪水威胁，因为上游的沉积物更畅通无阻地抵达三角洲地区，阻塞下游河道。一些人意识到了这一问题，在1824年的洪水袭击莱茵河中下游后，水利工程师范·德·维克(Van Der Wijck)、弗列茨·安德烈等人发表评论文章，认为莱茵河上游的改道会对下游居民造成灾难性后果。他们的文章引起下游国家的重视，普鲁士开始向德联邦动用国家权力推迟图拉工程，1829年荷兰政府提起诉讼，1832年，巴登以北的赫斯大公国也参与其中。普鲁士和赫斯的外交官、工程师与巴登和巴伐利亚的外交官、工程师展开辩论，前两者作为洪水受害方，强调河流的整体性以及局部的改变将会对沿线国家造成的影响，希望改道工程考虑沿线所有国家的利益，后两者作为图拉工程的辩护人，将1824 年的洪水归为天气原因。德联邦特别委员会召开了 10 次会议，讨论和评估案情摘要和工程问题，结论是由于资料缺乏，难以作出裁决。之后普鲁士、赫斯、荷兰也并没有对德联邦特别委员会不了了之的结论进一步提出异议，任由图拉工程继续进行。

2. 民众对化工厂的抗议

随着莱茵河化学工业的飞速发展，公众对化工厂的污染表现出不安与反感，人们的抗议情绪高涨，每当化工厂建造或扩大规模，总会遇到周边居民的阻挠。仅在莱茵兰省，1860—1914 年间的化学工业发展高峰期，就发生数百起抗议事件，人口密度大的地区如巴门、埃尔伯费尔德、科隆、杜塞尔多夫等地则抗议更为激烈。但抗议很少取得成效，因为普鲁士政府禁止化工厂建立的情况很少，而以触犯干涉法律为由关停一家工厂的情况则更少。面对公众抗议，化工企业为维护自身利益，团结成立化工行业利益协会进行危机公关。它们提出所谓“牺牲的河段”理论，意思是为了工业的发展，要有一部分河段为排污作出“牺牲”；而要处理这些问题，应该通过河滨合作组织如埃姆舍尔河合作组织、鲁尔河合作组织等对症下药，逐个解决，而不是通过国家立法或国际协议来完成。1913 年，普鲁士国会开始辩论 1913 年的《普鲁士水利法》，该法的关键问题是将主导普鲁士水利政策的 70 多条单独的法律条款纳入普通法令。由于公众对威斯特伐利亚和莱茵兰省的多条河流被严重污染感到极度不满，国会的很多立法官员希望制定更为严厉的废水管理条例给化工企业以警示，但一些工厂企业以搬迁至上游相要挟，最后政府还是作出妥协，以牺牲环境来留住企业。讽刺的是那些河滨合作组织，并没有发挥控制污染的作用，相反，“牺牲的河段”越来越多，直至整条支流乃至整条莱茵河的“牺牲”。

3. 环保主义者对水电站大坝的抗议

水电站和大坝的建设对莱茵河洄游的鱼类造成显著影响。20 世纪初，在建造瑞士与德国交界处的劳芬伯格水电站时，两国的自然区保护主义者集体抗议该水电项目的施工，因为那里是 20 世纪初最壮观的鲑鱼活动场地之一。由于当时自然保护处于制度初立的萌芽阶段，那次抗议最终失败——虽然影响了大坝的修建进度，但无法从根本上停止这一项目建设。当时，在公开辩论后，巴登内务部长策划了一份“和解协议”，让卡尔斯鲁厄艺术学院的古斯塔夫舍恩莱伯将劳芬伯格无与伦比的美景用油画留下永恒的记忆，然后就为水坝的继续施工开绿灯。这幅油画至今还悬挂在卡尔斯鲁厄城市美术厅里，提醒着人们大坝已经毁掉了劳芬伯格的美景和鲑鱼的栖息地。

4. 渔民对于苯酚污染的起诉

莱茵河鱼类除了受到栖息地丧失和大坝阻挠的威胁，工业排放物对人们食用鱼类的安全也造成威胁。1911 年，渔民和饭店老板向莱茵兰省省长起诉凯撒斯韦特(Kaiserswert)和杜塞尔多夫-瑞施豪兹(Dusseldorf-Reisholz)之间的莱茵河段被汽油副产品严重污染，捕上来的鲑鱼全部散发出苯酚和汽油的味道。经调查，苯酚的来源是瑞施豪兹的荷兰雷纳亚(Rhenania)炼油厂。1925 年，科隆公司的一家鲑鱼和鳗鱼熏烤店起诉莱茵河渔业协会在埃姆舍尔河捕捞的鲑鱼味道极差，顾客要求退款。警方最终查实，确系雷纳亚炼油厂工人夜里用罐子偷倒硫酸废弃物和氢氧化钠所致，该厂只得停止这一违法行为。

5. 反核能组织对核反应堆的抗议

自从核能被开发以来，莱茵河流域便面临着核辐射、热污染、核废料处理等问题。瑞士、法国、德国、荷兰在 20 世纪 60 年代以来纷纷建设核反应堆，建造的地点基本都在莱茵河及其支流沿岸，包括阿勒河和莱茵河交汇点的贝兹瑙、葛斯根—达尼肯、布莱施塔特；莱茵河左岸的阿尔萨斯和洛林、摩泽尔河畔；美因河畔；莱茵河三角洲的多德瓦尔德等。随着反对核反应堆建设进程，核反应堆建设的反对力量出现。1970 年，让-雅克・蕾蒂希(Jean-Jacques Rettig)创建了法国第一个反核能组织——莱茵河委员会，阻挠阿尔萨斯的费森海姆反应堆施工，但没有成功。1972 年，海尔嘉・福温克尔(Helga Vohwinkel)在德国科布伦茨打官司，阻止在莱茵兰巴拉丁领地建设米尔海姆-卡里希(Mulheim-Karlich)反应堆，1977 年她赢得这场官司，判决结果为暂缓建设。项目暂缓后，海尔嘉・福温克尔不断受到威胁，但她仍继续抗争，继续诉讼，直到 1986 年去世。法国、德国、瑞士境内各类抗议组织构成伞式组织——莱茵河山谷行动委员会，在 20 世纪 70 年代初协调反对莱茵河上游的无核化斗争的行为，他们成功阻止了德国在莱茵河上游的法国一侧(马克尔塞姆)建化工厂的计划、在巴登州布莱萨赫市建设核反应堆的计划以及在布莱萨赫市和弗赖堡间的维勒(Wyhl)建造核反应堆的计划，其间也爆发了示威群众和警方的激烈冲突。那时也是莱茵河水环境被破坏到极点的时期。当时，政府和能源企业希望莱茵河变成第二个鲁尔河，有了19世纪鲁尔工业区的"前车之鉴"，民众坚决反对打造第二个"鲁尔"。民众环境意识的增强以及开展有组织抗议活动，避免了莱茵河的污染继续恶化。

6. 法国氯化物处理风波

20世纪70年代莱茵河保护国际委员会签署《防止莱茵河氯化物污染公约》后，由于法国阿尔萨斯钾矿所在地的农民反对政府把回收的氯化物注入地下石灰岩层，法国拒绝将公约提交议会，荷兰决定临时召回驻法国大使，并联合相关利益方对法国形成可信的司法制裁的威胁，荷兰的农民和自来水厂向法国钾矿提起一系列诉讼，这些诉讼令法国政府深感压力（沈桂花，2017，第143页）。法国政府便试图建设"欧克莱尔工程"（Eau Claire），即从阿尔萨斯铺设管线到北海，通过管线把氯化物直接排入北海，以减少莱茵河氯化物排放，但北海各国强烈反对该处理办法，因为那样会加重大西洋东北部各国的环境负担，1985年，法国不得不放弃"欧克莱尔工程"，寻找更为可靠的处理氯化物的方法。

7. 桑多兹事件

桑多兹事件是一个独立的水事件，但它推动莱茵河的治理进入实质性阶段。1986年，巴塞尔市郊施威策哈勒镇（Scheweizerhalle）的桑多兹（Sandoz）化工厂发生了莱茵河历史上最糟糕的一次工业事故。11月1日深夜，该厂的一个仓库爆炸起火，超过1 000吨的杀虫剂等农用化学品被点燃，消防队向仓库喷洒大量的水灭火，几个小时后，大火被控制，但裹挟着磷、硫、汞等剧毒物质的消防用水全部通过下水道流入莱茵河，形成了70千米长的微红色污染带，以每小时4 000米的速度向下游挺进。污染带流经的河段，鱼类几乎全部死亡，沿河自来水厂全部关闭，临近海口的荷兰不得不把莱茵河蓄水闸全部关闭，把莱茵河通往北海的水闸打开，好让污染水团快速流入北海。事发后一年内，桑多兹公司面临962起赔偿诉讼，总额达到100万瑞士法郎（沈桂花，2017，第94页）。该事件对莱茵河的污染虽然在几个月后便渐渐消退，其污染程度远没有两岸长期排污造成的危害大，但由于污染在短时间内集中爆发，责任主体明确，加上瑞士政府没有及时启动预警系统，社会影响极坏。公众对莱茵河污染的不满情绪瞬间被引爆，也让沿线各国政府从长期无动于衷和放任自流的态度中彻底清醒过来，开始切实开展协作，共同治理莱茵河。桑多兹事件不仅惊醒了莱茵河国家，还引起其他河流流域国家对环境治理的重视，之后的十年间，一系列河流保护委员会相继成立：1990 年，易北河保护委员会成立；1994 年，多瑙河、墨兹河、斯凯尔特河保护委员会成立；1996 年，奥得河保护委员会成立。①

7.3.4　莱茵河流域水冲突的国际治理

近几十年来，在下游荷兰政府的竭力推动下，在德国、法国、瑞士等国的共同努力下，莱茵河开启了国际治理模式，莱茵河国际治理不但取得了很大的成效，也为全球跨境水资源管理树立了标杆，成为化解水冲突和水事件的成功典范。

1. 保护莱茵河国际委员会的成立（1950 年）

位于下游的荷兰是污染的最直接受害者，不仅污染的河水影响人畜的饮用和农业、渔业、种植业生产，而且被重金属污染的污泥也无法再利用，成为难以处理的固体废物，此外，上游的改造工程也使荷兰面临更大的洪水威胁。因此，荷兰也是最积极推动国际治理的国家。1932 年，荷兰就向法国、德国提出抗议；1933 年，荷兰饮用水部门试图把氯化物污染问题放到 1815 年成立的莱茵河航运中央委员会和 1885 年成立的鲑鱼委员会②上讨论，但 20 世纪 30 年代的欧洲，各国都在为经济衰退而苦恼，战争阴云开始笼罩全欧，法国、德国无暇顾及污染的处理，它们不愿意为治污而影响支持战争机器的能源产业和化工业。直到第二次世界大战结束，各国关系趋于缓和，经济逐步复苏，工业活动呈爆发式增长，莱茵河污染的问题才被关注起来。1948 年，荷兰又将氯化物污染问题提到鲑鱼委员会的议程，但该委员会表示不具备解决污染问题的能力，因此，相关国家通过外交函件的方式成立了新的委员会。1950 年 7 月，保护莱茵河国际委员会（the International Commission for the Protection of the Rhine against Pollution，ICPR）在瑞士巴塞尔成立。保护莱茵河国际委员会的成立，标志着治理莱茵河有了专门的机构和政府间协调组织，而且莱茵河流域的主要国家——瑞士、德国、法国、卢森堡、荷兰——都开始从组织形式上

---

① 参见保护莱茵河国际委员会网站 ICPR：International and national water protection along the Rhine “30 years after Sandoz” Where are we today and what remains to be done? http://www.iksr.org/en。

② 1815 年，根据《维也纳会议最终法案》第 108 款规定，成立了莱茵河航运中央委员会，负责促进沿岸国家的航运合作，实现自由航运，取消征收通行费，对航行船只、船龄、航道规划等提出规范性建议，该委员会至今仍在发挥作用。1885 年，荷兰、瑞士、德国签订协议成立鲑鱼委员会，对莱茵河流域鲑鱼捕捞手段、捕捞期进行限定，该委员会 1950 年开始停止一切活动，因为莱茵河已经没有了鲑鱼。参见［荷］E.莫斯特：《国际合作治理莱茵河水质的历程和经验》，《水利水电快报》2012 年第 4 期。

支持莱茵河的污染治理。

2. 保护莱茵河国际委员会的初期工作(1950—1986 年)

在保护莱茵河国际委员会成立后最初的几年里,委员会致力于以下几件事情:为各国在莱茵河污染的治理问题上形成共识;从法律上和机构设置上建立合作的基础;建立河水污染的检测和预警机制。最初的委员会像个交流论坛,或是决策咨询机构,同时开展许多调研和建议工作。但荷兰政府想要的绝不止这些,它们希望尽快推动污染问题的解决。1953 年第二次会议上,荷兰把解决氯化物污染的问题提上议事日程,而委员会也提供了研究结果,即法国的钾矿是最大的独立污染源,德国也有很大的排放量,但委员会没有立即讨论氯化物污染的解决方案。1963 年 4 月,德国、法国、荷兰、卢森堡签订《保护莱茵河国际委员会公约》(Conventionon the International Commission for the Protection of Rhine against Pollution),即《伯尔尼公约》,《公约》先明确了委员会职责:协调各项研究,发布年度报告,提出污染防治措施,为进一步的协议提供依据。《伯尔尼公约》虽然还没有开始着手解决荷兰提出的实际问题,也没有考虑莱茵河的支流问题,但已经为莱茵河流域管理的国际协调奠定了法律基础。同时,委员会也设立了独立的秘书处。但是,保护莱茵河国际委员会是一个没有行政权力和法律约束力的政府间组织,它可以在专业上为莱茵河的治理提供“药方”,至于“药方”能否在各国起到“疗效”,需要各国政府配合,例如各国政府需要根据“药方”制定政策、修订法律文件并主导实施,等等,而这些政策的制定和法律的执行,意味着要花费大量的资金投入却带来不了经济利益。当时的德国、法国对《伯尔尼公约》的态度和积极性,显然不如荷兰来得高:一方面,它们对治理污染并不如荷兰来得迫切,它们向莱茵河排放的污染,主要影响下游,本身受到的影响并没有荷兰那么大;另一方面,它们认为荷兰同样也在污染莱茵河,各自对污染治理所应承担的责任比例还没有一个科学的计算。当然,最重要的是它们不希望治污影响到化工企业的利益和就业等问题。

1971 年,莱茵河的溶解氧达到历史最低,大量水生生物死亡,这是莱茵河污染最严重的年份。1972 年,《伯尔尼公约》成员国在海牙举行第一届部长级会议,会议委托委员会形成专门针对污染问题的国际性公约。1976 年,保护莱茵河国际委员会及其附属机构在潜心对莱茵河水质进行科学评估后,向部长级会议提交了《防止莱茵河化学物质污染公约》(Convention on the Protection of Rhine against Chemical Pollution)和《防止莱茵河氯化物污染公约》(Convention on the Protection of Rhine against Pollution with Chlorides)。这两个公约刚推出时，分别遭到德国和法国一定程度的抵制或拖延。德国主要工业区位于莱茵河沿岸，所以化学物质污染的防治影响到德国企业的利益，直到 1976 年 5 月欧共体颁布《欧洲危险物质指令》(76/464/EEC)，德国才作出让步（高琼洁等，2011）。法国的阿尔萨斯钾矿被指排放氯化物，法国拒绝将《防止莱茵河氯化物污染公约》提交至议会，于是有了荷兰召回驻法大使的事件和两国关系出现紧张的局面。

经历了磋商和磨合后，1976 年，这两项污染物防治公约都得以签署，而且一旦所有成员签署，公约就会成为这些国家法律的一部分，即具有了法律效应。根据《防止莱茵河氯化物污染公约》，法国要削减 60%的氯化物排放；荷兰、德国、瑞士分别承担治理费用的 34%、30%和 6%。根据《防止莱茵河化学物质污染公约》，污染物质根据处理的紧迫性进行分级管理，有 83 种有毒物质被列入优先处理的“黑名单”，另有一些物质被列为限排的“灰名单”，签约国要提交“黑名单”所列有毒物质的污染源清单，未获批准不得排放该物质。另外，签约国还要制定削减“灰名单”物质排放的减排方案。

值得一提的是，1976 年，欧共体加入了保护莱茵河国际委员会。虽然委员会的决策要在司法层面得到通过，增加了与欧共体进行耗时耗力的磋商环节，例如关于有毒物质的排放标准就必须和欧共体的危险物质指令保持一致，直到 1986 年，也只有 12 种物质的排放标准经过磋商获得通过（Frijters and Leentvaar，2003）。但欧共体的加入，还是为委员会的工作带来了强大的支持，至少对于协调法国、德国的意志与行为有帮助，因为德国、法国都是欧共体成员，它们都要受到欧共体文件和条款的约束。

1970 年到 1985 年，莱茵河流域的国家总共投入大约 400 亿美元用于建设污水净化厂，使得莱茵河水的含氧量逐步回升。但污水净化厂主要在污染末端（污水排出污水管道后）进行水质净化，没有在源头上（污水的成因）进行治理，而且污水净化厂只是减少了污水中的重金属，对于其他方面的贡献有限。

总体而言，保护莱茵河国际委员会在最初的 20 多年里，工作的推进是缓慢的，治理的成果是有限的，其间遇到了各国诉求不一致、反应不一致且关系紧张等问题，抗议、诉讼也在所难免。但有一点是值得肯定的，那就是委员会的努力，欧共体的加入，为莱茵河治理的国际合作建立了信心、信任和理解的基础，一种积极的氛围正在营造起来。

3. 莱茵河行动计划(1987—2000 年)

1986 年的桑多兹事件让全欧洲震惊,也让人们意识到,莱茵河的治理不仅包括减少污染物排放和污水处理,还是一个长期的、系统的工程。1986 年 11 月 12 日,就在桑多兹事件发生后 10 天,保护莱茵河国际委员会就召开部长会议,讨论进一步的国际合作措施,目的不仅限于防止类似事件的再次发生,而且为莱茵河的治理制订更长远的规划。

1987 年,《莱茵河行动计划》(the Rhine Action Plan, RAP)签署,这是一个宏大的莱茵河生态修复计划,保护莱茵河国际委员会不局限于污染物排放治理,而是从恢复全流域生态的角度开展莱茵河国际治理。有关航运、防洪、发电等利用莱茵河的行为,都被整合起来综合考虑,评估它们对生态的影响。所有沿岸国家都参与对莱茵河的全流域管控,很多团体都参与到《莱茵河行动计划》倡导的河流生态恢复和河流景观重塑当中。瑞士、法国、德国、奥地利、卢森堡、荷兰政府部门制定地区管理和生态修复的工作项目和计划,计划由各自然资源部门管理,国际、国内和地区的利益集团都为项目的实施付出很多努力,计划还得到学校、企业、非政府组织、动物学研究机构、自然保护协会、普通市民的广泛参与(Sarah Raith, 1999)。

《莱茵河行动计划》的总体目标是:到 2000 年,让莱茵河水达到以下五个目标:第一,创造让食物链上层的鲑鱼等鱼类回归的环境和条件;第二,确保莱茵河水成为饮用水水源;第三,减少有毒化合物造成的沉积物、悬浮物和生物污染;第四,使莱茵河水质达到北海行动计划所提出的水质要求;第五,莱茵河生态目标,包括恢复干流和支流以使迁徙鱼类得以栖息、提升莱茵河和莱茵河谷地的动植物多样性。上述目标以“2000 年让鲑鱼回归”作为行动成功的标志性事件,所以《莱茵河行动计划》也可以说是“鲑鱼 2000 计划”。

《莱茵河行动计划》只是保护莱茵河国际委员会发布的一个报告,没有强制性,成员国也没有签署什么文件,但它们都接受了这一行动计划,并开始分步骤、分阶段地实施治理。有些目标看似很有挑战性,比如从 1985—1995 年,让有容物质排放量降低 50%,到 2000 年实现鲑鱼回归等。经过努力,这些目标均已达成:1994 年,委员会报告说基本实现了绝大多数减污目标,在工业污染源地区,完全达到减污 50%,有的污染物甚至减少了 90%; 1995 年,法国斯特拉斯堡附近的伊费茨海姆(Iffezheim)大坝捕获 9 尾鲑鱼(沈桂花,2017)。

2000 年,联合国教科文组织将《莱茵河行动计划》的成功称为“莱茵河奇迹”。保护莱茵河国际委员会借助该行动计划打了一个扬眉吐气的漂亮仗,让莱茵河从休克、死寂中重新焕发生机。更重要的是,《莱茵河行动计划》的实现过程中,各国都在采取严厉的污染治理措施,同时研制最新的技术以实现减排目标,并着力建造鱼道等恢复生态的各项工程。由于各国治理目标的一致性,加之莱茵河水环境的不断改善,这一时期各国在莱茵河流域没有爆发严重的水冲突事件。

1993 年和 1995 年,莱茵河流域发生洪水,共造成数十亿欧元的损失,莱茵河及支流摩泽尔河、默兹河沿岸沿线的不少城市被洪水侵袭,几十万人被迫撤离,在下游的荷兰,堤坝出现溃堤风险。然而,这两次洪水的发生,却成为莱茵河流域扩大国际合作的契机,各国的部长反过来要求保护莱茵河国际委员会采取措施防治洪水。我们可以发现,到了 20 世纪 90 年代,出了问题就寻求委员会帮助,已经成为各国处理莱茵河问题的习惯,国际合作的精神已深入人心。1995 年 2 月,保护莱茵河国际委员会推出《防洪行动计划》(Action Plan on Flood Defense),主要通过恢复莱茵河被破坏的洪泛区,优化流域空间规划来实现对洪水的管控。法国、德国、荷兰、比利时、卢森堡抓住此机会开展跨学科和跨领域合作,成立“莱茵河/默兹河空间规划和洪水防控”国际工作组,并获得欧盟的支持。

1998 年 1 月,莱茵河防洪计划正式开始实施。包括以下四点目标:第一,降低洪水破坏风险,到 2000 年确保洪水破坏风险不增加,到 2005 年风险降低 10%,2020 年风险降低 25%;第二,降低洪水水位,到 2005 年下游调蓄段水位下降 30 厘米,到 2020 年下降 70 厘米;第三,提升洪水防范意识,到 2000 年测绘出洪泛区和洪水高危区域地图的 50%,到 2005 年完成全部洪泛区域的地图测绘;第四,洪水预测系统建设,通过国际合作在短期内提升洪水预报能力,洪水预警时间在 2000 年延长 50%,到 2005 年延长 100%(Frijters and Leentvaar, 2003)。

以《莱茵河行动计划》和《防洪行动计划》的卓有成效,对比保护莱茵河国际委员会在 1950—1986 年间的举步艰难,可以看到莱茵河国际治理机制的日渐成熟:从最早的一国发起,他国被动接受,到各国主动对接,精诚合作;从最早的矛盾重重,推诿扯皮,到步调一致,群策群力。莱茵河的国际治理正在成为世界国际河流治理的一种范式,它证明了一条被严重污染的国际河流可以分解到各国、各州以及各地区的政府去分头治理,也证明了不同国情、不同利益诉求的国家是可以站在一起共同处理好一条国际河流的疑难杂症的。

4. 莱茵河2020——莱茵河可持续发展计划(2001—2020年)

1999年4月,保护莱茵河国际委员会各成员国在1963年《保护莱茵河国际委员会公约》的基础上,签订了新的《保护莱茵河国际委员会公约》(Convention on the Protection of the Rhine)。该公约在德国波恩签署,添加了新内容以替代1963年的《伯尔尼公约》,这标志着莱茵河国际治理伴随着新世纪的到来,进入新的阶段。公约强调,莱茵河不仅仅是条重要的欧洲运输线路,更有着航运之外的多种用途,因此,保护、提升莱茵河生态的可持续发展,是公约的中心思想。公约把莱茵河的保护范围进一步扩大到与莱茵河关联的地下水、水生陆生生态系统、流域内可能向莱茵河输送污染物的地区、沿岸有重要防洪意义的地区。公约把实现莱茵河生态系统的可持续发展作为首要目标,除水质保护外,更强调有机物种群和物种多样性保护、河流自然功能和生物栖息地恢复等,并把防治洪水以及保护北海的问题也考虑进去。公约对委员会的任务、组织、议事规则等做了明确规定,并增加了与其他国家、组织和非委员会专家合作的内容。委员会可以把对委员会工作有兴趣的国家,工作、业务、活动与公约有关的政府间组织、非政府组织吸收为观察员。①观察员制度的设立,是公约的一大亮点,因为更多国家、组织、团体的参与,无疑充实了委员会的工作实力,拓展了委员会的工作影响力,提升了委员会工作的科学性和专业性,方便了委员会对外的工作关系协调。在之后的几年里,比利时、列支敦士登、奥地利这三个与莱茵河流域关系密切的国家成为国家观察员;一些保护支流的国际保护委员会如埃斯科河国际委员会、保护默兹国际委员会等,成为政府间组织观察员;世界自然基金会、瑞士的世界野生动物基金会、阿尔萨斯自然保护协会、德国自然保护协会、欧洲化学工业委员会、国际水资源协会等,成为非政府组织观察员(沈桂花,2017)。这些观察员虽然没有表决权,但它们可以向委员会提供各类信息和报告,让更多的利益相关方纳入委员会决策过程。

基于1987年《莱茵河行动计划》的成功和1999年签订的《保护莱茵河国际委员会公约》,2001年1月29日,莱茵河部长会议通过《莱茵河2020——莱茵河可持续发展计划》(Rhine 2020-Program on the Sustainable Development of the Rhine),该计划是1987年莱茵河计划的2.0版,是在原莱茵河行动计划的基础上,为该流域未来20年发展所设定的,《莱茵河2020》突出以下行动内容:区域化的莱茵河生物栖

① 参见保护莱茵河国际委员会网站ICPR: Convention on the Protection of the Rhine, http://www.iksr.org/en。

息地得以连接；鲑鱼 2020 计划；提升排洪能力的防洪计划；进一步改善水质，尤其是保护地下水；加强流域国家水质的持续性监控。①

《莱茵河 2020》的推出，适逢欧盟推出《水框架指令》，该指令整合欧盟以往零散的各类水资源法令，提出一个综合性法律框架，旨在推进全欧洲河流的水保护，包括协调完善欧洲各国的水法、跨境水管理、水生环境系统评测、制定优良河流生态标准等，并列出执行时间表，把 2015 年设定为使欧洲的水体达到优良的最后期限。②欧盟的指令是有法律效应的，欧盟成员国都必须把它写进自己的法律并执行。《莱茵河 2020》采用欧盟《水框架指令》的相关要求，同时也吸纳了瑞士的水政策，使其得以顺利推进。2012 年的调查表明，其已获得阶段性成功，而且欧盟《水框架指令》的实施，使这种成功"更为提升"。③此外，《莱茵河 2020》还加强了对欧盟洪水治理指令(EC-Flood Management Directive)的执行。

综合这一阶段的莱茵河国际治理可以得到以下结论。首先，各国对莱茵河治理的认知不断深入。最初，大家只关心洪水和污染，希望通过改造河道、减少排放来恢复水质，但效果不好；如今，大家发现问题在水里，根源在岸上，只有全面的生态治理以及可持续发展，才是处理污染和洪水的良方。其次，保护莱茵河国际委员会的组织体系进一步明确和完善，委员会的工作队伍进一步壮大，这背后体现的是各国在莱茵河治理上的共同愿景，以及对保护莱茵河国际委员会的充分信任。最后，欧盟的崛起让莱茵河的治理如虎添翼。20 世纪末到 21 世纪初是欧盟发展最快的阶段，欧盟关注整个欧洲河流体系的治理，莱茵河的成功治理曾为欧盟制定《水框架指令》提供参考，欧盟制定的和水有关的指令又反过来成为莱茵河治理执行的标准，两者形成正向激励，让莱茵河的国际治理进入前所未有的最好时期。

7.3.5 莱茵河国际治理的绩效分析

近年以来，尤其是桑多兹事件以来，莱茵河流域没有爆发比较严重的跨境水冲

① 参见保护莱茵河国际委员会网站 ICPR：Rhine 2020-Program on the sustainable development of the Rhine，http://www.iksr.org/en。

② 保护莱茵河国际委员会网站 ICPR：European Water Framework Directive，http://www.iksr.org/en。

③ 保护莱茵河国际委员会网站 ICPR：Balance of the program on the sustainable development of the Rhine，"Rhine 2020"，http://www.iksr.org/en。

突和水事件。莱茵河再次成为一条美丽的欧洲河道，沿岸国家政治稳定、经济发达、社会繁荣、生活宜居，吸引无数游客前往游览。莱茵河用一场成功的国际治理，为全球的水冲突和水事件处理提供了一个难得的典范，而这场国际治理，至今仍在一个阶段、一个阶段地持续推进。莱茵河案例的成功，原因有以下几方面。

1. 国家在治理目标上的一致性

荷兰、法国、德国、瑞士等国在莱茵河的水冲突中面对的"共同敌人"是水污染和水灾害，各国之间并不存在你死我活的领土边界争端或水资源争夺，由水污染和水灾害导致的水冲突，对比领土边界争端或水资源争夺，要缓和得多(Wolf, 21)。莱茵河流域国家都需要同时解决莱茵河的污染问题，只是因为所处地理位置不同，上游国家对于解决污染的迫切程度、坚决程度不如下游国家来得高。早期由于缺乏对话、沟通和协作的机制和平台，下游国家只好频繁就污染造成的损失向上游国家提起诉讼或赔偿，而这种诉讼或赔偿因为没有定责和执行标准，也就很少成功。随着保护莱茵河国际委员会的成立，解决莱茵河水冲突有了对话、沟通和协作的机制和平台，只是在成立的初期，各国的反响和积极程度不一。但随着公众环保意识的提高，尤其是在桑多兹事件的激发下，各国开始积极响应莱茵河行动的号召，采取措施开展治理。由于目标本就具有一致性，只要各国行动起来，劲往一处使，水污染问题就逐步得到解决，莱茵河治理好了，水冲突自然就少了。

2. 国家在政治经济上具有同质性

莱茵河流域的国家在政治经济上具有同质性，这让国际合作变得容易很多。从经济上说，莱茵河流域国家均为发达的资本主义国家，前文已经对各国的GDP情况作了分析。由于这些国家物质上并不匮乏，国民对居住的环境等非物质条件又较为看重，而且这些国家也有足够的财力来治理河流污染，只要肯投入，就能出成效。从政治上讲，第二次世界大战以后，西欧两大宿敌——法国和德国——实现和解，为整个欧洲的稳定乃至联合奠定了基础。战后的西欧进入稳定发展时期，各国政治关系缓和，由对抗走向合作，为莱茵河的国际治理创造了良好的政治环境。此外，欧洲各国拥有类似的政治体制，自由、民主、博爱、法制的精神深入人心，更容易对话与协商，即便对话与协商不成，也可以诉诸完备的法律体系来解决问题。

3. 保护莱茵河国际委员会的作用

与莱茵河有关的国际组织不少。1815年，莱茵河航运中央委员会成立，应该说围绕莱茵河的国际合作很早就开始了。除了协调航运问题的莱茵河航运中央委员会，还有莱茵河流域水文国际委员会、保护摩泽尔河和萨尔河污染国际委员会、莱茵河流域自来水厂国际协会、保护康斯坦茨湖国际委员会等区域性或专门的合作机构，但最有影响力的还是总部设在德国科布伦茨的保护莱茵河国际委员会（见图7.3）。在世界范围内，很少有跨境水治理的组织能像保护莱茵河国际委员会那样，成功协调了那么多流域国家的行为，并达到让全世界都认可的治理效果。保护莱

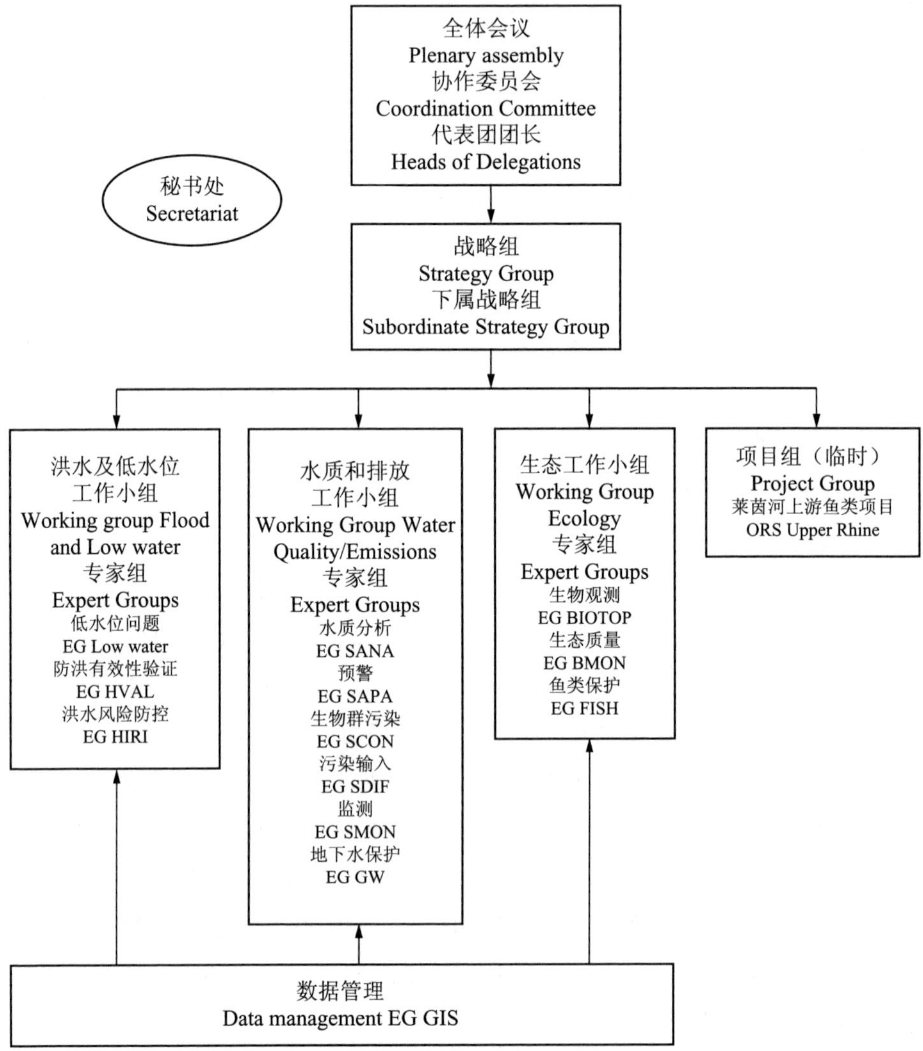

图 7.3　保护莱茵河国际委员会组织架构图(2018 年)

注：根据保持莱茵河国际委员会网站（http://www.iksr.org/en）编制而成。

茵河国际委员会的成功之处在于：首先，其总是让自己的举措和主张尽量多地影响到流域国家的政府。例如，每年召开部长级会议，将各种决策传达到各国政府那里，推动它们修改相应的法律；发布年报和各种调研报告，对各国治理的成效进行评估，曝光做得不好的地方，鞭策相关国家加强和改进治理措施。其次，其总是不断吸收外部力量来壮大自己。例如，加强宣传，吸引公众媒体的关注和参与；设立观察员制度，加强来自外部的咨询和监控；让欧共体和欧盟的各类框架指令写入自己的行动方向；等等。如今，保护莱茵河国际委员会已经成为一个组织架构合理、决策机制科学、执行效率较高的跨国协调机构，而且是一个有生命力的、开放式的、与外界密切沟通协作的组织。

4. 欧盟为莱茵河的国际治理提供保障

欧盟对莱茵河国际治理提供强有力的政治保障。欧盟是一个经济和政治实体，它把欧洲各国从只关心本国的狭隘地域观念里解放出来，让欧洲成为所有欧洲人的欧洲。首先，在欧盟更大的视野下，莱茵河不是一段段割裂的河段，也不是各国门前的排水沟，而是一个整体，一条关系全欧洲人生命和健康的河流。其次，欧盟发布各种具有行动实践性的环境指令，例如《危险物质指令》《水框架指令》《洪水指令》等，要求成员国在设定的期限内不折不扣地执行，这些指令都是挽救莱茵河的"药方"。保护莱茵河国际委员会很"审时度势"地让欧盟成为签约成员，而欧盟指令的覆盖面又比保护莱茵河国际委员会广，它可以覆盖奥地利、列支敦士登、意大利和比利时等非委员会成员国的行为，因为这些国家或多或少都和莱茵河"沾边"。再次，欧盟有强大的成员国利益协调能力，1986 年桑多兹事件就是在欧盟的区域事务政策部协调和管理下较好地化解的(汪越骐等，2016)。最后，欧盟有超主权的民主监督和司法道义监督能力，如果条约执行不到位，就会受到欧盟的处罚。所以说，欧盟好比保护莱茵河国际委员会购买的一份保险，确保其每一项行动计划安全、可靠地落实。

7.3.6　莱茵河国际治理的未来展望

莱茵河的案例，可以说是水冲突案例中解决得比较成功、化解得比较彻底的，它为全球跨境水治理提供了值得参考的案例。莱茵河各项治理行动的顺利推进是莱茵河国际治理机制健康运行的标志。值得一提的是，莱茵河的国际治理模式也开始向基层衍生，流域的区域化合作模式开始出现，例如德国巴登—符腾堡、巴伐利亚、黑森、下萨克森、北莱茵-威斯特伐利亚、莱茵兰-普法尔茨、萨尔兰、图林根 8

个州和德意志联邦政府共同成立了“FGG Rhein”组织，办公室设于沃姆斯(Worms)。该组织旨在改善莱茵河流域德国部分的水资源领域合作和国际协调，各成员三年一届，轮值主席。①这种区域性的合作模式，显现的是保护莱茵河国际委员会的示范效应。

如今，《莱茵河 2020》即将完成，保护莱茵河国际委员会对《莱茵河 2020》成效进行调查和评估，并对莱茵河未来的国际治理进行规划。根据调查和评估，委员会也发现莱茵河依旧存在一些需要进一步治理的问题，例如如何通过进一步的鱼道建设使洄游鱼类得以到达巴塞尔的上游地区；如何应对全球气候变化所提出的新挑战，这些挑战正在使低水位时期的莱茵河爆发越累越多的问题；如何解决水体中检测出的许多传统污水处理厂无法截留的微小污染物如药物、激素、杀虫剂、清洁剂中的有味物质、射线造影剂等。②

2019 年 7 月 4 日，保护莱茵河国际委员会的年度全体会议在列支敦士登的马尔本(Malbun)召开，会议为 2020 年 2 月在阿姆斯特丹举行的第 16 次莱茵河部长会议作准备。会议讨论了《莱茵河 2040》计划的草案。《莱茵河 2040》计划因应时势，将进一步聚焦莱茵河流域作为生态系统的重要功能及其面临的各种压力。气候变化造成的影响和流域的可持续管理将是《莱茵河 2040》计划关注的首要问题。2020 年，欧盟将成为委员会轮值主席，委员会的管理模式也将会有变化。③

由此可见，莱茵河国际治理到目前为止都是成功的，它成功实现了莱茵河的重生，成功打造了一种国际合作的模式，并让这种模式从宏观整体到微观区域的复制和运用，更有了欧盟这一强大的政治经济实体作为外部保障。只要欧洲一体化得以继续，只要各国政治经济状况保持稳定，莱茵河国际治理的模式自当不断得到延续，使水冲突和水事件得到很好的遏制与处理。

当然，莱茵河案例的成功能否推广复制到其他地区的水冲突化解中，仍是值得商榷的。因为其他国际河流的流域国家是否像莱茵河流域国家一样，存在经济政

---

① 参见 FGG Rhein 组织官方网站：www.fgg-rhein.de。

② 参见保护莱茵河国际委员会网站 ICPR：International and national water protection along the Rhine “30 years after Sandoz” Where are we today and what remains to be done? http://www.iksr.org/en。

③ 参见保护莱茵河国际委员会网站 ICPR：On the Move-the ICPR is Preparing for the Future，2019，http://www.iksr.org/en。

治相似的情况,以及其他国际河流是否存在像欧盟一样强大的政治经济实体,都是必须考虑的因素。

7.4 多瑙河水冲突及国际治理案例分析

7.4.1 多瑙河及多瑙河流域概况

多瑙河(Danube River)主干河流流经德国、奥地利、斯洛伐克、匈牙利、克罗地亚、塞尔维亚、保加利亚、罗马尼亚、摩尔多瓦和乌克兰共10个国家,同时作为罗马尼亚与保加利亚、摩尔多瓦、乌克兰4国的界河,是世界上干流流经国家最多的河流。

布雷格河(Brag River)与布里加赫河(Brigach River)合流于小镇多瑙埃兴根,多瑙河得名于此,人们习惯上将多瑙埃兴根作为多瑙河的源头。

多瑙河沿巴伐利亚高原北部,经阿尔卑斯山脉和捷克高原之间的丘陵地带,流入位于维也纳盆地斯洛伐克首都布拉迪斯拉发附近的"匈牙利门"峡谷,形成全长约966千米的多瑙河上游河段。多瑙河上游支流有伊萨尔河(Isar)、菲尔斯河(Vils)、加伊巴河(Gaiba)、伊尔茨河(Ilz)和因河(Inn)等,多瑙河上游主要依靠山地冰川和积雪补给,冬季水位最低,夏季水量达到最高峰。河道狭窄,流急滩险,河谷幽深,属典型的峡谷地段。多瑙河上游流域的重要城市有雷根斯堡、帕绍、林茨和维也纳等。

从"匈牙利门"峡至塞尔维亚首都贝尔格莱德以东的南喀尔巴阡山脉(SouthernCarpathians)的铁门峡,是全长954千米的多瑙河中游河段。由于是平原地区,河床变宽,河道曲折,有德拉瓦河(Delaware)、蒂萨河(Tisza)、萨瓦河(Sava)和大摩拉瓦河(Velika Morava)等支流汇入其中,水量猛增1.5倍,并在南喀尔巴阡山脉中形成全长130千米的峡谷段,其中有卡桑峡和铁门峡等著名峡谷。最大流量出现在春末夏初,而夏末秋初水位下降。多瑙河中游地区是匈牙利和塞尔维亚两国的"谷仓"之地,流经的重要城市布拉迪斯拉发、布达佩斯和贝尔格莱德等均为流域国家的首都。

自铁门峡至黑海三角洲为930千米的多瑙河下游河段。河水流经多瑙河下游平原,河谷宽阔,水浅流稳,接近河口时,河流的宽度增加到20千米以上。这一段主要为罗马尼亚与保加利亚、摩尔多瓦、乌克兰的界河。下游的支流有奥尔特河

(Olt)、锡雷特河(Siret)和普鲁特河(Prut),因入水量较小,对多瑙河的总流量增加甚微。多瑙河下游地区多分布一些中小城市,如德罗贝塔·塞维林堡(Drobeta-Turnu Severin)、鲁塞(Ruse)、锡利斯特拉(Silistra)、布勒伊拉(Braila)、加拉茨(Galati)、图尔恰(Tulcea)、圣格奥尔基(Sankt Georgen)等。

多瑙河在图尔恰西北方向开始分多岔流入黑海:苏利纳河(Sulina)、圣乔治河(Saint George)分别在罗马尼亚境内的苏利纳(Sulina)和圣格奥尔基(Sfantu Gheorghe)率先入黑海;多瑙河支流再分若干岔流在乌克兰境内入黑海,整片入海口被河水冲积成面积约 4 300 平方千米的扇形三角洲——多瑙河三角洲,并且还以每年 24—30 米的速度向黑海扩展大陆。

7.4.2 多瑙河流域水文特征及通航环境

1. 多瑙河流域的水文特征

多瑙河作为欧洲最重要的国际性航运大河,其发达的航运与多瑙河水系和水文特征关系密切。多瑙河水系上中游支流众多、河网稠密且水深,共有支流约 300 条,其中 30 多条利于通航。整个多瑙河盆地,有一半以上由其右岸支流排水,流域内多数重要城市如维也纳和布达佩斯等也多位于河流的右岸,充分利用了多瑙河水量大而深的航运优势条件。

多瑙河的水文特征也非常有利于航运的发展。多瑙河上游属于温带海洋性气候,尽管年降水量比较大,但季节分配比较均匀。全流域大规模洪水的发生率很低,全流域特大洪水几乎没有发生过,局部的洪水只在不同的季节出现在不同的河段里,对多瑙河的通航安全所造成的威胁很小。另外,多瑙河流经的平原和上游山区植被覆盖率比较高,加上流经区域以平原为主,水底岩石以坚硬的基岩为主,结构稳定,河流含沙量较小,这也成为多瑙河航运发达的天然优势。

综上,多瑙河发达的航运业是气候、地形和地质等自然条件综合作用的结果,也与流经区域国家众多,经济社会发达,对内河航运需求量较高的特点有密切关系。以发达的航运业为支柱,多瑙河流域自古以来已形成东欧地区众多的城市,分布着东欧地区绝大多数人口和农业资源。

2. 多瑙河流域的航运情况

多瑙河运输繁忙,是世界航运发达的河流之一。其河流流程长,通航里程长;流域面积广,支流多,流量大,通航能力大;干流流经盆地和平原,水流和缓,通航条件好；流经国家多，与欧洲其他河流有运河相通，经济腹地广；与流域内的其他运输方式相互交织，可实现水陆联运、河海联运。

历史上，流域国家对多瑙河的航运进行过多次改造。19 世纪，流域各国便对河道进行整治，试图去除影响通航的各种障碍，但效果不好。20 世纪 70 年代，南斯拉夫与罗马尼亚合建多瑙河铁门水利枢纽，对多瑙河航运产生积极影响，它调节了河流水位，使河流水量变化平稳，提高了通航的效益；抬高了上游河段的水位，降低了上下游的水位差，增强了上游的通航能力。1984 年，多瑙河—黑海运河辟通，避开了多瑙河下游河口淤积严重、通航条件差的劣势，缩短了多瑙河和黑海之间的航程约 400 千米，节省了通航时间和成本，进一步提高了通航能力。1992 年，德国建设莱茵—美因—多瑙河大航道工程，沟通多瑙河与莱茵河两大水系，形成贯通东西欧，长达 3 400 千米的欧洲航运大动脉，此举大大提升了多瑙河航运的国际影响力。随着多瑙河通航能力不断增强，沿线国家的贸易以及投资额也随之增加，经济发展步伐加快。

7.4.3　多瑙河流域的水冲突和水事件

1. 多瑙河国际水冲突事件

多瑙河流域最典型的水冲突案例是发生在匈牙利和捷克斯洛伐克之间的多瑙河水电综合项目。1977 年 9 月 16 日，匈牙利和捷克斯洛伐克签订了《关于盖巴斯科夫—拉基玛洛船闸系统的建设运营条约》（简称《1977 年协定》），约定共同投资开发一项多瑙河水电综合项目。《1977 年协定》的生效日期为 1978 年 6 月 30 日，该协定主要是为了实现“布拉迪斯拉发—布达佩斯”流域河段最大限度的水资源开发和利用，从而推动和实现两国水资源的综合开发利用（其中包括水电开发、航运以及流域农业的发展等方面）。该共同投资开发项目涉及金额巨大，匈牙利和捷克斯洛伐克都期望能通过该项目水电、航运和防洪等功能的效益提升来收回投资的成本。《1977 年协定》也约定了该项目建成后不会对多瑙河流域河流水质造成损害，同时将两国要保护自然环境的义务写入项目的工程建设中。该项目主要涵盖多瑙河中游约 200 千米的河段，起点位于捷克斯洛伐克境内的盖巴斯科夫（Gabcikovo），终点位于匈牙利境内的拉基玛洛（Nagymaros）。在这两个地点需要分别建立水闸系统，建成之后，将在这两个水闸系统间的杜瑙基利蒂（Dunakiliti）建设一个大坝，从而通过形成一个大型水库来蓄峰发电。这两个分别位于两国境内的水闸系统是一个不可分割的运行系统，两国分别对自己领土内的工程进行建设并自主管理，但该项目建设和投资产生的全部费用由两国均摊(冯彦,2002)。项目拟于 1978 年开工,1991 年完工。匈牙利与捷克斯洛伐克还在《1977 年协定》中附加了工程建设的进度表。

虽然两国签订了《1977 年协定》,但该项目的建设却是一波三折、几经反复。20 世纪 80 年代初,匈牙利科学院的院士和专家提出反对项目实施的意见,他们认为,如果该项目建设成功,将会对匈牙利、捷克斯洛伐克、奥地利三国交界处的湿地森林造成破坏,同时还会破坏流域内的生活水源,造成生活饮用水短缺。更重要的是,项目可能会很大程度上损害多瑙河流域古老的内陆海三角洲湿地保护区生态系统,这种损害将是不可估量的。在环境科学家和匈牙利科学院的联合抗议下,工程陆陆续续进行到 1989 年春天。当时盖巴斯科夫大坝已经完成 85%,附属运河上游完成 60%,下游完成 95%,杜瑙基利蒂大坝完成 90%,杜瑙基利蒂水库两岸堤坝完成 70%—98%,下游的拉基玛洛部分虽然堤坝已经竣工,但对大坝建设至关重要的围堰还没有修建(贺琼琼,2004)。1989 年,匈牙利国内政治气氛变幻,政府在国内越来越高涨的社会运动压力下,不得不审慎对待该工程的继续推进。虽然 1989 年捷克斯洛伐克同样面临政局变革,国内也同样有反对该工程的声音,但出于国家利益的考量和该国处在上游的有利位置,各党派对该工程的支持立场并没有改变,它们还通过控制舆论来压制反对的声音。

政治因素的介入使得两国对项目的态度发生微妙的变化,并渐渐产生分歧。1989 年 5 月 13 日,匈牙利决定让有关权威机构开展环境调查评估,调查评估前将暂停拉基玛洛的工程进程,随后匈牙利又将暂停期限延长到 1989 年 10 月 31 日。1989 年 10 月 27 日,匈牙利正式决定放弃拉基玛洛的工程,并继续暂停在杜瑙基利蒂的工程。在此期间,匈牙利和捷克斯洛伐克进行了谈判,捷克斯洛伐克通知匈牙利,如果匈牙利继续拒绝完成该工程,它将被迫采取单方面措施。1990 年 9 月,捷克斯洛伐克向匈牙利提出 7 种替代方案,其中 C 方案只须捷克斯洛伐克单方面就可以实施完成。匈牙利没有接受上述方案。在双方谈判无果的情况下,1991 年 11 月,捷克斯洛伐克开始准备实施 C 方案。

1992 年 2 月,匈牙利提出抗议,两国间的用水矛盾引起国际社会关注。1992 年 4 月,欧共体出面调解双方的争议,但没有取得成效。在国内舆论压力和综合考虑各方面因素的情况下,匈牙利于 1992 年 5 月 19 日正式向捷克斯洛伐克传达了备忘录,并再次声明捷克斯洛伐克提出的替代方案都会对整个多瑙河流域的自然环境产生不利影响,因而基于双方签订的《1977 年协定》中约定的保护自然环境的义务,捷克斯洛伐克的行为将构成重大违约。匈牙利进一步表示，捷克斯洛伐克在违反《1977年协定》约定的同时，也违反了两国一起加入的其他国际公约和相关国际法的规定。所以匈牙利方决定于1992年5月25日起中止执行与捷克斯洛伐克签订的《1977年协定》。与之对应的是，捷克斯洛伐克于1992年10月23日起实施C方案，在杜瑙基利蒂实施河流改道，截断多瑙河，继续进行水坝建设。C方案的实施，让多瑙河中段80%左右的水被用作水力发电的主要动力，流入捷克斯洛伐克境内的盖巴斯科夫发电站进行发电。多瑙河水的改道造成两国30千米界河边境线的天然河道水位大幅下降，区域内地下水位降低、生活用水、农业用水日趋紧张，400多种珍稀物种的栖息地被破坏。就在捷克斯洛伐克单方面实施C方案的同时，匈牙利向国际法院提起诉讼，经欧共体调解，两国于1992年10月28日达成临时协议：将争端提交国际法院裁决。

1993年1月1日，捷克斯洛伐克分裂。1993年7月2日，匈牙利和《1977年协定》的条约继承国——斯洛伐克签订特别协定，将争端提交国际法院，请求国际法院以《1977年协定》、《国际法的规则和原则以及法院认为可使用的其他条约》为依据进行审理，其中匈牙利作为保护环境提出的一方，斯洛伐克作为履行协定建设工程的一方。国际法庭接受了两国水冲突的审理意见。法庭审判的整个过程持续超过2年的时间。由于案件情况错综复杂，涉及面很广，各方提交的书面材料就重达24千克。整个审判经历了国际法院所有的书面审理程序，包括起诉(10个月)、反诉(7个月)、答辩(6个月)。国际法院还在两轮辩论之间实地考察多瑙河2次(胡德胜，2011)。最后，法庭依照双方项目推进的时间给出裁判结果(见表7.4)(朱达俊，2013)。

表7.4 匈牙利和捷克斯洛伐克(斯洛伐克)之间的水争端仲裁案

时　间	所涉及问题	判决内容
1989年	匈牙利是否有权中止并随后于1989年放弃拉基玛洛工程和盖巴斯科夫工程中它承担的那一部分	《1977年协定》仍然有效：匈牙利无权在1989年推迟，并中止工程和相关文件中应履行的国际义务。匈牙利的行为只能被视为不愿履行协定和联合协约计划条款。匈牙利应该就其放弃本该由其负责的工程项目对捷克斯洛伐克造成的损失进行赔偿
1991年11月	捷克斯洛伐克是否有权采纳C方案并于1992年10月起付诸实施	斯洛伐克无权实施改变多瑙河自然水流状态而造成环境灾难的C方案。捷克斯洛伐克有权在1991年11月采纳C方案，但无权在1992年10月将其投入运行，即运行从多瑙河引水工程的部分设施是不合法的，捷克斯洛伐克使用该设施给匈牙利造成的损失也应进行赔偿

续表

时　间	所涉及问题	判决内容
1992 年 5 月 19 日	匈牙利关于《1977 年协定》以及相关文件效力中止的备忘录是否有效	要求各国履行其国际义务，保证多瑙河水质不受影响并使自然环境受到保护。两国有 6 个月时间根据国际法庭的裁决意见，如果未达成协议，可寻求欧盟参与谈判。法庭将于 1998 年 6 月 25 日提出自己的提案，如果法庭提案没能被两国接受，此案将提交联合国安理会执行。而最终的解决方案必须是：彻底解决将一定水量放回多瑙河原河道，恢复多瑙河天然河道，重新设计具有抗地震、浮冰条件下可航行的大坝，保护“干岛地区”生态和区域供水
1993 年	双方请求法院决定它的判决所引起的法律后果，包括两国的权利和义务	两国的错误行为都对对方造成一定的危害，因此各国都有赔偿义务和获得赔偿的权利。由于双方的错误交织在一起，赔偿问题必须根据《1977 年协定》和相关文件进行解决。国际法庭的裁决结果，说明匈牙利和斯洛伐克两国都在本案诉讼中败诉，双方都必须停止不合法行为，承担各自的国际义务，并应共同努力寻求合理利用多瑙河水资源的新方案

之后的几年里，在国际法院的指导下，匈牙利与斯洛伐克就《1977 年协定》目标的实现进一步开展协商，但是协商进行得并不顺利。1998 年，匈牙利和斯洛伐克共同拟定了一份框架协议草案，草案因涉及换址再建一座大坝，遭到匈牙利民众的激烈反对，他们认为这份草案无异于《1977 年协定》的翻版，任何修建大坝的行为都将继续影响匈牙利的水环境和生态。1998 年 3 月初，2 万民众在匈牙利国会外游行抗议，匈牙利出于自身利益的考虑，只得反对再建大坝，这意味着草案的作废。斯洛伐克以匈牙利不愿意履行法院裁决为由，请求国际法院作出附加判决，后因斯洛伐克选举出新政府，态度趋于缓和，对匈牙利又敞开了继续谈判的大门，双方重新回到谈判桌前。1999 年 12 月，匈牙利提供了一份单方面起草的条约草案和关于待论证的替代方案的详细技术建议。此后双方就相关工作进行了大量磋商和谈判，并成立了相关工作组。

多瑙河国际水争端仲裁案，是多瑙河流域最有名的水冲突事件，也是欧洲地域比较有代表性的水冲突事件。冲突的双方匈牙利和斯洛伐克以水资源的共同开发利用为出发点，希望通过工程的实施达到双赢目的。但在建设的过程中，下游国家匈牙利担心环境风险而提出异议，引起双方分歧。在有分歧的情况下，匈牙利没有进一步与捷克斯洛伐克进行协商或共同寻求改进方案来规避风险，只是消极地、单方面地终止《1977 年协定》，属于违约行为；而上游国家斯洛伐克为了保护自己的利益，实施C方案，反过来给违约方的匈牙利造成环境伤害，这一单方面实施替代方案的行为同样违背《1977年协定》。匈牙利的单方面违约行为和斯洛伐克擅自对多瑙河实施的不合理开发行为都应该为多瑙河遭受的环境影响负责。因此，匈牙利和斯洛伐克都在诉讼中败诉，国际法庭的判决希望两国停止不法行为，重新进行友好协商，共同履约，通过形成替代方案等措施达成《1977年协定》的目标，同时治理好多瑙河的水环境。

多瑙河国际水争端仲裁案，也是国际法院裁决的首例国际环境案例。从该案的演变进程来看，情况错综复杂，时间跨度很长，且至今没有结束的迹象。它涉及政治、经济、环境等诸多方面，仅国际法层面，就涉及国际条约法、国际环境法、国际责任法等一系列国际法体系。从国际法院的判决看，其主要依据国际条约法来作出裁决。由于双方都有违背《1977年协定》的行为，国际法院既没有满足下游国家匈牙利的诉求，即为了保护环境而彻底废止《1977年协定》的水电综合工程，也没有准许斯洛伐克实施C方案，即为了保护自己的权益而牺牲环境，伤害下游国家。该裁决可谓“各打五十大板”，它权衡了发展方（斯洛伐克）与保护方（匈牙利）之间的矛盾，要求匈牙利和斯洛伐克为它们共同签署的协定而履行国际义务。这种义务就是流域国家既要善意合作，履约守信，共同开发河流，又要加强协商，共同肩负保护河流的责任。既然工程没有按照《1977年协定》的规划完工，替代方案又对多瑙河环境和生态产生一定的负面影响，那么当事国双方就必须采取措施，消除这些影响。国际法院的这一裁决，对于国际法学领域是有标杆作用的，在国际法学界赢得一片掌声，并推动了相关法律领域的发展与成熟，“可持续发展”理念、风险防控理念也得到充分体现。但是，我们也看到，裁决的执行遇到很大的困难。一定程度上，这份裁决是理念上的、原则上的和法理上的，其指导意义大于实践意义，它并没有对两国接下来如何谈判和协商提出具有操作性的意见和建议，只是把问题继续抛给匈牙利和斯洛伐克，把两国继续拉回谈判席。由于《1977年协定》的完成，必然要建设一些影响环境的工程，例如修建大坝等，这是无法完全避免的，而影响环境必然招致下游国家匈牙利的抵制，即便匈牙利政府同意，民意也不答应。随着东欧社会主义国家的纷纷转型，政治环境、民主气氛对继续推进《1977年协定》形成越来越大的阻力，环境政治化是许多党派运用的武器，就如匈牙利，谁支持修大坝，谁就无法在选举中得到支持。两国政府的频繁更替也使得本就举步维艰的谈判变得时断时续。在此情况下，国际法庭的裁决恐怕会长期停留于纸面。

综上,多瑙河国际水争端仲裁案推动了国际环境法律体系和国际河流治理理论的发展。它如教科书般让许多国家在实施联合开发国际河流的行为前警醒。相关国家通过研究该案,学习和吸取了许多经验和教训,其指导意义可谓深远。但该案过于原则性的裁决却让匈牙利和斯洛伐克在承担了大量的经济损失后,至今还陷在达不成协议的僵局中。

2. 多瑙河水污染事件

多瑙河的魅力曾为音乐家施特劳斯带来创作的灵感,而《蓝色多瑙河》又反过来给多瑙河增添了迷人的姿色。不幸的是,多瑙河和莱茵河一样,也没有逃脱被严重污染的水事件。

2000 年 1 月底,罗马尼亚西北部连降大雨,该地区的大小河流和水库水位暴涨。1 月 30 日夜至 31 日晨,西北部城市奥拉迪亚市(Oradea)附近,由罗马尼亚和澳大利亚联合经营的巴亚马雷金矿的污水处理池出现大裂口。1 万多立方米含有剧毒的氰化物及铅、汞等重金属的污水流入附近的索莫什河(Somes),继而又冲入匈牙利境内的多瑙河支流蒂萨河(Tisa)。污水流经之处,动物死亡、植物枯萎。2 月 11 日,污水到达南斯拉夫境内,两天后,绵延 50 千米的污水团侵入多瑙河,以每小时 5—6 千米的速度逼向南斯拉夫首都贝尔格莱德。面对措手不及的灾难,沿线居民一边捞起成吨的死鱼,一边游行抗议。

罗马尼亚、匈牙利、南斯拉夫三国政府宣布蒂萨河沿河地区进入紧急状态。匈牙利政府立即关闭以蒂萨河为饮用水源的所有自来水厂,南斯拉夫首都贝尔格莱德全城进入紧急状态。直到 3 月初,污染对贝尔格莱德构成的威胁仍没有解除,大量死鱼在该城以南大约 90 千米的贝塞奇大坝堆积,甚至阻塞了闸门。该水污染事件对于饱受战火创伤的贝尔格莱德来说,无疑雪上加霜。

匈牙利和南斯拉夫政府 2 月 13 日起便正式要求导致这起氰化物泄漏事件的责任方进行赔偿。南斯拉夫要求对事故的责任人进行惩处,匈牙利要求罗马尼亚赔偿生态和旅游业遭受的损失。甚至有人企图把事故政治化,将其与切尔诺贝利核电站事故相提并论,以挑拨当事国之间的关系。与此同时,在围绕事故的责任追究和赔偿问题上,罗马尼亚政府和金矿企业之间还出现扯皮和争执。事发金矿的控股方——澳大利亚埃斯梅里达勘探有限公司——指责罗马尼亚政府的有关部门应该对这起剧毒物质泄漏事件负责,因为该公司此前已多次对事故隐患发出警告,但是罗马尼亚政府置之不理；而罗马尼亚政府则认为，这座金矿的经营者应对氰化物泄漏事故造成的损失进行赔偿。

从污染事件发生起，罗马尼亚政府便背负了极大的压力，尽管事发企业的控股方为澳大利亚，但事件终究是在罗马尼亚领土上发生的。对于一直在谋求加入欧盟的罗马尼亚来说，这场环境灾难不仅使政府面临巨额的国际赔偿，还意味着国际形象大打折扣。最终，罗马尼亚政府还是承认其在事故中的责任并希望舆论不要将事件上升到政治层面。此外，罗马尼亚政府与匈牙利政府联合组成专家委员会，着手调查评估污染所造成的损失并制定消除污染的措施等。

多瑙河水污染事件的后序处理，并没有像匈牙利与斯洛伐克水争端那样走司法途径，而是由各国通过外交途径进行协商解决。之所以没有走司法途径，一方面是因为罗马尼亚政府承认了事故的责任，当事国之间责任界定比较明确，剩余的工作譬如污染损失调查以及后续的赔偿治理相对容易开展实施。另一方面是因为对水污染事件的处理比水争端要相对容易些，大自然的自我净化能力会消解水污染所造成的影响。随着污染的消失，多瑙河会慢慢恢复生机，不像水争端案件中，大坝的建设会对河流生态造成持久的影响。

罗马尼亚金矿发生的污染事件从某种程度上促进了匈牙利和罗马尼亚在恢复蒂萨河的生态平衡以及多瑙河流域的长远发展上的合作；同时，国际社会为此提供了资金支持，以推动事件的妥善解决。1991年10月成立的全球环境基金（GEF）便已经在支持多瑙河流域的治理。全球环境基金把多瑙河和黑海地区作为跨国水污染治理的试点区域，它通过“国际水计划”项目，在跨界区域水污染治理中推动治理国家间的紧密合作，大大提升了治理的效率和效果。总体而言，该污染事件的后序处理比较平稳，没有继续发酵，匈牙利和罗马尼亚两国通过外交途径，进行了有效的沟通，虽然损失赔偿的具体数额没有对外公布，但主要以直接损失进行了计算。至此，该水污染事件算是有了阶段性的了结。

综上，罗马尼亚金矿发生的污染事件是截至目前多瑙河历史上最严重的水污染事件，也是莱茵河桑多兹事件以来最大的环境污染灾难之一。它使昔日“蓝色多瑙河”近800千米的河段遭受不同程度的污染，成为白色的死亡之河。它影响了罗马尼亚、匈牙利、南斯拉夫和保加利亚等多个流域国家，对于正在加入欧盟的罗马尼亚来说，其环保方面的国际形象大打折扣。该事件还折射出罗马尼亚作为多瑙河流域经济相对落后的国家，在环保方面投入的不足以及国内环保意识的淡薄。同时，由于多瑙河流域国家经济发展相对落后，一旦发生水污染事件，处理污染和消除影响比起莱茵河流域国家所遇到的困难和障碍会更多一些。所幸的是多瑙河流域已获得全球环境基金的支援和协调，有利于跨界水环境治理保护的推进。

7.4.4　多瑙河的国际治理机制

1. 多瑙河国际治理的沿革

多瑙河干流流经 10 个国家，流域覆盖 20 个国家，在地缘政治上具有重要意义。流域外的一些国家如英法、苏联和美国等都希望控制多瑙河以谋求自身利益。从 1856 年的欧洲多瑙河会议开始，多瑙河及其沿岸国家就开始受到国际管控。第一次世界大战后，根据 1921 年签订的《制定多瑙河确定规章的公约》，多瑙河由多瑙河欧洲委员会（英国、法国、意大利和罗马尼亚组成）和多瑙河国际委员会（英国、法国、意大利和所有多瑙河国家组成）进行管理，当时的管理主要在于航运。1939 年，纳粹德国完全控制多瑙河。第二次世界大战后，多瑙河的地理位置使其成为美苏势力交锋的地带，美国开始插手多瑙河管理，苏联则控制着东欧大部分流域国家。1948 年，苏联在美英法代表缺席的情况下在贝尔格莱德通过《多瑙河航行制度公约》，倡导自由航行。苏联虽然借此控制多瑙河，但《多瑙河航行制度公约》倡导的自由航行制度，对各国都是公正而有利的；同时，该公约强调了多瑙河国家作为利益方共同参与管理的理念，也具有进步意义。在自由通航的背景下，多瑙河在区域航运贸易的发展中继续发挥着不可替代的关键作用，它使沿线国家的经济得到不断的发展，经济发展所提出的越来越高的需求，反过来促进了多瑙河管理制度的进一步完善（Funk and Petterbauer，2018）。自 20 世纪 50 年代起，随着多瑙河航运的发展和河道的改造，各国的水电联合开发项目兴盛起来。1956 年，奥地利与德国共同建立约翰斯坦水电站。1963 年和 1984 年，南斯拉夫与罗马尼亚分两期建设铁门水电站，共同发展铁门峡河段的水电和航运（胡文俊等，2010）。1977 年，匈牙利与捷克斯洛伐克签署联合建设水电项目的《1977 年协定》，不过工程尚未完工，两国就上诉至国际法庭，成为著名的多瑙河水坝案。1986 年 1 月，多瑙河流域各国在布加勒斯特举行发展多瑙河水利和保护水质的国际会议，共同声明为更合理地利用多瑙河水资源而努力，此举也标志着流域国家团结一致迈入多瑙河水环境保护和治理的新阶段。1994 年，多瑙河流域国家签订《多瑙河保护公约》，该公约成为多瑙河流域国际治理的标杆。1998 年，欧盟与多瑙河流域国家成立当今世界上最大、最活跃的专业流域管理组织——多瑙河保护国际委员会（ICPDR），以推动平等的、可持续的水资源管理发展。

多瑙河沿线的欧洲国家意识形态各不相同，经济发展参差不齐，因而在处理流域内的水资源的利用（水电、航运、农业等）时容易产生利益冲突和矛盾分歧。多瑙河流域利益冲突的协调主要依靠国际条约。国际条约在监控跨国环境活动与度量环境影响方面具有积极的作用。历史上与多瑙河有关的国际条约主要有：1958 年，罗马尼亚、保加利亚、南斯拉夫和苏联 4 国签署的《关于多瑙河水域内捕鱼公约》，旨在保护多瑙河的鱼类资源；1985 年，多瑙河 8 国签署的《多瑙河国家关于多瑙河水管理问题合作的宣言》（《布加勒斯特宣言》），旨在防止水污染、水质监测方面达成共识和协议；1992 年，由全球环境基金（GEF）、联合国开发计划署（UNDP）和欧盟委员会援助开展的《多瑙河环境保护计划》（DEP），旨在建立多瑙河环境事故紧急报警系统、跨国监测网络以及分析质量控制系统；1994 年，多瑙河 11 国和欧盟签署的对多瑙河治理最具影响力的《多瑙河保护与可持续利用合作公约》（《多瑙河保护公约》），旨在实现可持续的、公平合理的水管理，改善地表水、地下水以及水生态系统的状况，控制有害和危险物质排放，建立预警防控系统以及协调提高防洪能力；2004 年，多瑙河保护国际委员会 14 个成员国签署的《多瑙河宣言》，旨在对多瑙河流域进行全方面分析，让多瑙河流域的治理更为完善有效；2009 年，多瑙河 19 国签署的《多瑙河流域管理计划》，旨在确保到 2015 年完成欧盟《水框架指令》的贯彻执行。从以上公约的签署历史可以看出：参与的国家越来越多，参与治理的组织越来越多，欧盟提供的支持越来越多。从中反映的是多瑙河国际治理机制的逐步壮大和成熟。

从多瑙河国际治理的历史演变来看，大致可分为四个阶段：第一阶段是以航运为主的各国博弈阶段，第二阶段是以水能资源开发利用为主的联合开发阶段，第三阶段是以水资源保护为主的国际合作阶段，第四阶段是流域国家为执行欧盟《水框架指令》而共同努力的阶段。

2. 多瑙河现行的国际治理机制

（1）多瑙河保护国际委员会。

1998 年，德国、捷克、奥地利、斯洛伐克、匈牙利、斯洛文尼亚、克罗地亚、南斯拉夫联盟、波斯尼亚和黑塞哥维那、保加利亚、罗马尼亚、摩尔多瓦、乌克兰和欧盟共同成立多瑙河保护国际委员会(The International Commission for the Protection of the Danube River, ICPDR)。多瑙河保护国际委员会成立的背景和法律依据是《多瑙河保护与可持续利用合作公约》(Convention on Cooperation for the Protection and Sustainable use of the Danube River),通常称为《多瑙河保护公约》。该公约由欧盟和 11 个多瑙河国家于 1994 年在保加利亚索非亚签署,并于 1998 年 10 月生效。为使公约落地实施,多瑙河保护国际委员会应运而生。所以,多瑙河保护国际委员会既是实施《多瑙河保护公约》的协调平台,也是审查其工作进展的平台。作为欧洲最大的流域管理国际委员会,多瑙河保护国际委员会的主要工作目标包括四大方面:确保可持续的水管理;确保保护、改善和合理使用地表水和地下水;控制污染,减少营养物质和有害物质的投入;控制洪水和冰灾。

此外,多瑙河保护国际委员会还酌情与其他国际组织合作,解决与水管理(如气候变化适应)相关的新挑战。当欧盟《水框架指令》于 2000 年 10 月通过时,所有在《多瑙河保护公约》上合作的国家(包括目前 8 个欧盟成员国和 6 个非欧盟成员国)决定尽一切努力在整个流域实施指令,非欧盟成员国还承诺在《多瑙河保护公约》框架内实施欧盟《水框架指令》。多瑙河保护国际委员会成为执行欧盟《水框架指令》的协调平台,同时,它还是整个流域实施欧盟《洪水指令》(EFD, 2007/60/EC)的协调平台。此外,多瑙河保护国际委员会还和黑海保护委员会就一些需要协调的问题进行合作。

多瑙河保护国际委员会是一个国际组织。它每年举行 2 次会议:普通会议于 12 月在维也纳举行;代表团团长会议于 6 月在目前担任主席国的国家举行。会议由缔约方代表团和观察员组织组成。每个缔约方都有一名代表该国的代表团团长。对于每个决定,主要目标是在成员之间达成某种形式的共识。多瑙河保护国际委员会主席主持每次会议。主席每年按字母顺序从一个国家传递到另一个国家轮流当值。此外,委员会的大部分工作由专家组(EG)完成,专家组由委员会缔约方和观察员组成,通常是相关部委的公务员,在某些情况下是非政府组织或合同机构的雇员。目前有 7 个常设专家组和 1 个临时专家组,所有专家组都有委员会通过的职权范围和任务。专家组通常每年开会 2—3 次。委员会还可以为特定任务设置特定时限和目标的任务组,这些任务不一定代表所有国家。专家组讨论与其职权范围有关的问题,并为协调行动编写报告和建议。委员会设有常设秘书处,以支持其工作,由执行秘书监督。秘书处的总部设在维也纳,负责管理和支持委员会工作。

秘书处有8名长期工作人员和额外的短期项目工作人员。如果考虑所有国家专家、观察员和顾问的代表，则有超过300人在与委员会合作。

多瑙河保护国际委员会的预算来自缔约方的贡献。根据《多瑙河保护公约》，缔约方(欧盟除外)应平等分担份额，除非委员会另有决定。委员会的年度预算总额略高于100万欧元。委员会的大部分工作都是由成员国直接完成的。因此，工作人员和物资方面的捐助也很可观，只是这些在委员会的预算中没有显示出来。委员会和专家机构工作的额外费用由各方自己承担。在某些情况下，委员会参与的项目有不同的资金来源，其中包括由欧盟、联合国开发计划署、全球环境基金、个别成员国或私营企业通过公私合作伙伴关系——“多瑙河商业之友”资助的项目。

多瑙河保护国际委员会是一个国际组织，它紧密地整合了每个缔约方的代表。因此，所有关键决定均由缔约方代表团作出，并由相关专家组编写。委员会代表团成员通常也是各专家组的成员，并在具体问题上拥有第一手经验。专家组由每个缔约方至少一名国际专家以及感兴趣的观察员组织的代表组成。截至2013年，有22名观察员代表利益攸关方的利益。他们包括其他政府间组织、环境非政府组织，以及商业部门的代表，他们活跃在航运、水电或旅游等领域。各国专家在专家组中投票。观察员参与讨论，但没有投票权。专家组的决定草案于12月作为建议转交委员会普通会议，必须得到会议的批准方可实施。日常业务工作由常设秘书处的工作人员协调或进行。

多瑙河保护国际委员会是一个论坛，致力于制定由其他人提交和执行的、有利于委员会开展合作的项目，包括目前根据欧盟多瑙河战略提出的许多项目。由于水资源保护会和许多其他政策交叉，因此跨部门项目和活动可能在未来发挥重要作用。委员会已经或仍然参与的重要项目包括由全球环境基金资助的多瑙河污染减少项目、欧盟洪水风险项目(以绘制受洪水影响的高风险区域等)、服务于可持续内陆航运的欧盟Platina项目、模拟进入黑海的养分负荷的MONERIS项目、对污水处理厂进行现代化改造的DABLAS项目等。委员会工作的重点是促进由国家当局直接执行和管理的项目，然后将这些项目的结果分发给委员会及其缔约方。①

多瑙河保护国际委员会是一个合作与协调的平台。《多瑙河保护公约》的签署

① 参见多瑙河保护国际委员会(ICPDR)网站：www.icpdr.org。

使各国根据国际法采取某些具体行动并维护某些原则。在过去的一些冲突中，委员会可以通过提供讨论场所促进协调工作。主席或秘书处的工作人员可以就具体问题进行会谈，建立共识。该公约同时提供了一个解决争端的机制，但实际上迄今为止很少使用该机制，因为有关国家努力确保对话并就冲突问题达成共识。委员会的工作不像外人想象的那样容易发生冲突，会议始终坚持相互尊重和对委员会目标和任务的共同认可（见图 7.4）。

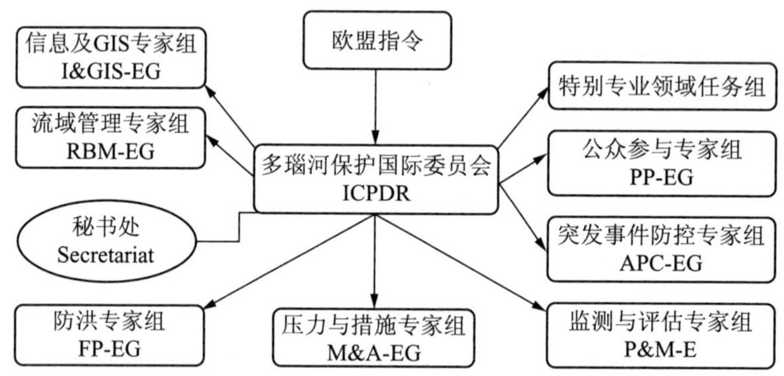

图 7.4　多瑙河保护国际委员会组织结构图①

资料来源：多瑙河保护国际委员会（ICPDR）网站：https://www.icpdr.org/main/。

（2）多瑙河流域可持续水电开发导则。

2010 年，多瑙河保护国际委员会（ICPDR）提出《多瑙河流域可持续水电开发导则》，该导则得到国际水电协会（IHA）专家等各方的支持和贡献。导则是平衡和考虑欧盟《水框架指令》（WFD）和《可再生能源指令》（RED，2009/28/EC）相关要求的产物，属于推荐性原则。

随着“绿色经济”概念的提出，多瑙河流域国家都在发展经济的同时注重资源的循环利用，以满足“绿色经济”的发展新要求。同时，各国也在积极遵守国际气候保护协定，减少温室气体排放，这也是可持续发展的重要的一环。在倡导和发展循环经济的国际大背景之下，多瑙河流域国家根据欧盟《可再生能源指令》的实施，开发多瑙河流域的可再生能源，其中，水力发电就是最重要的可再生能源。然而欧盟的另一环境指令——《水框架指令》——则是多瑙河流域水管理的重要文件，它规定了与经济平衡的水保护目标。水保护目标与水电能源开发之间存在矛盾。多瑙

① 参见多瑙河保护国际委员会（ICPDR）网站：https://www.icpdr.org/main/icpdr/about-us。

河流域有许多新的水电开发基础设施项目处于不同的规划和筹备阶段，这些项目会对水环境造成压力，但却在可再生能源开发和缓解气候变化等方面大有裨益。① 尤其是多功能用途的水电站，除了发电，还有调节水量、减轻洪水和干旱以及确保供水的功能，足以造福一方。多瑙河流域国家都承认，新的水电开发是减少温室气体排放的一种选择，但同时也会对河流生态造成负面影响，要求共同采取可持续、平衡和综合的办法来解决能源开发与水保护之间的矛盾。

多瑙河流域可持续水电开发导则有以下原则：水电开发需要尊重可持续发展原则，并综合考虑环境、社会和经济因素；水电生产应成为国家能源计划（包括可再生能源行动计划）等政策、方针的一部分；为权衡不同的公共利益，确保水力发电的可持续发展，应在平衡流域/区域水力发电战略基础上，制定全流域的指导原则，充分考虑水力发电基础设施的多功能使用（如防洪、供水等），以及它对环境累积的影响；必须根据标准和相关信息，以透明、结构化和可复制的方式衡量国家/区域的公共利益，使公众参与水电项目建设决策的早期规划过程；水电生产不能凌驾于公众利益之上，不能因为它产生可再生能源而影响其他公共利益，每个项目都必须根据国家立法进行评估；公民和公民团体、利益相关方和非政府组织在水电项目中的作用对于优化规划方案至关重要，他们的意见和建议应在实施水电工程中形成共识并为大家所接受；水电开发必须考虑气候变化对水生生态系统和水资源的影响，如河流栖息地的恢复、流量、季节性流量变化等。②

新水电开发战略规划方案建议，在开发新的水电项目时，应与可再生能源行动计划以及河流流域管理计划挂钩。战略规划应基于两级评估，即国家/区域评估和项目特定评估。这种两级评估的做法符合预防原则以及污染者付费原则。国家、区域评估包括确定国家或区域立法、协定禁止水电开发的河段，并使用评估矩阵和分类办法对所有其他河段进行评估。国家、区域评估旨在将新的水电站建造在对环境影响预期最小的区域。国家、区域评估提高水电站项目决策的可预测性，既有利于环境和水部门，也有利于水力发电部门。③项目特定评估包括对具体项目的效

---

① 参见多瑙河保护国际委员会（ICPDR）网站：Assessment Report on Hydropower Generation in the Danube Basin. Available online：www.icpdr.org。

② 参见多瑙河保护国际委员会（ICPDR）网站：Danube River Basin Management Plan 2009，http://www.icpdr.org/main/publications/danube-river-basin-management-plan。

③ 参见：Action Plan SEC（2010） 1489 final，http://ec.europa.eu/regional_policy/cooperate/danube/documents_en.cfm#1。

益和影响进行更详细和深入的评估，以确定项目是否适合于特定的地点；同时，也要对项目是否反映当前最新的政策发展，特别是对是否执行欧盟立法和欧盟多瑙河战略进行评估。①

按照欧盟《可再生能源指令》，水电是增加可再生能源的一个重要贡献者，但水电项目对水环境的潜在影响又和欧盟《水框架指令》提出的生态无恶化原则有冲突，因而需要以综合的方式加以处理，在相关目标间实现平衡。对现有的水力发电厂进行翻新改造和恢复生态是十分重要的措施；而对于新的水电项目开发，采用战略规划方案是关键。当然，欧盟也在《水框架指令》中写到了一些水电项目建设与水环境恶化相冲突下的豁免条件，包括：新的设施带来的利益高于实现《水框架指令》环境目标带来的利益；当前技术层面没有更好的环境治理措施可用；已采取所有可行的缓解措施来减少对水生生态的负面影响；相关问题已在流域管理计划中作了报告。

7.4.5 多瑙河国际治理的绩效分析

多瑙河是欧洲流经国家最多的河流，相比莱茵河，多瑙河不仅流经国家更多，而且下游国家的经济发展水平与上游国家相比差距明显，因此治理的情况更为复杂，协调难度更大。不过迄今为止，多瑙河流域的国际治理还是比较成功的，且多瑙河保护国际委员会在治理中同样发挥了重要的协调与沟通作用。多瑙河流域国际治理的成功主要表现为以下几点。

第一，多瑙河国际治理突出欧盟、国际委员会、流域国家的共同推动。首先，由于欧盟的存在，各国在欧盟《水框架指令》等一系列指令的统一指导下自觉行动。欧盟《水框架指令》就是欧洲环境管理一体化的产物，通过《水框架指令》的实施，有力地促进了多瑙河的国际治理。其次，多瑙河流域成立跨国流域管理机构即多瑙河保护国际委员会，委员会每年召开部长级联席会议和专家讨论会议，各国根据会议决议分别自觉采取行动，执行决议。事实证明，欧盟《水框架指令》的实施、多瑙河保护国际委员会的协调以及各国政府的自觉行动，都起到重要的作用。

第二，多瑙河国际治理强调多层次、多元化的密切协调与配合。从基层单元（water body）的合作机制，到亚流域（sub basin）的多边合作机制，再到全流域

---

① 参见多瑙河保护国际委员会（ICPDR）网站：Guiding Principles on Sustainable Hydropower. https://www.icpdr.org/main/activities-projects/hydropower。

(basin)的顶层合作机制，三个层面的合作构成多瑙河多层次、多元化的密切协调与配合机制。例如，《多瑙河保护公约》就是全流域合作机制的表现；萨瓦河国际委员会、蒂萨河论坛等，就是亚流域合作机制的表现；而国家内部相关的法律法规、联合机构等则是基层单元的合作机制。多层次、多元化的协调与配合能够有效地涵盖流域国际治理的各项功能，确保全方位管理，排除任何死角与漏洞。

第三，多瑙河国际治理引入司法手段和公民参与。多瑙河保护国际委员会利用完善的司法机制与司法手段，建立包括由《多瑙河航行制度公约》《多瑙河保护公约》等构成的法律体系以及各类流域合作协定，这些为多瑙河流域管理以及争端解决提供坚实的法律基础和法律保障。委员会还鼓励公众参与流域治理，流域居民可以通过各种媒体查询了解或参与调研多瑙河的保护现状。委员会设定每年的6月29日为“多瑙河日”(Danube Day)，举办各类庆祝活动，吸引公众参与，凝聚治理共识。

第四，多瑙河国际治理建立了先进的检测预警系统。多瑙河流域基于国际警报中心(PIAC)建设信息平台，其主要作用是处理国际警报中心各部门与流域国家的信息交换。1996年，多瑙河监测网络(TNMN)投入使用。目前，网络监测站点已覆盖多瑙河干流及支流的主要控制断面，可实时监控全流域地表水和部分跨国界的地下水水质。多瑙河保护国际委员会还建立了多瑙河事故预警系统(DAEWS)，在发生突发性环境事故时能迅速发布事故信息(沈国舫等，2012)。

7.4.6　多瑙河国际治理的未来展望

多瑙河流域的国际治理，始于国际势力对多瑙河航运权的争夺，在国际局势风云变幻的年代，多瑙河是地缘政治博弈的筹码。随着和平与发展时代的到来，经济社会的发展对河流施加的影响越来越大，河流的环境问题日益突出，多瑙河流域爆发了匈牙利与斯洛伐克之间的水坝争端事件。面对纠纷、争端和事故，除了运用司法途径进行仲裁调解以外，多瑙河的国际治理逐步向防患未然转变。通过签署国际条约、成立委员会、运用欧盟指令等方法，多瑙河的国际治理逐步成熟和完善。

2019年6月29日，是第十四个“多瑙河日”。“多瑙河日”已成为世界最大的河流节日。2019年又适逢《多瑙河保护公约》签署25周年，在这一天，多瑙河保护国际委员会以及各国政府、地区政府和民间团体举办各种庆祝和纪念活动，主题为

“为更安全的多瑙河而行动起来”(Get active for a Safer Danube)。该主题取自2016年《多瑙河宣言》倡导的“更安全的多瑙河”(Safer Danube)。①

就在同一天,多瑙河保护国际委员会在布达佩斯启动第四次“多瑙河联合调查”。“多瑙河联合调查”(Joint Danube Survey)每6年举行一次,是多瑙河流域国际治理的一大特色项目,是多瑙河流域国家的一次全面性国际合作,也是世界范围规模最大的流域大调研。自2001年以来,“多瑙河联合调查”已举行3次(2001年、2007年、2013年),参加调查的专家几乎涵盖所有流域国家。联合调查的目的是获取全面、可靠、有价值的流域数据,并与欧盟《水框架指令》的实施紧密合作。

第四次“多瑙河联合调查”的目的是:搜集在持续监测中尚未加以分析的数据参数;搜集河流不同地域位置的水特性和生物群落信息以便于跨国及跨地区比较;进一步提高公众对多瑙河水质量以及正在进行的河流保护与生态恢复的认识。②

根据多瑙河保护国际委员会发布的信息,第四次“多瑙河联合调查”提出了更高的目标。由于联合调查的许多活动在各国国家层面推进,更多熟悉国家区域情况和文化的人员参与其中并明确了自身的责任。因此,2019年将有更多的人发现多瑙河保护的重要性,以及国家乃至国际社会为保护多瑙河所做的努力。故而2019年夏天是多瑙河迎来的一个“好时节”。

由此可见,多瑙河的国际治理机制不仅取得一定的成效,并且在不断扩大影响力。虽然多瑙河是一条流经国家最多的欧洲国际河流,且流域国家发展并不均衡,但近年来并没有发生严重的水冲突和水事件,应该说和多瑙河成功的国际治理是分不开的。

7.5 水冲突争端解决机制与方案

7.5.1 欧洲水冲突化解机制

1. 欧盟指令性文件提供行动指南

欧盟在2000年出台《水框架指令》(WFD, 2000/60/EC)之前,已陆续出台许多

---

① 多瑙河保护国际委员会 ICPDR:Danube Day 2019:“Get active for a Safer Danube”. https://www.icpdr.org/main/press-release-danube-day-2019-get-active-safer-danube。

② 多瑙河保护国际委员会 ICPDR:Fourth Joint Danube Survey(JDS4) kicks-off in Budapest, 27 June 2019. https://www.icpdr.org/main/press-release-fourth-joint-danube-survey-jds4-kicks-budapest。

和水有关的指令。在20世纪七八十年代，欧共体就颁布了一系列水质保护方面的指令，包括《成员国抽取饮用水的地表水水质》(75/440/EEC)、《可游泳水水质》(76/160/EEC)、《保护改善可养鱼淡水水质》(78/659/EEC)、《危险物质指令》(76/464/EEC)、《水生贝类水质》(79/923/EEC)、《人类消费用水水质》(89/778/EEC)。20世纪90年代初，欧共体又颁布了《城市废水处理指令》(91/271/EEC)、《杀虫剂指令》(91/414/EEC)、《硝酸盐指令》(91/66/EEC)。1993年，欧盟成立，出台《综合污染防止和控制指令》(96/61/EC)。20世纪90年代末，欧盟出台《饮用水指令》(98/83/EC)和《城市污水指令》(98/15/EC)。以上指令对水质保护、排污限制等作出规定。在这些指令的基础上，欧盟于2000年出台《水框架指令》，这是一个综合性的水资源管理框架，保护范围包括地表水、地下水、海岸水、河口水等各种水资源以及与水体有关的生态系统，要求成员国制定流域管理的规划和行动计划；对于国际河流，要求流域国家划分边界、分配职责，共同开展协调和治理。欧盟《水框架指令》标志着欧洲的水治理从分散的、单项的治理向复合的、整体的治理转变，标志着欧洲的水治理从单纯关注水质污染到全流域生态与可持续发展的转变。欧盟的指令还得到联合国欧洲经济委员会(UN-ECE)的支持。1992年，联合国欧洲经济委员会在赫尔辛基签署《跨界河流和国际湖泊保护及利用公约》，要求缔约国遵循预警原则、谁污染谁治理原则，“应制定、接受、执行并尽力协调有关法律、行政、经济、金融和技术措施”，①该公约为欧盟《水框架指令》的贯彻和执行提供原则上和程序上的支持。欧盟的这些指令对所有欧盟成员国都有约束力，也对非欧盟成员国有感召力，因为执行欧盟《水框架指令》是批准入盟的先决条件之一。欧洲的非欧盟成员国为了加入欧盟，自然积极响应欧盟《水框架指令》，制定计划，采取措施，提升水质量，加强流域治理。此外，欧洲非欧盟成员国基本都是联合国欧洲经济委员会成员，都受到《跨界河流和国际湖泊保护及利用公约》的约束。从这一点上说，欧盟的指令性文件实际已涵盖所有的欧洲地区，成为欧洲国家水治理和流域治理的行动指南。

2. 欧洲河流国际委员会提供执行机构

欧洲许多国际河流建立了国际治理的委员会，在莱茵河和多瑙河的案例中，我们提到了保护莱茵河国际委员会(ICPR)和多瑙河保护国际委员会(ICPDR)，并介绍了其发展历程、组织架构、工作目标、行动计划等，它们是规模和影响都比较大的

① 联合国欧洲经济委员会:《跨界河流和国际湖泊保护及利用公约》，1992年3月17日，第2、3条。

国际河流治理委员会，也代表了流经国家最多的两条欧洲大河的国际治理水平。它们虽然只是在各国间起协调作用的国际组织，并没有法律上的强制执行力；但可以通过科学的调研、专家组的决策、观察员和非政府组织和公众的参与以及借助欧盟的力量来提出专业的治理计划，并通过全体会议、部长会议、主席团会议影响到各国政府，再由各国政府和地方政府修订法律、采取措施来达到治理的目的。保护莱茵河国际委员会的工作使莱茵河重现生机，被奉为国际河流治理的典范。多瑙河保护国际委员会的工作虽然起步比莱茵河晚，但也在2007年得到国际社会认可，在澳大利亚的布里斯班被授予享有崇高声望的“国际舍斯河流奖”（施塔德勒，2009）。除了以上两个知名的国际河流治理委员会，还有奥得河国际委员会、易北河国际委员会、芬兰瑞典跨境河流委员会等。欧洲大河的支流和一些湖泊的治理委员会则为数更多，至于各国国家间签署的河流国际协议以及各国国内的河流治理机构，更是不计其数，这些机构对于局部流域的治理起到了重要的作用。此外，欧洲河流的委员会组织发源得很早，在19世纪初期协调欧洲河流航运的委员会组织就出现了，如莱茵河航运中心委员会等。这些委员会在早期欧洲国家日益频繁的交往中发挥了日常沟通和矛盾调和的作用，又经过近200年的发展与完善，国际委员会治理模式已经成为欧洲跨境水治理和水冲突化解中的最广泛、最成熟、最有效的工作模式。

3. 国际治理和法律仲裁

欧洲通过流域的国际治理来消弭水冲突和水事件的发生。在欧盟指令的框架下，在河流委员会组织的协调及各国政府的努力下，欧洲的国际河流基本都获得比较成功的治理，很大程度上减少了水冲突和水事件的发生。首先，国际治理机制中的密切沟通与协调机制，将许多矛盾和摩擦化解在治理之中；其次，国际治理更合理地均衡各国的利益，带来河流政治环境的稳定和河流生态环境的改善，使流域国家带来更多的资源、更多的便利和更多的收益，国家之间就很少为了河流而爆发水冲突。由于监管严厉，像桑多兹这样的水事件也就很少发生。此外，欧洲根深蒂固的法律传统和法治意识，使很多水冲突通过法律途径得以化解。欧洲是最早提出国际法思想理论和规则的。尤其是，国际水法诞生与发展历史上的重要文件如《国际性可航水道公约及规约》（巴塞罗那，1921）、《关于国际非海洋水域利用的决议》（萨尔斯堡，1961）、《国际河流利用的赫尔辛基规则》（赫尔辛基，1966）、《关于水资源的柏林规则》（柏林，2004），无一不是在欧洲签署的。这三个文件对国际性水道、非海洋水域等国际河流的利用制定了准则和规范,促进了《国际水道非航行利用法公约》(纽约,1997)这一公约的制定。因此,欧洲的许多水冲突,例如1928年波兰与苏联等国的奥得河流域航运权案、1936年荷兰与比利时的默兹河分流案、1957年法国与西班牙的拉努湖仲裁案、1992年匈牙利与斯洛伐克的多瑙河水坝案,都是通过当事国主动提交仲裁或诉讼来解决的。通过法律途径解决水冲突和水事件,很大程度上避免了矛盾的升级和事态的恶化,当然法律裁决执行效果是否理想,仍是值得商榷的。

7.5.2 欧洲水冲突解决的制度分析

1. 争端解决机制的理论基础

欧洲水冲突解决机制的理论基础是"流域利益共同体理论"。19世纪,随着近代欧洲经济社会的发展,各国对国际河流的利用日益频繁,所造成的摩擦也越来越多。在当时最发达的西欧地区,人们对河流的认知最先开始转变。人们意识到,河流应该是沿岸国家的共同财产,共同利用才能发挥最大的价值。于是,莱茵河上林立的收费关口被取消,莱茵河成为免费自由通航的国际航道。1929年,奥得河国际委员会领土管辖权案的裁决出台,意味着波兰想要单独享用自己领土上的支流已经不合时宜,标志着"流域利益共同体理论"登上了国际水法的舞台。1921年的《国际性可航水道公约及规约》、1961年的《关于国际非海洋水域利用的决议》和1966年的《赫尔辛基规则》,都在强调流域国家的利益共同体理论,主张河流应该由流域国家共同开发、共同利用、共同享受利益。2004年的《关于水资源的柏林规则》,更是把共同维护河流的生态环境和可持续发展纳入"流域利益共同体理论",要求"所有流域国都具有以公平、合理和可持续的方式参与国际流域水资源管理的权利"。①"流域利益共同体理论"提倡的共用、共治、共享的理念,通过联合国的《国际水道非航行利用法公约》颁布。作为这一理论诞生地的欧洲,自然最早接受这一理论并实践了国际治理。因此,"流域利益共同体理论"理论是欧洲开展河流国际治理和解决水冲突的理论基础。

2. 争端解决机制的行动力

欧洲水冲突解决机制具有很强的行动力。行动力主要来自以下四个方面:第

① 国际法协会:《关于水资源法的柏林规则》,2004年,第10条。

一，欧盟对成员国的约束力。在欧洲一体化进程中，欧盟要不断进行标准化建设，以消除各种壁垒。欧盟发布的指令对每一个成员国都具有很强的约束力，每条指令都规定了应达到某种结果的要求，可以说是一种目标管理模式。当然，成员国可以采取适合自己的形式或方法来实现这种结果。但为了实现这些结果，成员国政府往往需要将本国的法律与指令进行协调，凡与指令有冲突的现行国家法律都应修改或撤销。这其实是主权国家让渡一部分主权给欧盟的做法，若没有这种妥协和让渡，欧盟的文件就是一纸空文，无法推行。第二，河流国际委员会对委员会成员的协调力。河流国际委员会通过设定治理目标、制定治理对策、提出行动计划、评估治理效果、公布治理结果来对成员国的流域治理行为进行协调、管理和评价。委员会的部长级会议和全体会议是作出重要决策和通过重要决定的机构，会议结合专家组的意见，对许多治理的议题进行讨论，排除许多执行上的难题，使具体的措施得以落地。各国部长、代表团要把委员会的决策带回自己国家，让政府采取相应措施。虽然委员会的决策没有法律约束力，但委员会同样遵循和采用欧盟的相关指令，所以各成员国还是要认真对待。第三，社会大众对流域国家的监督力。随着公众对水污染和生态意识的不断提升，政府和企业承受了来自社会大众的舆论压力。河流国际委员会还充分利用了这些压力，它们动员更多的人参与河流的预警和监控，让更多的非政府组织加入流域治理，把治理情况向媒体公布，所有这些都成为监督政府和企业进行河流治理的力量。此外，欧洲许多国家为多党制国家，在野党会把水环境问题作为话题炒作，指责执政党在河流治理上的失责；欧洲还有一批倡导环境保护的“绿党”，例如德国的“绿党”就是一支强有力的政治力量，曾大力反对莱茵河建造核电站项目，这些政党的监督更是不可小觑，所以各国执政党都不希望在水治理的问题上陷于被动。第四，流域国家拥有足够的财力。统计表明，国际社会正在实施的流域性水条约大约有 2/3 在欧洲和北美洲。可见越是发达地区，水治理开展得越多。欧洲是全世界经济最为发达的地区之一，许多国家都经历了经济的高速发展，如德国、瑞士、荷兰等国家，都拥有足够的财力来支持水治理的各项措施。各国内部也非常注重环保，环保开支占国民经济比重较高，有的甚至高于美国（沈桂花，2017，第 121 页）。它们也有能力实现产业结构变革，发展绿色经济，所以能在水治理方面取得非常好的效果。

3. 解决机制的成效性

从莱茵河、多瑙河等一些欧洲国际河流的治理来看，成果是有目共睹的。进入

21 世纪以来，欧洲没有爆发激烈的水冲突和有较大危害的水事件，即便是围绕水资源和水环境的仲裁案，也鲜有发生。由此可以发现，欧洲的水冲突解决机制是非常有效的。首先，欧洲国家从法理上都认同并接受了河流及其流域生态需要流域国家共同合理地利用，并使之达到可持续利用和可持续发展的理念。这是河流国际治理中信任与合作的基础。其次，欧盟和河流国际委员会对几乎所有欧洲国家产生了影响力和约束力，规范了流域国家的行为，使它们的水治理有目标设定，有行动计划，有执行规范，有时间节点，有公众监督。最后，欧洲国家拥有良好的法律体系和经济实力，能采取措施进行有效治理，能通过欧洲法庭和平解决纠纷。有认同，有规范，有执行，有争端解决办法，以上这些要素使欧洲的水冲突化解机制得以健康运行（见图 7.5）。

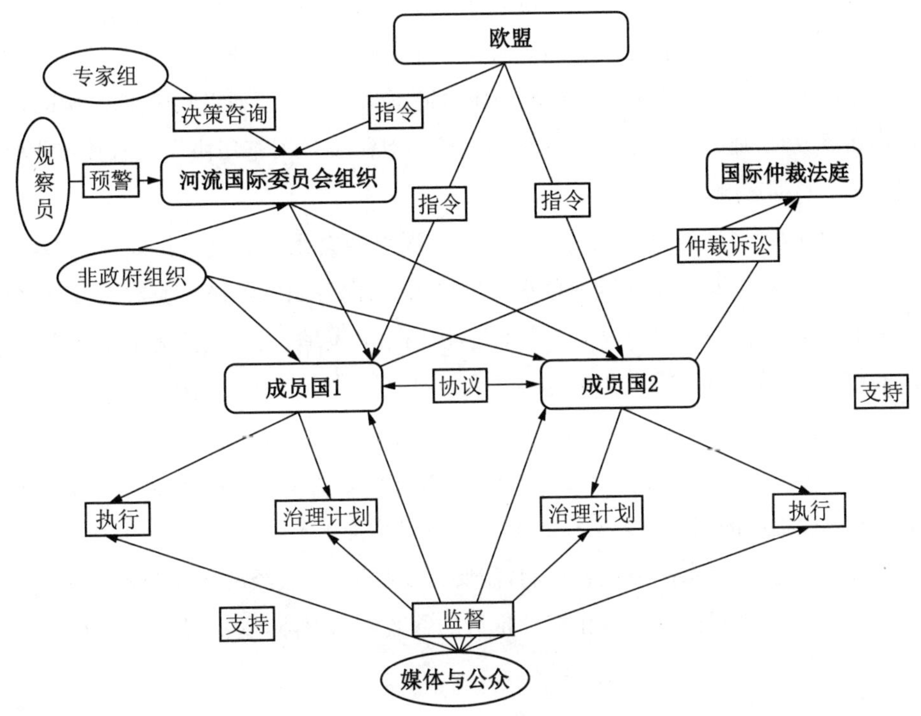

图 7.5　欧洲水冲突化解机制结构

7.6　未来展望

第二次世界大战以前，欧洲水冲突主要因战争而起；第二次世界大战后，随着欧洲国家版图的稳定，战争减少，围绕水资源开发和污染的水冲突和水事件增多。欧洲通过流域的国际治理，产生了很好的成效，大大减少了水冲突和水事件的发生，在这个过程中，欧盟和河流国际委员会组织起到至关重要的作用。

对于欧洲水冲突化解机制的未来走向，有以下因素必须关注。

首先，欧洲的政局稳定是欧洲水冲突化解的大环境保障。然而，对比 21 世纪初，近年来欧洲政局已出现不稳定因素：美俄在欧洲的角力加剧了欧洲内部的矛盾；反全球化浪潮使欧洲各国极右翼势力和民粹主义抬头；移民危机和恐袭蔓延为欧洲安全笼罩了一层阴霾；英国走上“脱欧”之路，不愿补贴东欧国家；“黄马甲”运动在多国滋生，影响国家的内部稳定。欧盟也同样遭遇发展的困顿：由于吸收了越来越多的成员国，欧盟需要协调越来越多国家的利益，欧盟内部一些重要议题如边境管控、反恐、共同防务等，因涉及成员国太多，往往无法达成共识；各成员国经济和社会发展阶段不同，往往不能同步实施一体化政策。①所幸的是对于水治理这类不太敏感且“无关紧要”的事务，协调的压力还不算太大。但如果欧盟走不出困局，欧洲再度分裂，那么欧洲政治上的动荡必然会对需要各国密切协作的水冲突化解机制造成负面影响。

其次，欧洲经济的健康和持续发展是欧洲水冲突化解的物质保障。然而，自 2008 年金融危机和 2010 年欧债危机爆发以来，欧洲各国的经济增速放缓，经济增长率低于预期，经济发展的内生动力不足，国内市场萎缩，人们生活成本不断攀升，失业率增加，政府越来越负担不起高福利的社会开支。在各国经济尽显疲态的条件下，成员国代表团还能否接受河流国际委员会的协调，各国政府还能否继续投入资金进行流域治理，企业还能否继续配合政府进行减排和污染处理，公众还有没有兴趣在税收提高的同时继续关心水环境，这些都增加了不确定性。

综上所述，欧洲水冲突化解机制，需要一个政治稳定、经济繁荣的欧洲作为支撑；更需要一个能将区域一体化继续推进的欧盟作为保障，以实现流域公平、可持续开发与利用。

① 新华社：《“多速欧洲”考验欧洲一体化未来》，2017 年 3 月 9 日。

第 8 章　结论与展望

全球共有 263 条跨境河流，涉及 145 个国家，尤其在人口密度高、经济欠发达、水资源匮乏的地区，国际河流的水资源摩擦和冲突时有发生。并且随着全球气候变化的加剧，水资源时空分布变化，水冲突问题越发呈现复杂和不确定态势。各地区水冲突的产生有其自然生态、社会经济、历史文化、国际政治的根源，并且冲突也将导致从生态破坏、经济损失到引发战争、地区分裂等多种结果。对于水冲突的解决，从传统的技术、经济手段向国际关系、国际谈判的视角转变，立足各地区自然、经济、历史特征和发展诉求，通过增进区域利益共享、开展综合流域规划、加强国际条约的执行力等措施探寻适合各地区的协调机制和解决方案是今后的发展方向。

8.1　主要结论

8.1.1　全球水冲突主要集中在亚洲和非洲

人口密度高、国家之间存在历史遗留问题或关系不友好、经济发展不均衡、签订有限甚至未签署相关的水条约、国家内部政治环境不稳定、国家缺乏管理或控制跨界河流的能力、其中一个国家存在修建大坝或修建水利工程项目的意向等问题是水事件频发的主要原因。在水资源紧张的国家，倘若河流已经被过度开发，淡水资源的循环利用率超过了补给，人口增长压力致使水的短缺继续蔓延恶化，水冲突更容易一触即发。

根据太平洋研究所对655起水事件研究结果显示，亚洲占比接近50%，非洲占比接近30%。

亚洲范围内，中亚与西亚地区水冲突事件频繁，其次是南亚和东亚。亚洲地区水资源分布不均是主要原因，并且西亚地区多属于热带和亚热带沙漠气候，其水资源短缺情况较为严重。此外，以水资源作为武器、在战争中切断水源、建坝导致断流等因素是亚洲主要水冲突的原因。欧洲的水冲突相对较少，用水资源作为战争武器是水冲突的主要原因。非洲地处热带，高温少雨，水事件复杂而频繁，部族之间、民间集体之间、抗议者与政府之间、国家之间多有发生。尼罗河是北非水冲突多发的主要流域，此外，水资源也常常被作为战争工具；北美和加勒比地区因为水资源丰沛，水冲突较少，偶尔的冲突与恐怖分子的"水投毒"相关。综上所述，水资源短缺造成的水分配问题、水资源相关的自然灾害和人为灾害被作为战略性武器、通过控制水源作为战争手段等是全球水冲突的主要原因。

水冲突的治理较为成功的案例有：莱茵河流域治理，欧洲通过采取多国合作、透明化的管理措施，成为全球典范；加利利海流域的强国对于水资源的分配起到决定性作用；印度和巴基斯坦在世界银行的干涉下签署的《印度河水条约》，对缓解争端的效果有限。

8.1.2　全球水冲突的案例解析

采用利益相关者分析的方法，对世界主要跨境河流水冲突案例的发生、原因、治理进程及机制、治理绩效及存在问题进行详细解析，主要有以下发现：

第一，南亚的恒河—布拉马普特拉河—梅克纳河流域水资源丰富，但降水时空分布不均，洪泛问题突出，流域社会经济发展水平低，导致围绕水资源利用的问题异常突出。同时，流域内国家政府治理能力有限，并且由于历史原因彼此互不信任，导致水资源利用与分配时有冲突发生；印度作为区域大国，在与周边国家爆发的水冲突中扮演着强势主导作用，没有形成全流域的冲突调解与解决机制。其中印度与孟加拉国围绕法拉卡堰的水争端、印度与尼泊尔围绕科西河、根德格河、马哈卡里河水利工程的冲突尤为突出，并且同属于印度河流域的印度与巴基斯坦在历史上长期存在矛盾与纠纷，英国殖民时期留下的水利灌溉系统成为印巴分治后的争夺热点，甚而爆发战争。双方最终在第三方——世界银行——的介入与斡旋下签订了《印度河水条约》，成为国际上解决跨境河流水冲突的少数成功案例之一。

但签订之后双方仍旧存在问题。

第二，中东与北非地区的大河流域主要包括约旦河流域、尼罗河流域与底格里斯河—幼发拉底河流域。约旦河流域与尼罗河流域均面临气候干旱、水资源短缺、社会经济发展水平低下的困境，并且在全球气候变化的大背景下，水资源愈加匮乏加剧了流域内的贫困与饥荒。此外，约旦河流域由于其特殊的地理位置，历史上就有宗教、民族冲突，政局动荡，战争频仍，犹太人与阿拉伯人之间存在严重对立。约旦河流域由于以色列建国导致大量移民，占用大量约旦河水资源，引起巴勒斯坦以及下游国家约旦的强烈不满，并爆发水战争。其中，下游缺水国家约旦与中东水权的掌控者以色列之间的水冲突，以及围绕以色列全国输水系统产生的矛盾较为突出。该流域也普遍采用海水淡化技术、水资源循环利用与再生水的推广和滴灌技术以缓解水资源的匮乏。尼罗河流域在水资源分配上面存在严重分歧，从阿斯旺大坝到大埃塞俄比亚复兴大坝的兴建，埃及、苏丹、埃塞俄比亚三国之间的水资源争端围绕沿岸国家大坝的修建而爆发。而尼罗河上游国家埃塞俄比亚认为修建大坝是民族主义的象征，并宣布作为主权国家对境内水资源拥有自主权，这一举动侵犯了下游国家埃及在殖民时代签订的条约中承诺的水资源配额，成为双方激烈冲突的导火索。最后提出，北非民族主义之下的水冲突的解决需要依赖全流域建立一个平等对话、互信合作的框架机制。

第三，东南亚地区的湄公河水电开发是该流域主要水冲突的原因。导致冲突长期存在的因素包括湄公河流域内各国的发展目标、利益诉求差别较大，并且在同一国家内的利益相关方的关注点和诉求也相差迥异；现有的水资源管理机制湄公河委员会受域外大国牵制而效力有限；美国、日本、韩国、印度等域外大国各自通过设立与湄公河五国的合作机制，谋求参与流域内包括水资源管理在内的事务，以增强在该地区经济、政治关系中的影响力。这些纷繁复杂的因素造成该次区域机构拥堵重叠，也使域内水冲突延伸为涉及域内外国家的国际政治问题。展望未来，澜湄流域内各国需要加强互信与合作，尤其通过中国主导的澜湄合作机制搭建沟通的平台，明确各自的发展目标和利益诉求，并深化经济、文化、基础建设等领域的合作，从“不解与冲突”走向水资源的“共治与共赢”。对于新马供水问题，新加坡、马来西亚政府也需要开展正式的政府间谈话，明晰各自的利益诉求，通过沟通、妥协与合作寻求符合两国利益的解决方案。

第四，中亚地区包括哈萨克斯坦、吉尔吉斯斯坦、塔吉克斯坦、乌兹别克斯坦和土库曼斯坦五国。中亚五国是从苏联独立出来的，地理位置上介于俄罗斯、中国、伊朗和阿富汗之间。农业是中亚地区的主要经济模式，水资源极为重要。而苏联时期关于水资源管理的遗留问题造成该地区目前没有行之有效的跨境淡水资源分配机制。阿姆河和锡尔河两条中亚主要跨境河流的上游和下游的国家之间存在着长期且难以调和的矛盾。中亚地区的跨境水资源管理问题与地区政治息息相关，区域内水资源合作的未来前景充满挑战，唯有互信合作才可以带动中亚地区的和平繁荣。地区国家必须在稳定国内局势的同时，建立国家间的互信，通过跨国合作组织共同解决跨境淡水资源管理的问题。

第五，欧洲的地域并不宽广，民族众多，国家林立。许多欧洲的河流从古至今一直是国际河流。从古代到中世纪，欧洲的河流是军事博弈的工具之一，污染水源、切断供水、破坏水利等行为多有记载。到了近代，随着工业革命的发展，欧洲的国际河流迈入流域国家联合治理的时代。最初的治理，从航运的利益保障开始。随着工业革命的发展，以莱茵河为代表的欧洲河流及支流遭到严重污染，而水电、核电等项目的开发又加剧了河流生态的变化，污染和开发引发了一连串的公共安全事件以及部分国家在水资源利用方面的矛盾和冲突。这些事件、矛盾和冲突构成了当代欧洲水冲突的主旋律。在当今欧洲相对和平的环境之下，欧洲的水冲突，基本不牵涉领土纷争、族群冲突等政治敏感问题，主要围绕着污染和生态而发生，流域国家在面对污染等环境问题上存在工作目标的一致性，容易在行动上达成一致。因此，欧洲国家主要通过协同治理、法律仲裁、民事赔偿等和平的方式来化解和解决水冲突。

8.1.3 水冲突解决的技术、经济与政治综合方案

各国在应对水资源短缺、应对水冲突中，从技术、经济和政治的视角探索各种解决方案，积累了丰富的经验，总的来说，有以下路径。

第一，节水技术与基础设施建设，全球各地在水资源匮乏的同时，广泛存在水资源浪费的情况。其中，陈旧的灌溉系统由于运营低下、维护不善，往往成为水资源浪费的源头。漫灌等传统灌溉技术，也造成水资源利用效率低下。尼罗河流域的埃及、苏丹等国家，西亚的以色列等国家通过改造灌溉系统、改善管理体系，显著地提高了用水效率；埃及进行渠系衬砌改造升级以及限制漫灌并且加大对尼罗河水、农业废水、地下水、城市废水综合利用程度，特别是将城市生活用水净化后再来

灌溉农作物,实现生活用水和农业用水的有机结合,提高重复利用率;东南亚的新加坡通过改造雨水储备系统和基础设施,显著地提高本国的水资源供应量;海水淡化技术拓宽了水源渠道,也是临海国家经常采用的技术方式。

第二,水利工程的建设。水利工程对平衡天然径流的丰、平、枯水季的水量分配,满足用水需求起到重要的作用。各流域都建设水利设施,实现农业灌溉、水能发电、调蓄洪峰和缓解干旱等多种用途。但由于缺乏流域内必要的协商与联合开发,单方面的水利工程往往成为水冲突的导火索,再加上将水坝与“民族主义”“国家主权”相联系,导致一些有助于流域调节水资源、提供电力、缓解贫困的水利工程受到阻碍甚至中止。

第三,国际条约与区域合作。国际条约或者区域协议是流域各国分配水资源的有效措施。通过联合国等国际组织、欧盟委员会等区域组织、流域内多边和双边的协定是实现水资源公平、合理、可持续利用的重要举措。但由于一些历史原因,各国之间缺乏互信,政府机构缺失、治理能力不足等,造成国际条约对主权国家的约束有限,因此条约的执行力受限,绩效不足。

第四,发展节水产业。按照“以水定产”的原则,调整产业结构,发展节水产业,是实现水资源与产业协调发展的重要措施。进一步推进区域协调,产业协同将有效地推进流域可持续发展。

8.2　未来展望

作为人类生存所需的基本生活资料和经济发展所需的生产资料,随着人口增长、生产力提高,水资源越发紧缺。伴随着人类对水资源的开发利用,围绕水资源的冲突在全球,尤其是跨境河流区域频繁发生。在已有技术、经济与国际政治等方案的基础上,需要从以下几个方面开展探索。

第一,流域管理模式从单一的“水资源分配”向“流域可持续性规划与管理”转变。以往水资源供需研究,重在“水资源分配”,往往忽略水资源的生活需求、生产需求及经济结构,导致水资源与经济生活脱节。流域内各国亟须基于流域内生活、生产需求开展流域水资源联合开发,构建流域可持续发展规划体系。首先,构建多层次机构,联合规划和解决争端的执行机构。其次,推进信息共享机制和平台构建。在保障国家安全的前提下加强河流数据以及共享,尤其是关系基本民生,如在枯水季日常饮用、农灌等相关水文数据。再次，联合进行水利工程开发规划、公布水基础设施项目的影响，并跟踪监测评估结果。

第二，在工程节水措施基础上，提高水资源费和污水处理费等经济手段在节水中的应用。目前，全球尤其是发展中国家，普遍存在水价整体较低、缺乏市场化竞争、水价结构不合理、政府承担过多导致用水效率较低的问题。这些问题可以从解决结构性问题提高价格角度切入，适当提高水资源费和污水处理费在水价中的比重建立完整有效的价格调节机制，以此来实现节约用水，提高效率的目标。

第三，应用大数据、人工智能等科学技术手段构建流域监测体系，提高流域精准管理水平。随着气候变化和人类活动的影响逐渐加剧，流域水资源变化不确定性显著增加，需要充分将气候变化、人类活动、洪灾损失指标、下游河道过流能力变化等因素引入水资源管理和洪水预测，进一步提高水资源与经济社会发展的适配性。世界各国流域监测预报预警体系仍有较大提升空间，预测预报准确性、精细化程度还需进一步提升。

第四，制定协议框架、解决机制、国际法律与条约是推进水合作的主要路径。提高跨境流域的水资源管理机构的运行能力或水条约的执行能力，是缓解水冲突、促进水合作的核心要旨。以“流域利益分享”为核心，进一步构建多层次、多目标协同的条约与协议框架。并依托联合国等国际组织、区域发展银行等为相关国家提供资金支持和智力分享，以提高协议条约的约束力。

第五，水冲突的解决从“以人为中心”向以“生态系统为中心”转变。以往水冲突关注的是“人的利益”，对“生态系统”的关注不足，导致环境污染、生态退化和生物多样性的损失。各国亟须进一步开展流域中人—水关系、人类用水与生态用水关系的研究，遵循自然水文特性进行流域开发与利用，促进流域生态系统的稳定性。

参考文献

白宇:《澜沧江—湄公河合作五年行动计划》,《人民日报》2018年1月11日。

陈丽晖、曾尊固、何大明:《国际河流流域开发中的利益冲突及其关系协调——以澜沧江—湄公河为例》,《世界地理研究》2003年第1期。

柴宁:《资本理论在跨界河流流域可持续管理中的应用及实例分析》,《辽宁大学学报》(哲学社会科学版)2006年第4期。

陈胜前:《中国晚更新世——早全新世过渡期狩猎采集者的适应变迁》,《人类学学报》2006年第3期。

常思纯:《日本为何积极介入湄公河地区》,《世界知识》2018年第21期。

董芳:《印度解决南亚跨界河流争端的实践及其对中印跨界水争端的影响》,武汉大学2014年。

杜群、李丹:《"欧盟水框架指令"十年回顾及其实施成效述评》,《江西社会科学》2011年第8期。

段友文、秦珂:《鲧禹治水的洪水神话性质及其原始观念》,《山西大学文学院》2018年第6期。

E.莫斯特、朱庆云:《国际合作治理莱茵河水质的历程和经验》,《水利水电快报》2012年第4期。

方晶晶:《湄公河干流水电站建设为何频惹争议?》,广西大学中国—东盟研究院2015年。

冯彦:《多瑙河国际水争端仲裁案对我国国际河流开发的启示》,《长江流域资源与环境》2002年第9期。

《古兰经》(第11章),中国社会科学出版社2003年版。

高琼洁、王东、赵越、王玉秋:《化冲突为合作——欧洲莱茵河流域管理机制与启示》,《环境保护》2011年第7期。

郭思哲:《国际河流水权制度构建与实证研究》,昆明理工大学2014年。

何大明、冯彦:《多瑙河国际水争端仲裁案对我国国际河流开发的启示》,《长江流域资源与环境》2002年第5期。

胡德胜:《国际法庭在跨界水资源争端解决中的作用——以盖巴斯科夫—拉基玛洛项目案为例》,《重庆大学学报》(社会科学版)2011年第2期。

贺琼琼:《盖巴斯科夫—拉基玛洛工程案分析——从国际条约法的角度》,《武大国际法评论》2004年第4期。

胡苏萍:《易北河流域综合管理决策支持系统》,《水利水电快报》2011年3月。

胡文俊、陈霁巍、张长春:《多瑙河流域国际合作实践与启示》,《长江流域资源与环境》2010年第7期。

黄晓娜:《东盟外长会在即,多个议题浮出水面》,《环球时报》2019年7月2日。

《旧约全书(The Old Testament)》,《创世记》第6章第1节—第9章第29节。

卢光盛、别梦婕:《澜湄合作机制:一个"高阶的"次区域主义》,《亚太经济》2017年第2期。

卢光盛、金珍:《"一带一路"框架下大湄公河次区域合作升级版》,《国际展望》2015年第5期。

禄德安、闫昭宁:《国际河流水资源争端对国际关系的影响》,《成都大学学报》(哲社版)2018年12月。

L.哈斯、V.丰基奥:《湄公河下游流域水电的可持续发展》,《水利水电快报》2011年第7期。

刘华:《以软法深化周边跨界河流合作治理》,《北京理工大学学报》(社会科学版)2017年第4期。

刘健:《莱茵河流域的生态环境建设》,《世界农业》1998年第9期。

刘健:《莱茵河流域的开发建设及成功经验》,《世界农业》1998年第2期。

李满:《新加坡:"新生水"成为日益重要的水源》,《经济日报》2010年4月

22日。

刘思伟:《水资源与南亚地区安全》,《南亚研究》2010年第2期。

刘向:《淮南子·览冥训》,中华书局2011年版。

李昕蕾:《冲突抑或合作:跨国河流水治理的路径和机制》,《外交评论》2016年第1期。

宁希巍:《柬埔寨"三峡"竣工:中柬最大水电合作项目,坝长亚洲第一》,《澎湃新闻》2018年12月18日。

木易(编译):《罗马尼亚金矿氰化物污染事件》,《环境》2006年第4期。

马克·乔克:《莱茵河,一部生态传记(1815—2000)》,于君译,中国环境科学出版社2011年版。

欧洲改革中心:《俄罗斯、中国和中亚的能源地缘政治》,CER2011年。

澎湃新闻:《柬埔寨推迟中国企业兴建水坝,同时驱逐阻挠水坝工程环保人士》,2015年2月25日。

沈德康:《论藏缅语民族洪水后人类再生神话中的生殖观念》,《四川师范大学学报》(社会科学版)2014年第4期。

孙力:《中亚黄皮书:中亚国家发展报告(2018)》,社会科学文献出版社2018年版。

时永明:《"澜湄合作"机制的进展与挑战》,《北京周报》2016年4月26日。

齐盛:《欧洲联盟及其法律体系特征初探》,《法制与社会》2000年3月(中)。

R.施塔德勒:《多瑙河流域跨界管理》,《水利水电快报》2009年第9期。

《山海经·海内经》,中华书局2011年版。

沈桂花:《莱茵河流域水污染国际合作治理研究》,中国政法大学出版社2017年版。

沈国舫等、多瑙河流域综合考察代表团:《多瑙河流域综合考察报告》2012年5月。

石秋池:《欧盟水框架指令及其执行情况》,《中国水利》2005年第22期。

陶静娴、杨小柳:《流域水污染管理体制的多要素比较和可借鉴性评估——以长江流域和多瑙河流域为例》,《水利经济》2011年第6期。

陶然:《外媒:日本强化与湄公河国家合作处处针对中国》,《参考消息》2015年7月6日。

陶希东:《欧洲多瑙河—黑海区域水污染跨国治理经验——以全球环境基金为例》,《创新》2018 年第 3 期。

王虎、王良生:《新加坡与马来西亚关系中的水因素》,《东南亚纵横》2010 年第 6 期。

王庆忠:《大湄公河次区域合作:域外大国的介入与中国的战略应对》,《太平洋学报》2011 年第 11 期。

汪越骐、慕玮、丁晓、罗志高、文传浩编著:《莱茵河流域可持续发展案例研究》,西南财经大学出版社 2016 年版。

文传浩主编:《莱茵河流域可持续发展案例研究》,西南财经大学出版社 2016 年版。

王润、姜彤、Lorenz King:《欧洲莱茵河流域洪水管理行动计划述评》,《水科学进展》2000 年第 2 期。

王同生:《莱茵河的水资源保护和流域治理》,《水资源保护》2002 年第 4 期。

王艺:《盖巴斯科夫—拉基玛洛大坝案对国际环境法发展的影响及启示》,《水利发展研究》2008 年第 4 期。

王明远、肖静:《莱茵河化学污染事件及多边反应》,《环境保护》2006 年第 01A 期。

向柏松:《洪水神话的原型与建构》,《中南民族大学学报》(人文社会科学版)2005 年第 3 期。

向柏松:《中国水崇拜文化初探》,《中南民族学院学报》(哲学社会科学版)1993 年第 6 期。

向柏松:《中国水崇拜与古代政治》,《中南民族学院学报》(哲学社会科学版)1996 年第 4 期。

《希腊神话》,新疆青少年出版社、新疆柯文出版社 2006 年版,第 8—12 页。

姚王信、曾照云、程敏:《淮河流域绿色发展国际对标研究——利益冲突与协调制度视角》,《生态经济与流域绿色发展》2018 年第 6 期。

叶振宇、汪芳:《德国莱茵河经济带的发展经验与启示》,《中国国情国力》2016 年第 6 期。

杨桂山、于秀波:《国外流域综合管理的实践经验》,《中国水利》2005 年第 10 期。

杨小柳、邱雪莹:《流域管理的外部环境评价——以长江、莱茵河、多瑙河为例》,《水利经济》2013 年第 1 期。

于宏源、汪万发:《湄区域落实 2030 年可持续发展议程:进展、挑战与实施路径》,《国际问题研究》2019 年第 1 期。

张静、刘磊:《前苏联时期中亚地区的水资源管理问题》,《河西学院学报》2005 年第 6 期。

张旺、万军:《国际河流重大突发性水污染事故处理——莱茵河、多瑙河水污染事故处理》,《水利发展研究》2006 年第 3 期。

朱达俊:《国际环境法经典案例回顾:多瑙河水坝案》,《环境保护与循环经济》2013 年第 3 期。

周刚炎:《莱茵河流域管理的经验和启示》,《水利水电快报》2007 年第 5 期。

朱大可:《洪水神话及其大灾变背景》,《上海师范大学》(哲学社会科学报)1993 年第 1 期。

中华人民共和国驻巴基斯坦经商参处:《巴基斯坦极端贫困人口占比约 40%》2016 年。

中国外交部:《湄公河委员会概况》2018 年。

中国商务部中国投资指南:《印度谋划建设印度—湄公河区域经济走廊》,2013 年 11 月 18 日。

杨正波:《莱茵河保护的国际合作机制》,《治黄科技信息》2013 年第 2 期。

Abdelhady, Dalia, Karin Aggestam, Dan-Erik Andersson, Olof Beckman, Ronny Berndtsson, Karin Broberg Palmgren, Kaveh Madani, Umut Ozkirimli, Kenneth M.Persson and Petter Pilesjö, 2015, "The Nile and the Grand Ethiopian Renaissance Dam: Is There a Meeting Point between Nationalism and Hydrosolidarity?", *Journal of Contemporary Water research & education*, 155, 73—82.

Asah and Stanley T. 2015, "Transboundary hydro-politics and climate change rhetoric: an emerging hydro-security complex in the lake chad basin", *WIREs Water*, 2, 37—45.

Aviram, Ram, David Katz and Deborah Shmueli, 2014, "Desalination as a game-changer in transboundary hydro-politics", *Water Policy*, 16, 609—624.

Aziz Amin Ahmadzai, 2018, "Iran's Support for the Taliban Brings It to a Crossroads With Afghanistan".

Ali, Chaudhri Muhammad, 1967, *The Emergence of Pakistan*, New York: Columbia University Press, 318—319.

Abdelhady, Dalia, Karin Aggestam, Dan-Erik Andersson, Olof Beckman, Ronny Berndtsson, Karin Broberg Palmgren, Kaveh Madani, Umut Ozkirimli, Kenneth M. Persson and Petter Pilesjö, 2015, "The Nile and the Grand Ethiopian Renaissance Dam: Is There a Meeting Point between Nationalism and Hydrosolidarity?", *Universities Council on Water resources*, *Journal of Contemporary Water Research & Education*, 155, 73—82.

Abdulla, F., T.Eshtawi and H.Assaf, 2009, "Assessment of the impact of potential climate change on the water balance of a semi-arid watershed", *Water Resource Management*, 23, 2051—2068.

Allen, T., 1998, "Watersheds and Problemsheds: Explaining the Absence of Armed Conflict Over Water in the Middle East", *Middle East Review of International Affairs*, 1, 49—51.

Alqadi, K.A. and L.Kumar, 2014, "Water policy in Jordan", *International Journal of Water Resources Development*, 30, 322—334.

Ammari, T.G., R.Tahhan, S.Abubaker, Y.Al-Zu'Bi, A.Tahboub, R.Ta'Any, S. Abu-Romman, N.Al-Manaseer and M.H.Stietiya, 2013, "Soil salinity changes in the Jordan Valley potentially threaten sustainable irrigated agriculture", *Pedosphere*, 23, 376—384.

Asia Development Bank, 2003.

Aaron T.Wolf, 2010, International Water Conflict Resolution: Lessonsfrom Comparative Analysis, International Journal of Water Resources Development. Action Plan SEC(2010) final. Available online: http://ec.europa.eu/regional_policy/cooperate/danube/documents_en.cfm#1.

Aleksandra Ibragimow, Eerika Albrecht and Moritz Albrecht, 2019, "The transboundary water management-comparing policy translations of the water framework directive in the international basin districts of theoder river and the torne river", *Quaestiones Geographicae*, 1.

Assessment Report on Hydropower Generation in the Danube Basin. Available online：www.icpdr.org.

Baltutis，William Jesse and Michele-Lee Moore，2019，"Whose Border? Contested Geographies and Columbia River Treaty Modernization"，*Journal of Borderlands Studies*.

Bark，Rosalind H.，George Frisvold and Karl W.Flessa，2014，"The role of economics in transboundary restoration water management in the Colorado River Delta"，*Water Resources and Economics*，8，43—56.

Booker，James F.，Richard E.Howitt，Ari M.Michelsen and Robert A.Young，2012，"Economics and the Modeling of Water Resources and Policies"，*Natural Resource Modeling*，1，168—218.

Brenner，Neil，2001，"The limits to scale? Methodological reflections on scalar structuration"，*Progress in Human Geography*，4，591—614.

Brown，Neville，1989，"Climate，Ecology and International Security"，*Survival*，6，519—532.

Baqai，Huma，2011，"Non Traditional Sources of Conflict in South Asia：A Study of Non Traditional Sources of Conflict in South Asia which exacerbate existing conflicts"，*Saarbruecken*，*Germany*：*OmniScriptum*.

Biswas，Asit，K.，2006，"Management of Ganges-Brahamaputra-Meghna system：way forward"，*Management of Transboundary Rivers and Lakes*，143—164.

Bahadir，Mufit，Mehmet Emin Aydin，Senar Ozcan and Fatma Beduk，2016，"Wastewater Reuse in Middle East Countries—A Review of Prospects and Challenges"，*Fresenius Environmental Bulletin*，5，1285—1305.

Brown，O. and A.Crawford，2009，"Rising Temperatures，Rising Tensions：Climate Change and the Risk of Violent Conflict in the Middle East"，*International Institute for Sustainable Development*，*Winnipeg*.

Brunnée，Jutta and S.J. Toope，2002，"The changing Nile Basin regime：does law matter?" *Harvard International Law Journal*，43，105—120.

Buhaug，H.，2015，"Climate-conflict research：some reflections on the way forward"，*WIREs Climate Change*，3，269—275.

Bulto, T., 2009, "Between ambivalence and necessity in the Nile Basin: occlusions on the path towards a Basin-Wide Treaty", *Colorado Journal of International Environmental Law and Policy*, 3, 291—320.

Botkosal, W., 2009, "Establishment of Local River Basin Organization to Promote Water Governance", Cambodia National Mekong Committee, 2009, Conference on New Thinking on Water Governance(2—3 July 2009), National University of Singapore.

Barbara Janusz-Pawletta and Mara Gubaidullina, 2015, " Transboundary Water Management in Central Asia", *L'eau en Asie centrale*, 195—215.

Beatrice, Mosello, 2015, "Governing Water in Times of Climate(and Other) Changes", How to Deal with Climate Change?, 1—11.

Bernauer, T. and Siegfried, T, 2012, "Climate change and international water conflict in Central Asia", *Journal of Peace Research*, 1, 227—239.

Bhattacharjee, Meghna, 2010, "A Rogue Water Project", State of the Planet Blog of Columbia University. Retrieved from https://blogs.ei.columbia.edu/2010/03/26/a-rogue-water-project/.

Blank S, 2012, "Rogun Dam Project Epitomizes Central Asian Security Dilemmas", Eurasia Daily Monitor, 168.

Britannica, 2019, "Syr Darya | River, Central Asia,". https://www.britannica.com/place/Syr-Darya.

Bremer N., 2017, "Post-environment impact assessment monitoring of measures or activities with significant transboundary impact: An assessment of customary international law", *Review of European Comparative & International Environment Law*. https://onlinelibrary.wiley.com/doi/abs/10.1111/reel.12194.

Chermak, Janie M., Robert H.Patrick and David S.Brookshire, 2005, "Economics of Transboundary Aquifer Management", *Special Issue: Transboundary Ground Water*, 5, 731—736.

Chokkakula, Srinivas, 2018, "Transboundary politics of cooperation: Telugu ganga project, India", *Regional Environmental Change*, 18, 1645—1654.

Choudhury, Enamul and Shafiqul Islam, 2015, "Nature of Transboundary

Water Conflicts: Issues of Complexity and the Enabling Conditions for Negotiated Cooperation", *Journal of Contemporary Water Research & Education*, 155, 43—52.

Chowdhury, MD, Rashed and Neil Ward, 2004, "Hydro-Meteorological variability in the greater Ganges-Brahmaputra-Meghna basins", *International Journal of Climatology*, 12, 1495—1508.

Carla P. Freeman, 2017, "Dam diplomacy? China's new neighbourhood policy and Chinese dam-building companies", *Water International*.

Central Asia Faces Political Challenges, October 27, 2009, https://www.voanews.com/archive/central-asia-faces-political-challenges.

Chmielewski, J., 2013, Rogun dam construction in Tajikistan (Case number 275). Inventory of Conflict and Environment (ICE). Retrieved from http://www1.american.edu/ted/ICE/tajik-dam.html.

Conclusion 24 of the Water management, 2011, EU Water Framework Directive & Hydropower Common Implementation Strategy Workshop, Brussels.

Da Silvaa, Luis Paulo Batista and Hussam Hussein, 2019, "Production of scale in regional hydropolitics: An analysis of La Plata River Basin and the Guarani Aquifer System in South America", *Geoforum*, 99, 42—53.

De Stefano, Lucia, Paris Edwards, Lynette de Silva and Aaron T.Wolf, 2010, "Tracking cooperation and conflict in international basins: historic and recent trends", *Water Policy*, 12, 871—884.

Dinar, Ariel, 2015, "Game Theory and Water Resources. Critical Review of its Contributions, Progress and Remaining Challenges", *Foundations and Trends® in Microeconomics*, 11, 1—139.

Dinar, Shlomi, 2002, "Water, Security, Conflict, and Cooperation", *SAIS Review*, 2, 238—239.

Dinar, Shlomi, David Katz, Lucia de Stefano and Brian Blankespoor, 2019, "Do treaties matter? Climate change, water variability, and cooperation along transboundary river basins", *Political Geography*, 69, 162—172.

Draper, Stephen E, 2007, "Introduction to Transboundary Water Sharing", *Journal of Water Resources Planning and Management*, 5, 377—381.

Döll, P., B.Jiménez-Cisneros, T.Oki, N.W.Arnell, G.Benito, J.G.Cogley, T. Jiang, Z.W.Kundzewicz, S.Mwakalila and A.Nishijima, 2015, "Integrating risks of climate change into water management", *Hydrological Sciences Journal*, 1, 4—13.

De Martino, L., Carlsson, A., Rampolla, G., Kadyrzhanova, I.Svedberg, P., Denisov, N., Novikov, P., Rekacewicz, O., Simonett, J., Skaalvik, D., Del Pietro, D., Rizzolio, M., and Palosaari, M., 2005, Environment and Security: Transforming Risks Into Cooperation, Central Asia: Ferghana/Osh/Khujand Area. Geneva, Switzerland Environment and Security Initiative(UNEP, UNDP, OSCE, and NATO).

Dr. Peter H.Gleick, 2008, "Data from the Pacific Institute for Studies in Development, Environment and Security database on Water and Conflict", *Water Conflict Chronology*. http://www.doc88.com/p-0058984592879.html.

Diane Segal, 2004, "Singapore's Water Trade with Malaysia and Alternatives", Boston: Harvard University. John F.Kennedy School of Government.

Eckstein David, Vera Künzel and Laura Schäfer, 2018, "Global Climate Risk index 2018—Who Suffers Most From Extreme Weather Events? Weather-related Loss Events in 2016 and 1997 to 2016". *Germanwatch*.

Eckstein, G., 2009, "Water scarcity, conflict and security in a climate change world: challenges and opportunities for international law and policy", *Wisconsin International Law Journal*, 3, 409—461.

Ethiopia lays foundation for Africa's biggest dam. ERTA News. Accesses July 27 2019. https://web.archive.org/web/20110412060039/http://www.ertagov.com/erta/erta-news-archive/38-erta-tv-hot-news-addis-ababa-ethiopia/574-ethiopia-lays-foundation-for-africas-biggest-dam.html.

Etzioni, Amitai, 1961, *A Comparative Analysis of Complex Organizations: On Power, Involvement, and Their Correlates*, New York: The Free press.

Ezega News, 2019, "US, World Bank to Observe GERD Talks". https://www. ezega. com/News/NewsDetails/7408/US-World-Bank-to-Observe-GERD-Talks Eastham et al, 2008.

European Parliament，2019，“The Mekong River：geopolitics over development，hydropower and the environment”. https://www.europarl.europa.eu/think-tank/en/document.html?reference=EXPO_STU(2019)639313.

Eelke P.Kraak，2012，“The Geopolitics of Hydropower in Central Asia：the Syr Darya”，*The Asia-Pacific Journal*，15.

European Parliament，2018，“Water in Central Asia：An increasingly scarce resource”，*European Parliamentary Research Service*.

Fischhendler，Itay，Shlomi Dinar and David Katz，2011，“The Politics of Unilateral Environmentalism：Cooperation and Conflict over Water Management along the Israeli-Palestinian Border”，*Global Environmental Politics*，1，36—61.

Fox，Coleen A.，and Christopher S.Sneddon，2019，“Political Borders，Epistemological Boundaries，and Contested Knowledges：Constructing Dams and Narratives in the Mekong River Basin”，*Water 2019*，3，413.

Furlong，Kathryn，2006，“Hidden theories，troubled waters：International relations，the ‘territorial trap’，and the Southern African Development Community's transboundary waters”，*Political Geography*，25，438—458.

Fazal M.A，1990，Development of water resources of the Brahmaputra basin. http://www.angelfire.com/ok/mafazal/BrahmaputraBasin.html.

Food and Agricultural Organization，2018，“Ganges-Brahmaputra-Meghna river basin”. http://www.fao.org/nr/water/aquastat/basins/gbm/gbm-CP_eng.pdf.

Food and Agricultural Organization，2018，“Indus River Basin”. http://www.fao.org/nr/water/aquastat/basins/indus/indus-CP_eng.pdf.

Falkenmark，M.，1989，“Middle East hydro-politics：water scarcity and conflicts in the Middle East”，*Ambio*，18，350—352.

Feitelson，E. and G.Rosenthal，2012，“Desalination，space and power：the ramifications of Israel's changing water geography”，*Geoforum*，2，272—284.

Feitelsona，Eran and Amit Tubib，2017，“A main driver or an intermediate variable? Climate change，water and security in the Middle East”，*Global Environmental Change*，44，39—48.

Food and Agriculture Organization，AQUASTAT，Mekong river basin.

Food and Agricultural Organization of the United Nations, 2019, AQUASTAT-FAO's Global Information System on Water and Agriculture. http://www.fao.org/aquastat/en/.

Giordano, Mark, Alena Drieschova, James A. Duncan, Yoshiko Sayama, Lucia De Stefano and Aaron T.Wolf, 2014, "A review of the evolution and state of transboundary freshwater treaties", *International Environment Agreements*, 14, 245—264.

Gehrig Jason and Mark M.Rogers, 1990, "Water and Conflict Incorporating Peacebuilding into Water Development". https://www.crs.org/sites/default/files/tools-research/water-and-conflict.pdf.

Gilmont, M., 2014, "Decoupling dependence on natural water: reflexivity in the regulation and allocation of water in Israel", *Water Policy*, 16, 79—101.

Gleick, P. H., 2014, "Water, drought, climate change, and conflict in Syria", *Weather, Climate, and Society*, 6, 331—340.

Hecht, Jory S., Guillaume Lacombec, Mauricio E., Arias, Thanh Duc Dang and Thanapon Pimanh, 2019, "Hydropower dams of the Mekong River basin: A review of their hydrological impacts", *Journal of Hydrology*.

Hoanh C.T., Guttman H., Droogers P. and Aerts J, 2003, "Water, climate, food and environment in the Mekong Basin in South East Asia", *Institute for Environmental Studies, Free University of Amsterdam*.

Hensel, Paul and Marit Brochmann, 2009, "Peaceful Management of International River Claims", *International Negotiation*, 2, 393—418.

Hellegers, P., 2005, "The Role of Economics to Promote a Sustainable Use and Management of Transboundary Water Resources", *Transboundary Water Resources: Strategies for Regional Security and Ecological Stability*, 129—140.

Hirsch, Philip, 2016, "The shifting regional geopolitics of Mekong dams", *Political Geography*, 51, 63—74.

Homer-Dixon, Thomas F., 1994, "Environmental Scarcities and Violent Conflict: Evidence from Cases", *International Security*, 1, 5—40.

Howitt, Richard, 2002, "Scale and the other: Levinas and geography", *Geo-*

forum, 33, 299—313.

Hussam, Hussein, 2018, "The Guarani Aquifer System, highly present but not high profile: A hydropolitical analysis of transboundary groundwater governance", *Environmental Science & Policy*, 83, 54—62.

Hussein, Hussam and Mattia Grandi, 2017, "Dynamic political contexts and power asymmetries: the cases of the Blue Nile and the Yarmouk Rivers", *International Environment Agreements*, 17, 795—814.

Hadadin, N., M.Qaqish, E.Akawwi and A.Bdour, 2010, "Water shortage in Jordan—Sustainable solutions", *Desalination*, 20, 197—202.

Hein T, Funk. A.Petterbauer, 2018, "Management challenges related to long-term ecological impacts complex stress or interactions and different assessment approaches in the Danube River Basin", *River Research & Applications*.

Isaac, J., 2006, "The role of groundwater in the water conflict and resolution between Israelis and Palestinians". *Paper presented at the International Symposium on Groundwater Sustainability*(*ISGWAS*).

International Rivers, 2007.

International Rivers, 2014, "Understanding the Impacts of China's Upper Mekong Dams".

International Rivers, 2019, "Mekong Mainstream Dams".

International Rivers, 2016, "Chinese overseas dams database".

International Centre for Environmental Management, 2010, "Energy & Power Baseline Assessment Working Paper".

Ine D. Frijters and Jan Leentvaar, 2003, Water Conflict and Cooperation/ Rhine River Basin, PCCP Series Publication.

ICPR, 1987, the Rhine Action Plan.

ICPR, 1999, Convention on the Protection of the Rhine.

ICPR, Rules of Procedure and Financial Regulationsof the ICPR.

ICPR, Balance of the program on the sustainable development of the Rhine, "Rhine 2020".

ICPR, Ministerial Declaration of ICPR.

ICPR，Rhine 2020—Program on the sustainable development of the Rhine.

ICPR，Master Plan Migratory Fish Rhine 2018.

ICPR，International and national water protection along the Rhine "30 years after Sandoz" Where are we today and what remains to be done?

ICPR，2019，On the move—the ICPR is preparing for the future.

ICPDR，International Commission for Protection of the Danube River.

ICPDR，Danube River Basin Management Plan 2009.

ICPDR，Danube River Protection Convention.

ICPDR，Guiding Principles on Sustainable Hydropower.

ICPDR，Danube Day 2019："Get active for a Safer Danube".

ICPDR，2019，Fourth Joint Danube Survey(JDS4) kicks-off in Budapest.

Jalilov，Shokhrukh-Mirzo，Saud A.Amer and Frank A.Ward，2013，"Reducing conflict in development and allocation of transboundary rivers"，*Eurasian Geography and Economics*，1，78—109.

Jordan-Werhane，Dian，2013，"Transboundary riparian watersheds：political conflict and power on the United States—Mexico border"，the TWAM 2013 International Conference & Workshops.

Jordan-Werhane，Dian，2014，"Sociology of Water：Power and Politics"，the Graduate School of Texas Woman's University.

Joshua J.Mark，2011，"The Atrahasis Epic：The Great Flood & the Meaning of Suffering"，Ancient History Encyclopedia.

Jayanta，Bandyopadhyay，2007，"Water systems management in South Asia：need for a research framework"，*Economic & Political Weekly*，*10*，863—873.

Jayanta，Bandyopadhyay and Nilanjan，Ghosh N，2009，"Holistic engineering and hydro-diplomacy in the Ganges-Brahmaputra-Meghna basin"，*Economic & Political Weekly*，45，50—60.

Jalilov，S.M.，2010，Impact of Rogun dam on downstream Uzbekistan agriculture（Doctoral dissertation），North Dakota State University. Retrieved fromhttp://library.ndsu.edu/tools/dspace/load/?file=/repository/bitstream/handle/10365/16332/ms-thesis-shokhrukh-mirzojalilov.pdf?sequence=3.

Kansal, Mitthan Lal and Silas Ekadu, 2018, "Hydropolitics in Water Governance of the Nile River in Africa", *World Environmental and Water Resources Congress*.

Kibaroglu, Aysegul and Waltina Scheumann, 2013, "Evolution of Transboundary Politics in the Euphrates-Tigris River System: New Perspectives and Political Challenges", *Global Governance*, 2, 279—305.

Kawser, Mohammad Abul and Md. Abdus Samad, 2016, "Political history of Farakka Barrage and its effects on environment in Bangladesh", *Bandung: Journal of Global South*, 1, 1—14.

Kimenyi, Mwangi S. and John Mukum Mbaku, 2015, "The limits of the new 'Nile Agreement'". Accessed July 30, 2019. https://www.brookings.edu/blog/africa-in-focus/2015/04/28/the-limits-of-the-new-nile-agreement.

Kiser, Stephen, 2000, "WATER: THE HYDRAULIC PARAMETER OF CONFLICT IN THE MIDDLE EAST AND NORTH AFRICA", *USAF Institute for National Security Studies. INSS Occasional Papers*, 35, 59.

Kudryashov A., 2008, "Academician Bekdjan Tashmukhammedov: Rainfall Control May Double Uzbekistan's Water Resources", *Ferghana.news information agency*.

Kirsanov I., 2006, "Battle for Water in Central Asia", *Eurasia Heritage*, 12.

Kyrgyzstan, 2009, Kyrgyzstan's Second National Communication under the UNFCCC. Bishkek, Kyrgyzstan State Agency for Environmental Protection and Forestry.

Lebel, Louis, Po Garden and Masao Imamura, 2005, "The politics of scale, position, and place in the governance of water resources in the Mekong region", *Ecology and Society*, 2, 18.

Liu, Jianguo, Thomas Dietz, Stephen R. Carpenter, Marina Alberti, Carl Folke, Emilio Moran, Alice N. Pell, Peter Deadman, Timothy Kratz, Jane Lubchenco, Elinor Ostrom, Zhiyun Ouyang, William Provencher, Charles L. Redman, Stephen H. Schneider and William W. Taylor, 2007, "Complexity of Coupled Human and Natural Systems", *Science*, 5844, 1513—1516.

Linton, Jamie and David B. Brooks, 2011, "Governance of transboundary aquifers: new challenges and new opportunities", *Water International*, 5, 606—618.

Lustick, Ian, 2002, "Hegemony and the riddle of nationalism: The dialectics of nationalism and religion in the Middle East", *Logos*, 3, 18—44.

Lok Sabha Debates, 1975, New Dehli: Lok Sabha Secretariat, 37, Col. 235.

Lok Sabha Debates, 1977, New Dehli: Lok Sabha Secretariat, Col. 9, 218, 232, 236 and 268.

Martin, Adrian, Eugene Rutagarama, Ana Cascão, Maryke Gray and Vasudha Chhotray, 2011, "Understanding the co-existence of conflict and cooperation: Transboundary ecosystem management in the Virunga Massif", *Journal of Peace Research*, 5, 621—635.

Menga, Filippo, 2016, "Domestic and international dimensions of transboundary water politics", *Water Alternatives*, 3, 704—723.

Mirumachi, N. and J.Allan, A., 2007. Revisiting Transboundary Water Governance: Power, Conflict, Cooperation and the Political Economy. CAIWA International Conference on Adaptive and Integrated Water Management: Coping with Scarcity,.

Mirumachi, N., 2010. Study of Conflictand Cooperation in International Trans boundary River Basins: THE Twins Framework. Department of Geography. London, King's College London PhD.

Mirumachi, N. and K.Chan., 2014, "Anthropocentric Hydro Politics? Key Developments in the Analysis of International Transboundary Water Politics and Some Suggestions for Moving Forward", *Aquatic Procedia*, 2, 9—15.

Molden, D., 2007. Water for food, water for life: A comprehensive assessment of water management in agriculture. Earthscan, London.

Mollinga, Peter P., 2008, "Water, politics and development: Framing a political sociology of water resources management", *Water Alternatives*, 1, 7—23.

Moss, Timothy and Jens Newig, 2010, "Multi-level water governance and problems of scale: setting the stage for a broader debate", *Environmental Management*, 46, 1—6.

Moral, Leandro Del and Afonso Do Ó, 2014, "Water governance and scalar politics across multiple-boundary river basins: states, catchments and regional powers in the Iberian Peninsula", *Water International*, 3, 333—347.

Muhammad Ramin, 2017, "Work on Kamal Khan Dam phase—III to begin soon".

Mirza M.Q., R.A.Warrick, N.J.Ericksen and G.J.Kenny, 1998, "Trends and persistence in precipitation in the Ganges, Brahmaputra and Meghna river basins", *Hydrological Sciences Journal*, 6, 845—858.

Metawie, A., 2004, " History of co-operation in the Nile Basin ", *International Journal of Water Resources Development*, 1, 47—63.

Mohsen, M.S., 2007, "Water strategies and potential of desalination in Jordan", *Desalination*, 203, 27—46.

MWRI, 2010, "Water Challenges in Egypt", Ministry of Water Resources and Irrigation, Cairo. http://www.mwri.gov.eg/En/pdf_files%20english/Brochure%20%20Eng.pdf.

Mekong River Commission, 2010, "State of the Basin Report".

Mekong River Commission, 2005, "MRC: Overview of the Hydrology of the Mekong Basin".

Mekong River Commission, 2015, " Basin Development Strategy For the Lower Mekong Basin".

Mekong River Commission, 2018.

Middleton, Carl, 2018, "Can Chinese 'Reciprocity' Protect the Mekong?", *China Dialogue*.

Middleton, Carl, 2018, "National human rights institutions, extraterritorial obligations and hydropower in Southeast Asia: Implications of the region's authoritarian turn", *Austrian Journal of South-East Asian Studies*, 1, 81—97.

Mekong River Commission, 2015, " Basin Development Strategy for the

Lower Mekong Basin".

Marat, E., 2010, Will Tajikistan successfully construct Rogun? The Jamestown Foundation. Retrieved from http://www.jamestown.org.ezproxy.library.tufts.edu/single/?no_cache = 1&tx_ttnews[tt_news] = 35955&tx_ttnews[backPid] = 7&cHash = 53f9274652.

Norman, Emma S. and Karen Bakker, 2009, "Transgressing Scales: Water Governance Across the Canada—U.S. Borderland", *Annals of the Association of American Geographers*, 1, 99—117.

Norman, Emma S. and Karen Bakker, 2015, "Do good fences make good neighbours? Canada—United States transboundary water governance, the Boundary Waters Treaty, and twenty-first-century challenges", *Water International*, 1, 199—213.

N.Harari and J.Roseman, 2008, "Environmental Peacebuilding Theory and Practice ".

Noor Zahid, 2017, "Afghan Authorities See Iran Using Taliban To Undercut Water Projects", https://gandhara. rferl. org/a/afghanistan-iran-taliban-water/28254503.html.

Rousselot, Yannick, 2015, "Upstream Flows of Water: From the Lesotho Highlands to Metropolitan South Africa", *Journal of Alpine Research | Revue de géographie alpine*, 103—3.

Rupam Jain, 2018, "In parched Afghanistan, drought sharpens water dispute with Iran".

Rajkumar, Singh, 2018, "Perspective on India-Bangladesh Water Dispute: The Farakka Barrage", *Asian Themes in Social Sciences Research*, 1, 14—20.

Raleigh, C., L. Jordan and I. Salehyan, 2008, "Assessing the Impact of Climate Change on Migration and Conflict", *The World Bank*, *Washington DC*.

Salmoral, Gloria, Nynke C.E. Schaap, Julia Walschebauer and Areen Alhajaj, 2019, "Water diplomacy and nexus governance in a transboundary context: In the search for complementarities", *Science of the Total Environment*, 690, 85—96.

Söderbaum, Fredrik, 2015, "Rethinking the Politics of Transboundary Water Management: The Case of the Zambezi River Basin", *International Journal of Water Governance*, 3, 1—12.

Al-Saidi M, Elagib NA, Ribbe L, Schellenberg T, Roach E and Oezhan D, 2017, "Water-energy-food security nexus in the Eastern Nile Basin: assessing the potential of transboundary regional cooperation", *Water-Energy-Food Nexus: Principles and Practices*.

Segal D., 2004, Singapore's Water Trade with Malaysia and Alternatives, Masters Thesis, submitted to John F.Kennedy, School of Government, Harvard University Press.

Sinan Uzundumlu and Oğuzhan Akyener, 2017, "Water Conflicts in Northern Syria", *Energy Policy Turkey*, 58—61.

Shibusawa, A.H, 1987, "Cooperation in water resources development in South Asia", *International Mountain Society*, 3959, 14.

Sadoff, C. and D.Grey, 2005, "Cooperation on international rivers: a continuum for securing and sharing benefits", *Water International*, 4, 420—427.

Salman M.A. and Salman, 2013, "The Nile Basin Cooperative Framework Agreement: a peacefully unfolding African spring?", *Water International*, 38, 17—29.

Sanders, R., 2009, "Water desalting and the Middle East peace process", *Technology in Society*, 1, 94—99.

Schyns, J.F., A.Hamaideh, A.Y.Hoekstra, M.Mekonnen and M.Schyns, 2015, "Mitigating the risk of extreme water scarcity and dependency: the case of Jordan", *Water*, 10, 5705—5730.

Scott, C.A., H.El-Naser, R.E.Hagan and A.Hijazi, 2003, "Facing water scarcity in Jordan—Reuse, demand reduction, energy, and transboundary approaches to assure future water supplies", *Water International*, 28, 209—216.

Selbya, Jan and Clemens Hoffmann, 2014, "Beyond scarcity: Rethinking water, climate change and conflict in the Sudans", *Global Environmental Change*,

29，360—370.

Seter，H.，2016，“Connecting climate variability and conflict：implications for empirical testing”，*Political Geography*，53，1—9.

Shmueli，D.F.，and R.Aviram，2013，“The international hydro-political policies of Israel”，Water Policy in Israel：Context，Issues and Options，Berlin：Springer.

Sosland，Jeffrey，2007，*Cooperating Rivals*：*The Riparian Politics of the Jordan River Basin*，Albany NY：SUNY Press：70.

Swain，A.，1997，“Ethiopia，the Sudan and Egypt：The Nile River Dispute”，Journal of African Studies，4，675—694.

Swain，A.，2004，“Managing Water Conflict—Asia，Africa and the Middle East”，*London*：*Routledge*，79.

Statistics Singapore，2018，“Population Trends 2018”.

Singapore Ministry of Foreign Affairs，2014，“Oral Answer to Questions by Minister for Foreign Affairs”.

Shanmugam K.，2014，“Price of Raw Water from Malaysia”，https://www.mfa.gov.sg/Newsroom/Press-Statements-Transcripts-and-Photos/2014/03/OralAnswer_06032014.

Singapore Ministry of Foreign Affairs，2019，“Water Agreements”.

Savoskul，O.，Chevnina，V.，Perziger，F.，Vasilina，L.，Baburin，L.，Danshin，A.，Matyakubov，R.，and Murakaev，R，2003，Water，Climate，Food，and Environment in the Syr Darya Basin. Tashkent，Uzbekistan Project ADAPT.

Sharma，R.，Markandya，A.，Ahmad，M.，Iskakov，M.，and Krishnaswamy，V，2004，Water Energy Nexus：Improving Regional Cooperation in the Syr-Darya Basin. Washington，DC World Bank.

Stucker，D. et al.，2002，“Climate Change in a Small Transboundary Tributary of the Syr Darya Calls for Effective Cooperation and Adaptation”，*Mountain Research and Development*，3，275—285，https://doi.org/10.1659/MRD-JOURNAL-D-11-00127.1.

Sarah Raith, 1999, The Rhine Action Program: Restoring Value to the Rhine River, Restoration and Reclamation Review.https://docplayer.net/8588388-The-rhine-action-program-restoring-value-to-the-rhine-river.html.

Tsillas, Vasileios, 2015, "Research on Water Disputes", Innovative Energy & Research, 4, 3.

The World Bank, 2010, "Mapping the resilience of international river basins to future climate change-induced water variability", *World Bank Group Open Knowledge Repository*.

The World Bank, 2014, "Water resources management: Sector results profile". https://www. worldbank. org/en/results/2013/04/15/water-resources-management-results-profile.

The World Bank, 2019, "The World Bank In South Asia". https://www.worldbank.org/en/region/sar/overview.

The Economist, 2011, "The River Nile, A dam nuisance—Egypt and Ethiopia quarrel over water". http://www.economist.com/node/18587195.

The World Bank, 2019, "Middle East and North Africa". https://www.worldbank.org/en/region/mena/overview#3.

Tuyet L.Cosslett and Patrick D.Cosslet, 2014, "Major Threats to Mekong Delta: Climate Change and Mainstream Dams". Natural Resource Management and Policy Water Resources and Food Security in the Vietnam Mekong Delta. Springer International Publishing, Switzerland.

Tajikistan, 2008, Tajikistan's Second National Communication under the UNFCCC. Dushanbe, Tajikistan State Agency on Hydrometeorology under the Committee for Environmental Protection.

Uprety, Kishor and Salman M.A.Salman, 2011, "Legal aspects of sharing and management of transboundary waters in South Asia: preventing conflicts and promoting cooperation", *Hydrological Sciences Journal*, 4, 641—661.

United Nations Environment Programme, 2008, "Freshwater under threat: South Asia". http://wedocs.unep.org/handle/20.500.11822/7715.

Upreti, B.C, 1993, "Politics of Himalayan River Waters: An Analysis of the River Water Issues of Nepal, India and Bangladesh". Delhi: Nirala Publication, 152—156.

Uexkull, N.von, 2014, "Sustained drought: vulnerability and civil conflict in Sub-Saharan Africa", *Political Geography*, 43, 16—26.

Urban, F., Siciliano, G., 2013, "China's role as global dam-builders", *Copenhagen*: *Green Asia Conference*.

UNEP, 2011, "Environment and Security in the Amu Darya Basin", http://www.zaragoza.es/contenidos/medioambiente/onu/1171-eng.pdf.

Uzhulis B., 2004, "Water Conflicts in Kyrgyzstan as a Factor of Political Risk in Central Asia".

Vandana, Asthana and A.C. Shukla, 2014, "Water security in India; Hope, despair, and the challenges of human development", *New York*, *USA*: *Bloomsbury Academic*.

Vengosh, A., D.Hirschfeld, D.Vinson, G.Dwyer, H.Raanan, O.Rimawi, A. Al-Zoubi, E.Akkawi, A.Marie, G.Haquin, S.Zaarur and J.Ganor, 2009, "High naturally occurring radioactivity in fossil groundwater from the Middle East", *Environmental Science & Technology*, 43, 1769—1775.

Valentini K.L, Orolbayev E.E & Abylgazieva A.K, 2004, Water problems in Central Asia, Bishkek: MISI, Socinfromburo & Friedrich-Ebert-Stiftung.

Warner, Jeroen, 1992, The Politics of Diversion—Bridging Troubled Water in the Middle East, Master's Thesis Submitted to the Department of International Relations, University of Amsterdam.

Warner, Jeroen and Neda Zawahri, 2012, "Hegemony and asymmetry: multiple-chessboard games on transboundary rivers", *International Environmental Agreements*: *Politics*, *Law and Economics*, 3, 215—229.

Wirth, David A., 1989, "Climate Chaos", *Foreign Policy*, 74, 3—22.

Wolf, Aaron T., 1997, "International Water Conflict Resolution: Lessons from Comparative Analysis", *International Journal of Water Resources Develop-*

ment，3，333—366.

Wolf，Aaron T.，1999，“The Transboundary Freshwater Dispute Database Project”，*Water International*，2，160—163.

Wolf，Aaron T.，Jeffrey A.Natharius，Jeffrey J.Danielson，Brian S.Ward and Jan K.Pender，1999，“International River Basins of the World”，*International Journal of Water Resources Development*，4，387—427.

Wolf，Aaron T.，Shira B.Yoffe and Mark Giordano，2003，“International waters：identifying basins at risk”，*Water Policy*，5，29—60.

Will Ross，2018，“Lake Chad：Can the vanishing lake be saved?”，https://www.bbc.com/news/world-africa-43500314.

Water Conflict Chronology，http://www.worldwater.org/conflict/list/.

World Commission on Dams，2000，“Tarbela Dam and related aspects of the Indus river basin Pakistan”，WCD Case Study. https://s3.amazonaws.com/zanran_storage/www.dams.org/ContentPages/1311315.pdf.

Weinthal，E.，N.Zawahri and J.Sowers，2015，“Securitizing water，climate，and migration in Israel，Jordan，and Syria”，*International Environmental Agreements：Politics，Law and Economics*，3，293—307.

World Wildlife Fund and HSBC，2016，“Mekong River In the Economy”.

World Wildlife Fund，2018，“The Sands Are Running Out”.

Westphal，M，2008，Summary of the Climate Science in the Europe and Central Asia Region：Historical Trends and Future Projections. Internal background paper prepared for the World Bank report：Fay M，Block RI，Ebinger J(2010) Adapting to Climate Change in Europe and Central Asia. Washington，DC World Bank.

World Bank，2003，Europe and Central Asia Region Environmentally and Socially Sustainable Development Report. Washington，DC：World Bank. http://siteresources. worldbank.org/ECAEXT/Resources/publications/Irrigation-in-Central-Asia/Irrigation_in_Central_Asia-Full_Document-English.pdf.

World Bank，2012b，Tajikistan's winter energy shortage：Electricity supply and demand alternatives. Washington, DC: World Bank.

Yoffe, Shira, Aaron T.Wolf and Mark Giordano, 2003, "Conflict and cooperation over international freshwater resources: indicators of basins at risk", *Journal of the American Water Resources Association*, 5, 1109—1126.

Zeitoun, Mark and Jeroen Warner, 2006, "Hydro-Hegemony: A Framework for Analysis of Trans-Boundary Water Conflicts", *Water Policy*, 5, 435—460.

Zeitoun, M. and J. Warner, 2006, "Hydro-hegemony: a framework for analysis of trans-boundary water conflicts", *Water Policy*, 8.

Zygmunt F., 2006, Dembek: The history and threat of biological weapons and bioterrorism, Hospital Preparation for Bioterror.

后　记

那一年在尘土飞扬的安外立水桥开始国家环保总局委托的“全国水环境功能区划分”的研究，作为一名水文学及水资源学的硕士研究生，不经意间开始关注跨界水资源的冲突问题。20年后在这所被称为“栗树山坡上的大炮校园”的高校里居然遇到全世界最知名的培养外交官的学院——弗莱彻法律与外交学院。塔夫茨大学精彩绝伦的“冲突与解决”（Conflict and Resolution）课程给予了国际关系的启蒙，万国旗帜飘扬的那栋楼里各国大使和首要的讲座拓展了水资源研究的视野。感谢主讲教授的引荐使我非常有幸获得麻省理工大学水外交专家的悉心指导和一直以来的大力支持。于是，在塔夫茨大学研究生山冰沁、斯坦福大学东亚中心研究生隋钰泽的友情加盟下，我们三人在珍珠街的三楼寝室启动了“全球水资源冲突与解决”的研究。

兴趣驱动的研究，虽然兴致盎然，但由于缺乏研究经费，进展缓慢。2018年回国后，非常荣幸加盟国家社科重大课题“跨境水资源确权与分配方法及保障体系研究”（17ZDA064）的科研团队，首席专家的指导显著推进了研究进程。之后，加拿大公共政策专业的留学生李子瞳、上海对外经贸大学经济系杨益歆同学、上海对外经贸大学王胤卿老师、美国库欣学院留学生黄乔森同学、上海对外经贸大学经济系陆寒文同学、浙江理工大学覃琼霞副教授等陆续加入团队。

本书是团队共同努力的成果，主要贡献如下：

第1章　水资源冲突研究综述　张翼飞、山冰沁、隋钰泽

第 2 章　水历史与国际水资源事件分析　杨益歆、张翼飞、陆寒文

第 3 章　南亚水冲突　山冰沁、张翼飞

第 4 章　中东、北非水资源冲突与解决　山冰沁、张翼飞

第 5 章　东南亚水资源冲突与解决　李子瞳、张翼飞

第 6 章　中亚水资源冲突与解决　隋钰泽、杨益歆、黄乔森

第 7 章　欧洲水资源冲突与解决　王胤卿

第 8 章　结论与展望　张翼飞　覃琼霞

感谢浙江工业大学后期资助项目、上海对外经贸大学全球气候变化与绿色经贸研究中心建设的经费资助。同时，感谢格致出版社编辑的大力支持与鼓励，谨以拙作向战斗在长江流域防汛抗灾第一线的 920421 同学们致敬，并向四川大学水利工程系、复旦大学人口资源与环境经济学、美国塔夫茨大学国际关系等专业的老师们和在波士顿组建的环境经济留学生团队科研伙伴们的大力指导与支持表示衷心的感谢。

张翼飞

2020 年 10 月

图书在版编目(CIP)数据

全球跨境水事件与解决方案研究/张翼飞等著.—
上海:格致出版社:上海人民出版社,2020.12
ISBN 978-7-5432-3220-4

Ⅰ.①全… Ⅱ.①张… Ⅲ.①水资源利用-研究-世
界 Ⅳ.①TV213.9

中国版本图书馆CIP数据核字(2020)第271654号

责任编辑 唐彬源 程 倩
封面设计 路 静

全球跨境水事件与解决方案研究
张翼飞 山冰沁 隋钰泽 等著

出　　版 格致出版社
上海人民出版社
(200001 上海福建中路193号)
发　　行 上海人民出版社发行中心
印　　刷 常熟市新骅印刷有限公司
开　　本 720×1000 1/16
印　　张 16
插　　页 2
字　　数 263,000
版　　次 2020年12月第1版
印　　次 2020年12月第1次印刷
ISBN 978-7-5432-3220-4/F·1359
定　　价 68.00元